Vorwort zur 7. Auflage

Für die 7. Auflage habe ich das Thema Potenzial entscheidend erweitert. Auf diesem Gebiet besteht meines Erachtens noch viel Unsicherheit. Es kursieren unterschiedlichste Modelle und fast überall werden Potenzialfaktoren mit Kompetenzen oder Spin-out-Faktoren (siehe Erläuterung im Potenzial-Abschnitt) verwechselt. Wir haben über die Jahre ein 4-Faktoren-Modell entwickelt, das zum größeren Teil auf die Zusammenfügung von vorhandenen Potenzialtheorien, zum kleineren Teil auf die Entwicklung eines eigenen Faktors zurückzuführen ist. Unsere wesentliche Leistung ist wahrscheinlich die Kollektion der vier Faktoren. Auch wurde die Definition der Potenzialfaktoren eher eng gefasst, auch um den Begriff nicht zu verwässern. Jeder der vier Faktoren wurde in acht Stufen differenziert, um so ein einigermaßen präzise Ableitung der Stärken des Potenzials zu ermöglichen. Gleichzeitig sind wir dabei, ein umfangreiches Befragungssystem zur Erfassung und Prognose des Managementpotenzials zu entwickeln. Bei dieser Arbeit haben mich meine Unternehmer wie Kunden erfolgreich begleitet. Dafür möchte ich mich an dieser Stelle herzlich bedanken.

Britta Bayer hat durch ihre Forschungsarbeit und durch die Entwicklung eines 4-Stufen-Modells für die vier Faktoren unseren Ansatz abgesichert, aber auch handhabbar gemacht. Ilga Vossen hat durch ihre Forschungsarbeit die Berechtigung der vier Faktoren nachgewiesen. Stefanie Götz hat bei der Ausprägung des 8-Stufen-Modells sowohl bei der Definition der Stufen, wie bei der Entwicklung von Diagnose-Fragen ihren Beitrag geleistet. Schließlich hat Wibke Wildenmann in einer grundlegenden Arbeit, den gesamten Ansatz umfassend beschrieben, Diagnose-Fragen für die acht Stufen entwickelt und somit die Basis für den gesamten neuen Abschnitt in der 7. Auflage geschaffen.

Gerne bedanke ich mich bei allen Kollegen und Kunden, die durch viele Diskussionen entscheidende Reflexionen in Gang gebracht haben und so in der Entwicklung eines solchen Vorhabens, auch durch ihre kritische Haltung, entscheidende Fortschritte ermöglichten.

Jetzt wünsche ich Ihnen viel Spaß und viel Erfolg beim Lesen. Und ein Feedback ist immer willkommen (consulting@wildenmann.com).

Ettlingen, im Frühjahr 2009   *Bernd Wildenmann*

Geleitwort

Innerhalb unseres Unternehmens haben wir eine Kultur der fortwährenden Verbesserung und Erneuerung geschaffen. Dabei arbeiten wir sehr engagiert und konsequent an der ständigen Weiterentwicklung unserer Leistungsfähigkeit, Qualität und Attraktivität.

Für Führungskräfte entstehen dadurch große Herausforderungen und neue, anspruchsvolle Aufgaben. Ihnen muss es gelingen, Begeisterung und Mitunternehmerschaft bei möglichst allen Mitarbeitern zu erzeugen.

Eine moderne Führung, die mehr Zug als Druck anwendet, gilt es zu verwirklichen. Damit einher geht eine Unternehmenskultur, die Offenheit und Feedback genauso zulässt, wie sie Leistungsdenken fördert.

In diesem Zusammenhang stellt das Training eine wichtige Komponente dar. Es bietet den Führungskräften Handwerkszeug und Instrumente, aber auch Einsichten, damit sie neben der Tagesarbeit diese neuen Herausforderungen bewältigen können.

Vor drei Jahren hatten wir über unsere Trainingsabteilung den Auftrag vergeben, ein speziell für die Situation unseres Middle-Managements abgestimmtes Training zu konzipieren. Wir hatten zu diesem Zeitpunkt den Eindruck, dass in der zweiten/dritten Führungsebene unseres Managements ein Nachholbedarf in bezug auf Führen vorhanden war. Für die Entwicklung unseres schnell wachsenden Unternehmens war es von entscheidender Bedeutung, schnell und umfassend diesen Mangel zu beheben.

Hieraus entstand eine Seminarreihe mit dem Titel ›Professionell führen‹. Diese Seminarreihe war mehrstufig, so dass die Teilnehmer im Wechsel immer wieder das im Seminar Erlernte und Geklärte in ihrer Praxissituation auf breiter Basis umsetzen konnten. Binnen kurzer Zeit konnten wir zahlreiche Gruppen bilden, die sich alle intensiv damit beschäftigten, wie sie ihren Arbeitsbereich zu einer höheren Leistungsfähigkeit entwickeln konnten.
Wohlgemerkt, sollten in diesem Training nicht die altbekannten Seminarthemen aufgewärmt werden. Viel wichtiger war uns, dass die Teilnehmer

- sich mit ihrer Persönlichkeit beschäftigten,
- Feedback bekamen über die Wirkung des eigenen Tuns im Arbeitsbereich,
- lernten bei Mitarbeitern, Kollegen und den eigenen Chefs Entwicklungen in Gang zu setzen,
- die Fähigkeit bekamen, das eigene Team zur zielgerichteten Selbststeuerung und hoher Leistungsbereitschaft zu führen,

– erlernten, wie man den eigenen Arbeitsbereich strategisch ausprägt und an den Kundenerwartungen ausrichtet.

Nun liegt dieses Schulungsprogramm mit allen Inhalten, Check-ups, Fragebogen und Übungen in Buchform vor. Damit wird es für einen größeren Kreis zugänglich und kann ein Begleiter sein auf dem Weg zur Bewältigung der immer komplexer und schwieriger werdenden Führungsaufgaben.

Ich kann nur jedem empfehlen:
Nehmen Sie sich einen Lernpartner und arbeiten Sie zusammen den Trainingspfad durch. Sie werden neue Einsichten gewinnen und Veränderungen in Ihrem Arbeitsbereich einleiten, die Ihnen ein höheres Leistungsniveau erschließen werden.

Ich wünsche Ihnen als Leser sowohl bei der Transformation der Inhalte dieses Trainingsbuches als auch bei der Entwicklung von Begeisterung und Leistungsfähigkeit in Ihrem Arbeitsfeld viel Erfolg!

Eike Bär
Vice President and
General Manager,
Motorola GmbH

Inhaltsverzeichnis

So arbeiten Sie mit diesem Buch!

Wir möchten mit diesem Buch alle die erreichen, die Führen nicht nur als lästiges Übel, sondern als Herausforderung begreifen. Zumindest möchten wir den Leser dazu verführen, sich dem Thema Führen mit Herz und Verstand zu verschreiben.

Das Buch soll dazu dienen, für die Herausforderungen der heutigen Zeit Möglichkeiten und Handlungsfelder anzubieten. Statt über Anforderungen zu klagen, werden neue Formen aufgezeigt, die die Komplexität der heutigen Führungssituation bewältigen können.

Deshalb auch der Titel Professionell führen. Ein Profi unterscheidet sich unserer Meinung nach vom Amateur, indem er erwünschte Zustände sicher herbeiführen kann. Ein professioneller Pianist spielt die A-Dur Sonate von Mozart immer fehlerfrei. Ein Amateur manchmal.

So sollen durch dieses Buch dem Leser die Inhalte vermittelt werden, die heute den Profi vom Amateur unterscheiden.

Wir haben das Buch so aufgebaut, dass es wie ein Training absolviert werden kann. Die einzelnen Bausteine bauen aufeinander auf und sind jeweils aufgeteilt in

– Inhalte
– Übungen und
– Analyseinstrumente.

Für besonders Interessierte haben wir vertiefende theoretische Ausführungen zu jedem Teil vorgesehen.

Am besten, Sie suchen sich einen Arbeitspartner(in), mit der/dem Sie das Buch entsprechend dem Trainingsleitfaden durcharbeiten. Viele Übungen sind, wenn sie zu zweit oder zu dritt durchgeführt werden, viel effektiver.

Wenn Sie das Buch in dem vorgesehenen Zeitraum bewältigen, werden Sie nach 6 Monaten in Ihrem eigenen Arbeitsbereich mit Sicherheit einiges anders machen.

Dabei ist wichtig, dass Sie sich entweder selbst Termine setzen oder mit Ihrem Lernpartner feste Termine vereinbaren.

Das Training steht auf 4 Säulen (vgl. Abb. 1):

– Persönlichkeit:
   Wo liegen meine Stärken und Schwächen?
   Wie wirke ich als Persönlichkeit im Führungsalltag?
   Wo sollte ich mich entwickeln?

- Coaching:
  Wie kann ich entscheidende, leistungsrelevante Entwicklungen in Gang bringen?
- strategische Orientierung:
  Wie habe ich meinen Bereich strategisch durchdacht?
  Wo liegt unser Beitrag für die Organisation?
  Mit welchem Vorgehen erreichen wir unsere angestrebte strategische Positionierung?
- Teamentwicklung:
  Wie entwickle ich mein Team zur zielkongruenten Selbststeuerung,
  zu einer hohen Serviceorientierung,
  zu einer hohen Leistungsmotivation,
  zu einem inneren Verbesserungsdenken?

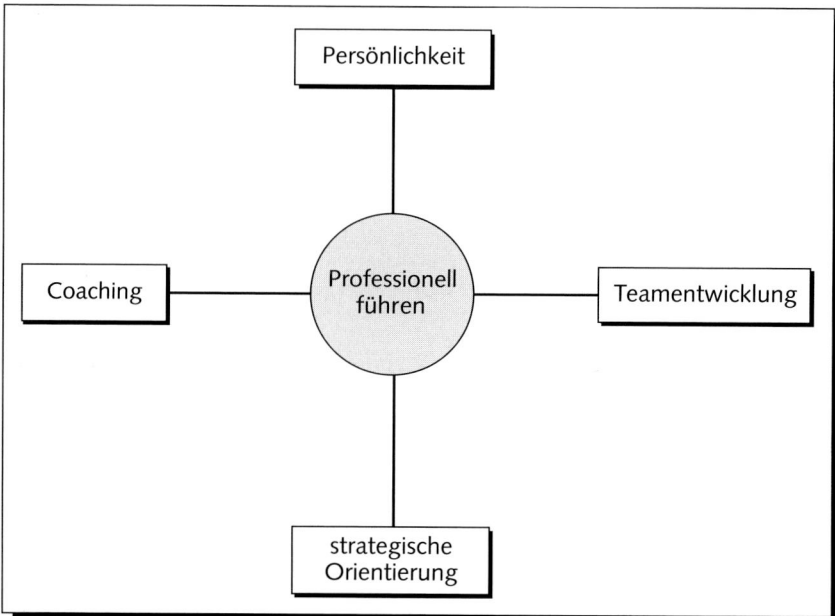

Abb. 1:   Die vier Bestandteile des professionellen Führens

Um dem Leser eine Erleichterung für die Bearbeitung des Inhaltes zu geben, haben wir verschiedene Pfade konzipiert.

Der eilige Leser orientiert sich auf dem **Check-up-Pfad**. Dieser Pfad beinhaltet möglichst wenig Inhalt und fokussiert in erster Linie die Analyseinstrumente und Übungen. Der Check-up-Pfad ist an den gerasterten Flächen erkennbar.

Unsere Empfehlung allerdings ist es, mit dem **Trainingspfad** zu arbeiten. Der Trainingspfad führt über die Pflichtinhalte, über die Übungen zu den Analyseinstrumenten. Außerdem werden dem Leser weiterführende Informationen angeboten. Dies für die, die tiefer in die einzelne Materie einsteigen wollen.

Der Trainingspfad ist mit folgenden Zeichen gekennzeichnet:

Start Trainingspfad

Weiterverweis/Ende Trainingspfad

Trainingsleitfaden

Der folgende Trainingsleitfaden bietet Ihnen die Möglichkeit das Buch systematisch und effektiv durchzuarbeiten. Der Trainingsplan ist so konzipiert, dass Sie in Einzelarbeit die Analyseteile bearbeiten und mit einem oder mehreren Lernpartnern die verschiedenen Erkenntnisse besprechen und die entsprechenden Übungen durchführen können. So organisieren Sie sich ein mehrstufiges Seminar, das unmittelbar die Entwicklung des eigenen Arbeitsbereichs mit einbindet.

Am besten, Sie vereinbaren mit Ihrem(n) Lernpartner(n) in der Spalte ›Termine‹ die entsprechenden zeitlichen Treffen. So können Sie das Programm in einem starken halben Jahr erfolgreich absolvieren.

Trainingsplan

Inhalt	Seite	
Trainingspfad lesen	19 – 26	
Übung: Persönliche Erfahrung mit Führung	31	
Übung besprechen, Check-up 1 durchführen und besprechen	31 – 32 33 – 34	
Trainingspfad lesen	39, 41, 54 – 58, 137 – 143	
Check-up 2: Fragebogen zur Persönlichkeitsstruktur	168 – 172	
Trainingspfad lesen	146 – 149, 173 – 175	
Übung: Symbole finden	150 – 158	
Übung: persönliche Analyse, Abteilungsanalyse	180 – 181	
Trainingspfad lesen	182 – 186	
Trainingspfad lesen Check-up 3 durchführen	189 – 193	
Check-up 4 durchführen	197 – 202	
Feedbackgespräch mit dem Vorgesetzten		
Austausch der Erfahrungen		
Check-up 5 durchführen	203 – 209	
Rückmeldung der Ergebnisse aus Check-up 5 an Mitarbeiter		
Austausch der Erfahrungen		
Check-up 6	210	
Trainingspfad lesen	228 – 239, 253 – 259	
Besprechung des Lesestoffes Übung Hypothetische Fragen	260	
Check-up 7 durchführen	266	
Trainingspfad lesen	269 – 271, 274, 277 – 282	
Check-up 8 durchführen	283	
Check-up 9 durchführen	288	
Austausch der Erfahrungen		
Trainingspfad lesen	292 – 294, 302 – 304, 307 – 312	
Check-up 10 durchführen	313 – 316	
Teamentwicklungsprozess beginnen	317	

	Einzelarbeit	Arbeit mit Lernpartnern	Zeit	Termin
	x		Woche 1	
	x	x	Woche 2	
		x	Woche 3	
	x		Woche 4	
	x		Woche 5	
	x		Woche 6	
		x	Woche 7	
		x	Woche 8	
	x		Woche 9	
	x		Woche 10	
	x		Woche 11, Woche 12	
	x		Woche 13	
		x	Woche 14	
	x		Woche 14 bis Woche 18	
	x		Woche 19	
		x	Woche 20	
	x			
	x		Woche 21	
	x	x	Woche 22	
	x	x	Woche 23	
	x		Woche 24	
	x	x	Woche 25	
	x		Woche 25	
		x	Woche 26	
	x		Woche 27	
	x		Woche 28	
	x		Woche 29, 30	

Erster Teil

Führung im Wandel

1. Was kommt auf die mittleren Führungskräfte zu?

2. Was macht eigentlich eine Führungskraft?

3. Sind es Personen oder Prinzipien, die die Welt verändern?

4. Welches Spiel wird hier gespielt?

Zu Beginn möchten wir die Situation des mittleren Managements generell aufzeigen. Aus dieser Situation, die sich im Laufe der Zeit verändert hat, lassen sich die Anforderungen an das neue Führungsverhalten und auch Entwicklungsfelder ableiten.

1. Was kommt auf die mittleren Führungskräfte zu?

Mittlere Führungskräfte sind Vorgesetzte, die auf der dritten oder vierten Führungsebene unterhalb der Vorstands-/Geschäftsleitungsebene in großen Unternehmen arbeiten. In kleineren Unternehmen arbeiten mehr oder weniger alle Führungskräfte in dieser Situation.

Gekennzeichnet ist diese Situation durch folgende Parameter:

– Der (Zeit-)Anteil Führung in der täglichen Arbeit liegt unter 50 %, teilweise unter 10 %.
– Operative Tätigkeiten sind zwar delegiert, der Erfolg der eigenen Arbeit wird jedoch maßgeblich durch den Erfolg auf der operativen Ebene bestimmt.

Diese Führungsebene ist für den Erfolg eines Unternehmens von entscheidender Bedeutung. Sie nimmt eine **Schlüsselposition** ein. Führungskräfte auf dieser Ebene haben einerseits das nötige **hierarchische Gewicht**, um in der Organisation wirksam werden zu können, andererseits sind sie nahe genug an der Mitarbeiterbasis und dem Kunden, so dass sie **operativ wirksam** werden können. Sie dienen als Transmissionsriemen für die Verwirklichung der Unternehmensziele. Sie stehen in der Verantwortung, Ergebnisziele zu erreichen und für die Umsetzung unternehmensweiter Programme zu sorgen.

Durch die zunehmende Verschlankung der Unternehmen, bekommen diese Führungskräfte immer mehr direkte Mitarbeiter. Die **Führungsspanne erhöht sich gewaltig**. In der Konsequenz verlangt dies einen ausgesprochen professionellen Umgang mit der Ressource Zeit und die Fähigkeit, die Mitarbeiter und Teams soweit zu entwickeln, dass diese möglichst selbstständig und zielorientiert arbeiten. Dies ist unseres Erachtens die größte Herausforderung in der Zukunft. Hier werden hohe und zum Teil neuartige Anforderungen an die Führungspraxis und Führungspersönlichkeit gestellt.

Diesen Anforderungen steht heute eine Realität gegenüber, die vielerorts diese anstehenden Entwicklungen geradezu unterläuft.

Sündenbock der Geschäftsführung?

Das mittlere Management wird von der Geschäftsleitung mit der Umsetzung strategischer Erfolgspositionen und strategischer Marschrichtungen beauftragt. Es soll durch seine Führungsarbeit sicherstellen, dass sich unternehmerische Ziele in konkrete Ergebnisse und strategische Absichten sowie in ein entsprechendes Alltagsverhalten der Mitarbeiter umsetzen. Dazu gehört auch die Entwicklung eines neuen Verhaltens auf seiten der Mitarbeiter, denn nur eine entsprechende Mentalität verleiht einer Strategie die notwendige Stoßkraft. Wenn die strategischen Absichten sich nicht – in dem geplanten Zeitraum – in den erwarteten Zahlen niederschlagen, dann sucht die Geschäftsführung einen Sündenbock, um von dem eigenen Fehlverhalten abzulenken. Dazu gehört,

– dass **unrealistische Zahlen** und ein **überzogenes Anspruchsniveau** in die strategische Planung eingeflossen sind
– dass das mittlere Management **keine Möglichkeit** hatte, **die erlebte Kultur** und Mentalität der Mitarbeiter im Unternehmen als strategisch relevante Größe in den Strategieformulierungsprozess **einzubringen**
– dass die Selbstherrlichkeit vieler Geschäftsführungen die **Weisheit des kleinen Mannes im Unternehmen unterschätzt** und nur ihre Wahrnehmungen der Realität als zutreffend gelten lassen
– dass das Empire-Denken und die große soziale Distanz vieler Geschäftsführer zur mittleren Führungsebene ein Mit-Arbeiten unmöglich machen. Und dass sie durch die – im Unternehmen gepflegten – Rituale, Tabus und anderen praktizierten Normen eher zum **Empfänger von einseitig formulierten Anweisungen** werden. Und das, obwohl man doch bereits vor Jahren den kooperativen Führungsstil eingeführt hatte!

Es ist leichter für die Geschäftsführung, einen Sündenbock für Schuldzuweisungen zu haben, als über den eigenen Anteil am Problem nachzudenken.

Anpassungsverhalten statt Führung von unten nach oben

Viele mittlere Führungskräfte verhalten sich nach oben eher angepasst und drücken sich nicht offen und klar aus. Sich beklagen und nicht handeln ist eine beliebte Reaktion im mittleren Management. Eine zweite Kategorie von Führungskräften kann ihre Bedürfnisse nur sehr rebellisch und kritisch-abwertend ausdrücken, was dazu führt, dass die Geschäftsführung mit ihrem daraufhin einsetzenden Verhalten diese Situation eher verschärft. Dem mittleren Management fehlt die Fähigkeit, mit hierarchisch höheren Stellen authentisch zu kommunizieren. Dazu zählt die Fähigkeit, eigene Bedürfnisse hinreichend deutlich zu machen, Führung auch **von unten nach oben** zu praktizieren, aber auch Bedürfnisse anderer zu respektieren und mit gesunder Realitätssicht zu akzeptieren. Die Unvollkommenheit in der Zusammenarbeit mit der Geschäftsführung wird nicht zum Anlass genommen, initiativ zu werden und Veränderungen einzuleiten. Vielmehr wird erwartet, dass die Veränderung in der Führung immer von oben kommen muss.

Hier spielt die Überlegung eine Rolle, dass angepasstes Verhalten zu den Überlebensmechanismen in der Kultur des Unternehmens gehört, da in der Vergangenheit immer ein Leistungsbegriff begünstigt wurde, der Anpassungsverhalten durch subtile Belohnung verstärkte.

Es ist leichter für die Geschäftsführung, das angepasste Verhalten im mittleren Management zu kritisieren, als die eher grundsätzliche Frage zu stellen, welche Werte und Normen im Unternehmen zur Ausprägung dieses Anpassungsverhaltens geführt haben.

Das unternehmerische Handeln ist unterentwickelt

Seit die Forderung des Entrepreneurship als unternehmerisches Denken und Handeln auf allen Ebenen verstärkt in den Blickpunkt gerückt ist, wird nach dem innovativen Beitrag des mittleren Managements gefragt. Die verwaltende Mentalität der Abteilungsleiter, die sich darin ausdrückt, eher Dinge richtig zu tun, statt die richtigen Dinge zu tun, wird zunehmend zu einem Stein des Anstoßes für die obere Führungsebene. Man denkt in Kategorien von Effizienz statt Effektivität. Mit den vorhandenen Mitteln möglichst **viel Output zu erreichen**, wird als vorrangige Führungsaufgabe interpretiert. Ob die Ressourcen aber überhaupt notwendig sind oder die Leistungen noch richtig und relevant erscheinen, wird eher als ketzerisches Verhalten abgetan oder nach oben delegiert.

War es nicht die bisherige Unternehmenskultur mit der Dominanz der Hierarchie, die vor allem Kontrolle und Regeltreue belohnte? Und war es nicht der Laufbahnweg vieler mittlerer Führungskräfte, der zu dem jetzt kritisierten Verwalterhandeln führte. Ein Unternehmen, das für die Laufbahn seiner Führungskräfte von einem Karrieremuster ausgeht,

– das die **funktionale Karriereleiter** oder den Kaminaufstieg verfolgt
– das Laufbahnbewegungen immer nur in Verbindung mit höherer Verantwortung durch linear-vertikale Aufstiege sieht
– das eine relativ **lange Verweildauer** auf einzelnen Positionen und eine **lange Wartezeit** zwischen Unternehmenseintritt und Verantwortungsübernahme in mittleren Führungsrängen aufweist und

– das das Erreichen von gehobenen Führungspositionen erst in einer relativ **fortgeschrittenen Erwachsenenphase** plant,

darf sich nicht wundern, wenn bei derartiger Laufbahnentwicklung einer mittleren Führungskraft das unternehmerische Denken auf der Strecke bleibt. Speziell die lange Verweildauer auf einer Position führt dazu, dass jemand dazu neigt,

– seine Aktivitäten zur Aufgabenbewältigung zu **routinisieren**
– seine Ressourcen und Vorgehensweisen bei der Aufgabenbewältigung zu bewahren und **abzuschirmen**
– seine Autonomie zu **schützen**
– seine Angriffsflächen möglichst gering zu halten und
– sein soziales Umfeld zu pflegen und **abzusichern**.

Es ist leichter für die Geschäftsführung, unternehmerisches Denken und Handeln bei mittleren Führungskräften zu predigen, als selbst eine neue Mentalität im mittleren Management zu schaffen.

Ansatzpunkte und Entwicklungsfelder für die mittlere Führungskraft

Durch die Verschlankung der Hierarchie muss die zukünftige Führungskraft ihren Arbeitsbereich entwickeln zu

– einer zielkongruenten Selbststeuerung
– einem inneren Verbesserungsdenken
– einer leistungsorientierten Grundhaltung
– einer hohen Serviceorientierung.

In jedem Arbeitssystem laufen **Selbststeuerungsprozesse** ab. Die Frage ist, ob diese Selbststeuerungsprozesse mit den Unternehmenszielen übereinstimmen oder ob in einem sich verselbstständigenden Eigenleben die einzelnen Einheiten sich längst von einer zielkongruenten Haltung entfernt haben.

Wenn ein **inneres Verbesserungsdenken** in einem Arbeitssystem vorhanden ist, sind Mitarbeiter von sich aus mit den vorhandenen Strukturen und Abläufen unzufrieden. Sie fangen von selbst an, sich Ziele zu setzen und Verbesserungen abzuleiten. Die Mentalität sich zu beklagen geht zurück und wird ersetzt durch eine optimistische, positive, veränderungswillige Haltung. Ein Arbeitsbereich lernt sich selbst zu optimieren.

Leistung muss ein Wert sein. Die Mitarbeiter müssen Stolz für die Leistungsfähigkeit des eigenen Arbeitsbereiches entwickeln. Sie müssen darauf stolz sein, dass in ihrem Arbeitsbereich Hochleistung und Qualität produziert wird.

Letzten Endes bedarf es einer **hohen Serviceorientierung**. Alle Mitarbeiter orientieren sich auf den internen oder externen Kunden.

Sie kennen die bekannten und latenten Kundenbedürfnisse und sind in der Lage, unzufriedene Kunden zu zufriedenen Kunden zu machen. Darüber hinaus lassen sie sich nicht mehr durch Unzufriedenheit oder Ärger beeinflussen, sondern verstehen es genügend emotionale Distanz zu wahren. Sie lassen sich vom Ärger anderer nicht mehr infizieren, sondern bleiben gelassen.

Wenn diese Bestandteile eines entwickelten Arbeitssystems eingelöst sind, kann ein Vorgesetzter den Teil **Aufpasser in seiner Rolle rationalisieren** und mit sehr knappen Zeitslots seinen Bereich führen.

Neue Arbeitsformen funktionieren in einer neuen Kultur. Dazu möchten wir Ihnen ein Modell vorstellen.

In diesem Modell (vgl. Abb. 2) sind die Parameter Vertrauen und Zielkongruenz kombiniert. Es lassen sich vier Quadranten ableiten.

Im ersten Quadranten ist die Situation durch **Vorgabe und Kontrolle** geprägt. Ursache hierfür ist ein ausgeprägtes Misstrauen. Eine kaum vorhandene Zielkongruenz führt zu weiteren Vorschriften und Kontrollen, die wiederum Demotivation zur Folge haben. Ein negativer Kreislauf von Unterverantwortung und Kontrolle entsteht.

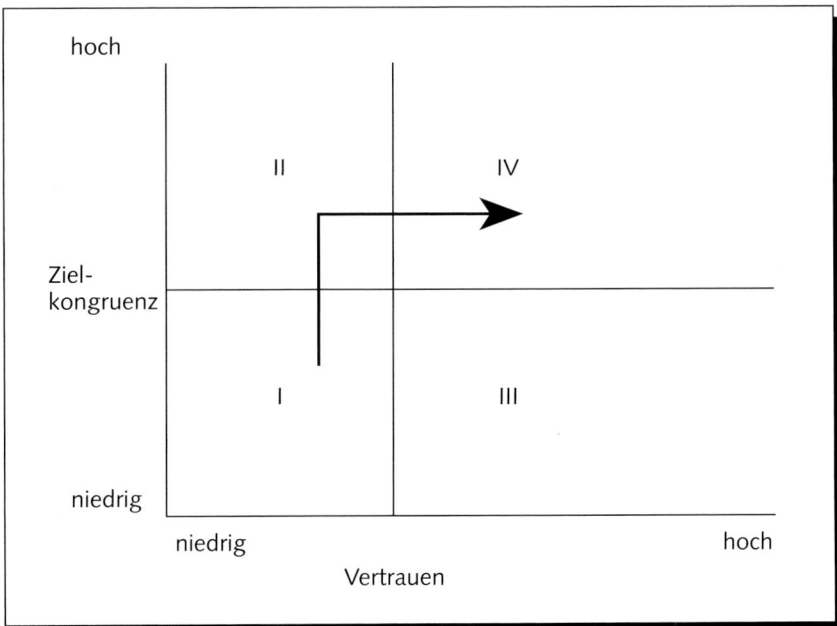

Abb. 2:   Neue Arbeitsformen in einer neuen Kultur

23

Im zweiten Quadranten ist immer noch die Kontrollsituation vorhanden. Firmen, die in diesem Quadranten sind, haben es jedoch geschafft, **Zielkongruenz zu erzeugen**.

Im dritten Quadranten ist die Situation dadurch gekennzeichnet, dass ein **hohes Vertrauenspotenzial** besteht. Die Mitglieder haben keine verdeckten Ziele und gehen offen miteinander um. Da jedoch keine Zielübereinstimmung besteht, werden diese Organisationen wohl nicht sehr lange bestehen. Womöglich finden sie ihren Platz in Märkten, die hohe Innovationsfähigkeit brauchen und breite Expansionsmöglichkeiten zulassen.

Der vierte Quadrant stellt den neuen Stil und die neue Form der Zusammenarbeit dar. Hier ist eine hohe Zielkongruenz gepaart mit einem System, das von Vertrauen und Offenheit gekennzeichnet ist. Persönliche Ziele und Wünsche werden nicht tabuisiert, sondern dürfen artikuliert werden. Auf diesem Boden können die entscheidenden **Faktoren wie Eigenverantwortung, Selbstorganisationsfähigkeit und Drang zur Verbesserung** entstehen.

Nur in diesem System wird Controlling als willkommenes Feedback empfunden. Hier ist die Sanktionsfreiheit kombiniert mit einer hohen Zielübereinstimmung. In diesem Quadranten kann die **Selbstorganisationsfähigkeit** von Gruppen entstehen, die es ermöglicht, auf die Kontrolle durch den Vorgesetzten zu verzichten.

So wird an diesem Punkt deutlich, dass **die neuen Führungserfordernisse mit einer Veränderung der Arbeitskultur einhergehen**. Jeder der sich aufmacht, die neuen Produktivitätschancen zu nützen, muss sich die Frage stellen, wie es um die Arbeitskultur und das -klima in seinem Bereich bestellt ist.

Wie lernt eigentlich eine Organisation?

Die lernende Organisation ist der Ausgangspunkt für das vorher beschriebene Erreichen des vierten Quadranten. Eine Organisation hat in ihrer Lernkultur Lernerfahrungen gespeichert (vgl. Abb. 3). So sozialisiert sie ihre Mitglieder. Jedes Ereignis, jede Konstellation führt zu Lernerfahrungen, die wie Laub auf den Boden fallen und mit der Zeit zu einem Nährboden der Organisation werden. Diese Lernkultur gibt Bestand oder verhindert Entwicklung. Sie ist der Garant dafür, dass Innovationschancen genutzt werden. So wie sie gleichsam verhindern kann, dass irgendeine Innovation entsteht.

Ein Zusammenhang, den man sich verdeutlichen muss, ist: **Jedes soziale System lernt immer**, so auch jede wirtschaftliche Einheit. Die Frage ist nur: **was?**

So gibt es Organisationen, in denen die Mitarbeiter vorwiegend **lernen, wie man überlebt**. Sie lernen, wie man mit taktierenden Kollegen, unkalkulierbaren Chefs oder aggressiven Mitarbeitern umgehen kann. Oder sie lernen, wie man kontrollierende Systeme umgeht und unterläuft. In diesen Systemen führt das Lernen nicht zu einer höheren Umweltanpassung.

Der Gegenpol zu diesen Systemen sind Organisationen, die ihr Lernen dazu verwenden, **das Ergebnis, die Leistung des Systems zu verbessern**.

Andererseits ist die Lernkultur Garant dafür, ob durch die Sozialisation Beamte entstehen oder ob Taktierer, Dschungelkämpfer (vgl. *Maccoby*, 1977) oder leistungsbereite Gewinner in der Organisation agieren.

Vergleicht man eine Organisation mit einem Organismus, so lassen sich folgende Erkenntnisse ableiten: Viele Funktionen in einem Organismus sind selbststeuernd und vom Willen unabhängig. Die Zellteilung, das vegetative Nervensystem, die Atmung oder der Herzschlag lassen sich willentlich nicht beeinflussen, führen aber in der Selbststeuerung normalerweise zu einer Anpassung an die Umwelt. Somit entlasten sie das steuernde System.

Nur in dem vierten Quadranten werden solche Prozesse ablaufen, dass sich das Lernen sehr stark an den Marktprozessen orientiert und dass gleichsam die Mitarbeiter die nötige Flexibilität entwickeln.

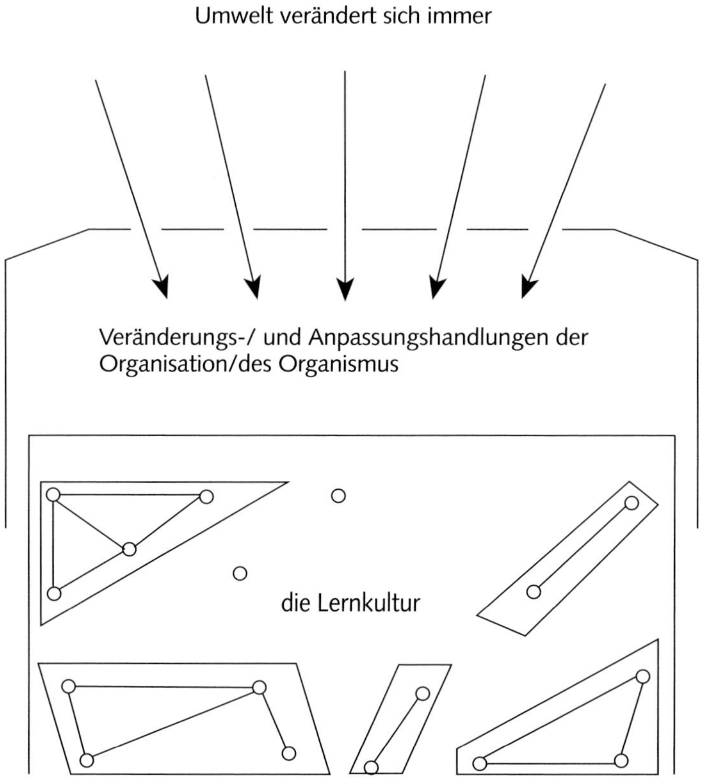

Umwelt verändert sich immer

Veränderungs-/ und Anpassungshandlungen der
Organisation/des Organismus

die Lernkultur

● jede Organisation lernt immer
  └──────► die Frage ist: In welche Richtung geht das Lernen?

● die Flexibilität hängt ab von der Veränderungsfähigkeit des Einzelnen
  und dem Funktionieren der Verbindungen (also den Teams)

● abhängig von der Lernkultur »produziert« eine Organisation:
  Beamte, Taktierer, Dschungelkämpfer, Gewinner

weiter
auf S.31 Abb. 3:   Die lernende Organisation als funktionierender Organismus

2. Was macht eigentlich eine Führungskraft?

Zunächst möchten wir die Handlungsfelder darstellen und erklären. Anschließend erläutern wir die einzelnen Parameter der Führung. Wir haben die drei Systemelemente miteinander in Beziehung gesetzt:

- der Einzelne
- die Arbeitsgruppe
- die Aufgabe.

In der Beziehung zueinander lassen sich die verschiedenen Handlungsfelder und Parameter aufzeigen.

Bei der **Rekrutierung** neuer Mitarbeiter können folgende Aspekte von Bedeutung sein:

- Die Anforderungen müssen berücksichtigen, dass ein zukünftiger Mitarbeiter auch in anderen Funktionen/Bereichen eingesetzt werden kann.
- Die Kultur des Unternehmens muss in den Anforderungen berücksichtigt sein.
- Die Diagnosefähigkeiten der auswählenden Führungskräfte müssen so ausgeprägt sein, dass auch das erwünschte Kriterium treffend ausgewählt wird.
- Die Rekrutierungsphase ist eine entscheidende Möglichkeit, ein Soll-Image einer Unternehmung darzustellen und vorzuleben.

Bei der **Induktion** ist es wichtig, den neuen Mitarbeiter in die Aufgabe, in das Team und in die Unternehmung einzuführen. Folgende Fragen umschreiben diesen Bereich:

- Wer übernimmt die Betreuung des neuen Mitarbeiters in der ersten Phase?
- Wie wird sichergestellt, dass der neue Mitarbeiter Irritationen und Abweichungen aufzeigt?
- Wie werden Abweichungen im Verhalten oder in den Leistungen des neuen Mitarbeiters diagnostiziert und rückgemeldet?
- Was wird unternommen, um die aufgetretenen Abweichungen zu beseitigen?

Der Handlungsbereich **Entwicklung** wird in diesem Trainingsbuch einen sehr weiten Raum einnehmen. Die Entwicklung der Mitarbeiter hängt wesentlich ab von:

- der Fähigkeit des/der Vorgesetzten, Selbstwertgefühl und positive Selbstorientierung aufzubauen und den Mitarbeitern in einer O. K.-Haltung entgegenzutreten

- der Fähigkeit des Vorgesetzten, den Entwicklungsstand der Mitarbeiter beurteilen und mit adäquaten Reaktionen darauf reagieren zu können
- dem Grad der Realisierung einer Feedbackkultur
- dem Grad der Wertschätzung, den Entwicklung überhaupt genießt. Findet Entwicklung nur alljährlich beim Beurteilungsgespräch statt, oder stellt sie einen stetigen, systematischen und bewussten Prozess dar?
- inwieweit die Entwicklungsbedürfnisse der Mitarbeiter ernst genommen werden und positiv mit den realistischen Möglichkeiten abgeglichen werden.

Die **qualitative und quantitative Aufgabenübernahme** stellt einen weiteren Handlungsbereich der Personalführung dar. Hier stellen sich die Fragen:

Wie werden die Aufgaben verteilt?

Gibt es »Platzhirsche«, die ihren angestammten Arbeitsbereich nicht gestalten und ausfüllen, aber verteidigen und in einer rigiden Sturheit an ihren Pfründen festhalten?

Haben alle Mitarbeiter die Möglichkeit, ihr Können unter Beweis zu stellen? Tut jeder etwas Wichtiges oder bearbeiten die einen die Rosinenaufgaben, die anderen die Aschenputtelaufgaben?

Wichtig unter diesem Aspekt ist sicherlich auch der Punkt, wie stark die Orientierung am quantitativen Output ist oder inwieweit in einer lernfördernden Aufgabenstruktur die Entwicklung der Mitarbeiter gefördert werden kann.

Die **Beurteilung** als weiteres Handlungsfeld in der Personalführung hängt davon ab, ob der Vorgesetzte fähig ist, die Beurteilung konstruktiv durchzuführen. Nachdem die Beurteilungssituation im Allgemeinen durch Fragebögen und Vorlagen standardisiert ist, entsteht eine gewisse Künstlichkeit in der Situation der Beurteilung. Der Vorgesetzte muss mit dieser Situation umgehen können. Auch damit, dass viele Mitarbeiter mit Beurteilungen und Beurteilungssituationen negative Erfahrungen gemacht haben. Sei es, dass das Gespräch entweder verharmlost wurde oder unerwartet negativ und kritisch verlaufen ist oder möglicherweise keine Konsequenzen hatte.

Im Allgemeinen wird im Beurteilungsgespräch (vgl. *Neuberger*, 1980) ein Versagen oder nicht ausreichende Leistung allein dem Mitarbeiter angelastet. Da die Schriftform unverrückbar ist und die Beurteilungsbögen in der Personalakte abgelegt werden, kommt dem äußeren Bild einer Beurteilung mehr Bedeutung zu als ihrem Entwicklungscharakter.

Die Angst, eine abträgliche Beurteilung zu bekommen, die womöglich die ganze Karriere beeinträchtigt, ist größer als die Wahrnehmung der Chance, durch offenes und klares Feedback Entwicklungsmöglichkeiten wahrneh-

men zu können. Es empfiehlt sich also für Vorgesetzte, die Beurteilungssituation realistisch zu sehen und, falls das Beurteilungswesen im Unternehmen rigide gehandhabt wird, zwischen Leistungsbeurteilung und ent-
wicklungsförderndem Feedback zu trennen.

Ein weiterer Fragekreis bei dem Thema Beurteilung ist das Generalisie-
rungsproblem, d. h. die Frage, wie der Vorgesetzte zu seinem Urteil kommt
und wie valide er sein Urteil aus den Beobachtungen ableiten kann. Wenn
jemand sehr viele Stunden in der Firma verbringt, könnte der Schluss nahe-
liegen, dass dieser Mitarbeiter sehr einsatzbereit und sehr engagiert ist; es
kann aber auch sein, dass dieser Mitarbeiter sehr unkonzentriert arbeitet
oder nur einer firmenkulturellen Norm entspricht.

Daneben gibt es viele nicht beabsichtigte Wirkungen (vgl. *Neuberger*,
1980): Dazu zählen Beunruhigung der Mitarbeiter, falsche Hoffnungen,
sich unter Druck gesetzt fühlen, falschverstandene Anpassung, Minderung
der Kooperation und Rivalität aber auch die Belastung des Vorgesetzten
durch umfangreichen Formalismus und Spannungen, die durch die Forma-
lisierung der Situation entstehen.

Die Personalabteilung erfährt eine Steigerung ihrer Bedeutung. Es besteht
die Gefahr, dass die Angelegenheit rein zum Selbstzweck wird und Perso-
nalentscheidungen aufgrund anderer Kriterien gefällt werden. Letztlich
stellt die Personalbeurteilung auch eine Stärkung der Vorgesetztenfunk-
tion dar und gibt ihm die Möglichkeit einer Machtdemonstration. Bei Mitarbeitern wird mehr Energie darauf verwendet, einen guten Eindruck zu
machen, als eigenverantwortlich und selbstbewusst die Aufgaben zu erle-
digen. Aus der Fülle dieser negativen Erscheinungen wird deutlich, wie
wichtig die sensible Beachtung der Beurteilungsthematik ist.

Die Gefahr ist groß, dass sie zu einem ritualisierten Kulturbestandteil wird,
ohne eines der angestrebten Ziele zu erfüllen.

Die **Belohnungselemente** sind ein weiterer Handlungsbereich der Personalführung. Auch hier stellt sich die Frage, ob die real praktizierten Belohnungsmechanismen mit den strategisch relevanten Zielen übereinstimmen.
Dies ist beispielsweise nicht der Fall, wenn ein Unternehmen neue Markt-
nischen erobern und ausweiten will, gleichzeitig aber nur die Umsatzent-
wicklung beachtet und dafür kurzfristige Belohnungsmechanismen einsetzt.

Einheiten sollten organisatorisch so zusammengefasst werden, dass keine
Zielkonflikte entstehen. Dann stellt sich die Frage nach den Kriterien des
Erfolges. Am Beispiel einer Personalentwicklungsabteilung könnte ein
möglicher Kriterienkatalog so entstehen:

- Fähigkeit, Projekte in der Organisation zu akquirieren
- Qualität der Seminare und durchgeführte Projekte
- vorhandene Energie und Stabilität, um auch zähe Projekte voranzubringen
- Akzeptanz in der Organisation

usw.

Einerseits geht es um die Möglichkeit, individuell und flexibel zu belohnen, andererseits um die Frage der Vielfalt der Belohnungsmöglichkeiten.

Bei dem Feld **Aufgabenstrukturierung und Kapazitätsauslastung** kann diskutiert werden, nach welchen Kriterien und Parametern die Aufgabe strukturiert wird. In Anlehnung an *Hackmann* und *Porter* (1975) werden im Folgenden Arbeitsstrukturierungsparameter vorgestellt.

1. Die Verwertung der verschiedenen Fähigkeiten sollte möglichst optimal sein.
2. Die Aufgaben sollen möglichst von Anfang bis Ende von einer Person/ Team betreut werden. Dies fördert die Identität, das Verantwortungsbewusstsein, die Wahrnehmung der Sinnhaftigkeit des Tuns.
3. Der mit der Aufgabe betreute Mitarbeiter muss die Bedeutung der Aufgabe erfahren. So ist es ein äußerst wichtiges Prinzip erfolgreicher Führung darauf zu achten, dass jeder in der Abteilung etwas Wichtiges macht und dass nicht die einen Rosinenaufgaben haben und die anderen sich mit den Alltagsaufgaben langweilen. Dies alles kann mit einer Arbeitsgruppe entwickelt und vereinbart werden.
4. Jeder Mitarbeiter muss einen gewissen Spielraum besitzen, um autonom handeln und entscheiden zu können.
   Die Größe dieses Spielraums hängt sicherlich auch vom Entwicklungsstand des Mitarbeiters ab. Trotzdem ist darauf zu achten, dass jeder einen, wenn auch noch so kleinen Bereich hat, in dem er selbstständig entscheiden kann.

Die Bereiche zwischen dem Einzelnen und der Arbeitsgruppe sind gekennzeichnet durch die Handlungsbereiche Integration, gegenseitige Akzeptanz, Gestaltung der Atmosphäre und Klima, Werthaltungen, institutionelles Vorleben und Umgang mit Konflikten.

Übung 1: Persönliche Erfahrungen mit Führung

Beantworten Sie bitte zuerst die nachstehenden 3 Fragen:

1. Wann wurden Sie das erste Mal in Ihrem Leben bewusst mit Führung konfrontiert (Schule, Verein, Militär, Firma, . . .)?
. . . .
. . . .

2. Was hat das für Sie bedeutet? . . . .
Was ist damals passiert? . . . .

3. Erzählen Sie dazu eine Geschichte.

Notizen

4. Besprechen Sie jetzt mit Ihrem Lernpartner Ihre Erkenntnisse. Vergleichen Sie die Erkenntnisse mit den untenstehenden Aussagen zu Führungsproblemen. Leiten Sie dann gemeinsam Ihre Erkenntnisse zu den Führungssituationen ab.

Mängel im Führungsverhalten

- Fehlende Vision über den zu erreichenden Zustand. Es wird keine eindeutige Position bezogen.
- Ziele werden »diktiert«. Es wird nicht so kommuniziert, dass es für Mitarbeiter motivierend ist (Realitätssinn, Offenheit, Struktur).
- Die Arbeit wird wertmäßig nicht genügend betont. Die Sinnhaftigkeit des Tuns wird nicht herausgestellt.
- Mangelnde Strukturen, Kompetenzen, Zuständigkeit, Aufgabenbereiche sind nicht klar abgegrenzt.
- Abwertende, arrogante Haltung; Bedürfnisse des anderen werden nicht ernst genommen.
- Autoritäres Verhalten erzeugt Überanpassung und umgekehrt.
- Die Geschichte des Problems wird nicht beachtet. Es wird immer nur am akuten Erleben gearbeitet.
- Der eigene Bezugsrahmen wird nicht überprüft (Vorurteile, vorgefasste Meinungen, mangelnde Realitätssicht).
- Die gegenseitigen Wahrnehmungen werden nicht veröffentlicht.
- Das Problem wird dem anderen zugeschrieben. Der eigene Anteil am Problem wird nicht wahrgenommen.

weiter
auf S. 33

Check-up 1: Entwicklungsstand des Arbeitsbereiches

Vergegenwärtigen Sie sich bitte Ihr Team, Ihre Mitarbeiter und kreuzen Sie Ihre Einschätzung auf nachstehenden Skalen an:

1. Die Mitarbeiter sind stets dabei, Verbesserungen in Abläufen und Vorgängen in ihrem Arbeitsbereich zu erarbeiten und umzusetzen. Sie brauchen dazu keinen besonderen Anstoß.

trifft nicht zu | 1 | 2 | 3 | 4 | 5 | 6 | 7 | 8 | 9 | 10 | trifft zu

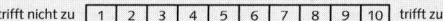

2. Die Mitarbeiter in meinem Arbeitsbereich sind sehr auf den internen oder externen Kunden orientiert. Es gelingt ihnen auch, schwierige Kunden zu zufriedenen Kunden zu machen.

trifft nicht zu | 1 | 2 | 3 | 4 | 5 | 6 | 7 | 8 | 9 | 10 | trifft zu

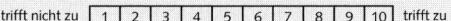

3. Leistung ist bei uns ein hoher Wert. Die Mitarbeiter sind stolz darauf, dass wir Hochleistung vollbringen.

trifft nicht zu | 1 | 2 | 3 | 4 | 5 | 6 | 7 | 8 | 9 | 10 | trifft zu

4. Die Mitarbeiter können sich gut selbst organisieren. In weiten Bereichen arbeiten sie selbstständig und zielorientiert, ohne dass ich Misserfolge und Fehlleistungen befürchten muss.

trifft nicht zu | 1 | 2 | 3 | 4 | 5 | 6 | 7 | 8 | 9 | 10 | trifft zu

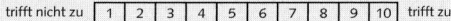

Je höher der Wert bei den einzelnen Fragen ist, um so mehr ist Ihr Arbeitsbereich in Richtung Eigenverantwortung entwickelt.
Nehmen Sie nochmals die Matrix zur Unternehmenskultur.

Schätzen Sie ein, in welchen Quadranten sich Ihr Arbeitsbereich einordnen lässt.

In einer ersten Besprechung mit den Mitarbeitern zeigen Sie die Matrix am Flipchart oder Overhead auf und bitten Ihre Mitarbeiter (falls sinnvoll anonym) um eine persönliche Einschätzung. Aus dieser Einschätzung können Sie nun gemeinsam erste Beschreibungsmerkmale für die Sollkultur Ihres Arbeitsbereiches ableiten.

weiter
auf S. 39

3. Sind es Personen oder Prinzipien, die die Welt verändern?

In diesem dritten Abschnitt sollen die Situation und der Kontext der Führungssituation und die damit einhergehenden Parameter dargestellt werden. Insbesondere sind der Stellenwert der Persönlichkeit in Bezug zu den anderen Kontextvariablen und die Wirkungsweise der Persönlichkeit im Wirkgefüge des Gesamtsystems zu erörtern. Als theoretische Basis soll das kybernetisch-systemische Modell dienen.

Lebende Systeme oder nichts ist beständiger als der Wandel

Die Kybernetik und Systemtheorie entwickeln sich aus der Kontinuität des karteonischen Weltbildes:

Die Welt ist wie eine Maschine konstruiert. Sie bewegt sich zwar, ist jedoch in ihren Mechanismen statisch. Die Beziehung der einzelnen Elemente untereinander ist durch mechanische Gesetze bestimmt. Ursache und Wirkung sind so miteinander verknüpft, dass die Ursache die Wirkung determiniert. Der Beobachter hat in der Regel keinen Einfluss auf den beobachteten Prozess.

Die stillschweigende Vorannahme in diesem Modell lautet: Alles bleibt wie es ist, es sei denn, irgend jemand sorgt dafür, dass es verändert wird (*Simon*, 1990).

Dieses Modell kann Erklärungen liefern, solange es sich um statische Systeme mit einer mechanischen Verbindung handelt. Betrachten wir eine mechanische Taschenuhr. Ausgedacht und gebaut durch den Erfinder wird dieses Wunderwerk solange funktionieren, bis irgendwelche Kräfte von außen auf das System einwirken. Sei es, dass Rost eine Veränderung herbeiführt, oder dass durch beabsichtigtes oder unbeabsichtigtes Herunterfallen aus entsprechender Höhe die Ordnung der Teile durcheinander kommt. Dabei bleibt die Uhr sowohl bei der Beschädigung als auch bei der eventuell nachfolgenden Reparatur passiv.

Ganz anders verhält es sich bei einem lebenden System. Wenn sich ein Kind z. B. das Knie aufschürft, so wird diese Verletzung nach einiger Zeit von ganz allein wieder verschwinden. Das lebende System Mensch bedarf also keiner von außen kommenden Kraft, um sich wiederherzustellen. Es repariert sich selbst. Falls nun aber ein Kind über längere Zeit mit aufgeschürften Knien umherläuft, so liegt die Erklärung wohl darin, dass das Kind im Abstand von wenigen Tagen sich jeweils immer wieder das Knie aufschürft. In diesem Fall braucht also die Aufrechterhaltung einer bestimmten Struktur eine stützende Handlung, da sie normalerweise ganz von alleine verschwinden würde.

Somit wird deutlich, dass immer dort, wo es um die Erklärung von lebenden Systemen geht (Personen, Familien, Organisationen, . . .), das kybernetisch-systemische Modell angewendet werden kann. Die Regelung von Verhalten wird nur dann realisierbar oder erklärbar, wenn man Rückkoppelungsprozesse annimmt.

Die Resultate einer bestimmten Verhaltensweise müssen auf den weiteren Verlauf des Verhaltens einwirken. Sie müssen sich (gewissermaßen) selbst korrigieren, indem Störungen und Abweichungen von irgendeinem Sollwert ausgeglichen werden.

Die stattfindenden Ereignisse lassen sich durch ein Gesetz beschreiben, durch das ursächliche und bewirkte Ereignisse rekursiv, d. h. kreisförmig miteinander verknüpft sind. Ihre Interaktion ist so organisiert, dass beide sich gegenseitig stabilisieren. Bleibt man mit seiner Beschreibung in dem geradlinigen Ursache-Wirkungs-Muster, so muss jede Wirkung gewissermaßen als Ursache ihrer eigenen Ursache betrachtet werden. Das Charakteristikum eines solchen Rückkopplungsprozesses ist eine **zirkuläre Organisationsform.**

Die Kybernetik greift auch die Frage auf: Ist alles im Wandel begriffen oder ist Wandel nur eine Illusion?
Die Kybernetik bietet ein Modell der **dynamischen Stabilität** an. Stabilitätszustände, die sich auf der einen Ebene beobachten lassen, sind das Ergebnis von Systemveränderungen auf anderen Ebenen. Beispielsweise muss ein Seiltänzer ständig sein Gewicht verlagern (erste Ebene: Veränderung), um sich auf dem Seil halten zu können (zweite Ebene: Stabilität). Der menschliche Körper muss sich beständig verändern, um das chemische Gleichgewicht aufrechtzuerhalten, das notwendig ist, um weiterleben zu können. Dynamische Stabilität beruht auf zirkulärer Kausalität (*Segal*, 1986, S. 93).

Wer mit lebenden Organismen umgeht, muss aber äußerst vorsichtig sein, was er als Ursache und was er als Wirkung bezeichnet. Beispielsweise führte der berühmte russische Wissenschaftler *Pawlow* sehr genau und gewissenhaft Buch über seine Experimente mit konditionierten Reflexen. Vor kurzem hat ein polnischer Wissenschaftler den Versuch unternommen, *Pawlows* Untersuchungen zu wiederholen. Wie *Pawlow* betätigte er eine Glocke, wenn er den Hund fütterte. Schon bald fing der Hund an zu speicheln, sooft er die Glocke hörte, auch wenn er nichts zu fressen bekam. Beim abschließenden Experiment entfernte der Wissenschaftler jedoch den Klöppel der Glocke und schwenkte sie lautlos vor dem Hund hin und her: Der Hund speichelte. Das Läuten der Glocke war also für Pawlow ein Reiz, nicht aber für den Hund! Wir müssen daher sehr vorsichtig sein, wenn es darum geht, Reize für Lebewesen zu definieren (*Segal* 1986, S. 152).

Aus dem Dargestellten ergibt sich der Unterschied zwischen einem statischen und einem lebenden System: Alles verändert sich, es sei denn, irgend jemand oder irgend etwas sorgt dafür, dass es so bleibt, wie es ist (*Simon* 1990, S. 29).

Lebende Systeme entwickeln eine ausgeprägte Neigung zur Chronifizierung. In vielen Organisationen beschäftigt man sich heute eher mit dem **Ingangsetzen als mit dem Verhindern von Veränderung und Wandel.** Somit kann es auch Erklärung der Systemtheorie sein, unter welchen Bedingungen Systeme die Neigung entwickeln zu erstarren und notwendige Anpassungsprozesse nicht mehr wahrnehmen.

Jeder macht sowieso was er will

Ein weiteres Kennzeichen lebender Systeme ist die **Nichtvorhersehbarkeit des Verhaltens** und der Reaktionen der Mitglieder.

Die weitreichende Nichtvorhersehbarkeit des Verhaltens lebender Systeme hat ihre Wurzel in deren zirkulärer, rekursiver Organisation. Was immer ein Interaktionsteilnehmer macht, es wirkt auf ihn zurück. Keines der Elemente eines Interaktionssystems ist durch ein anderes Element oder durch irgendeine mechanische Größe in seinem Verhalten im Sinne einer geradlinigen Ursache-Wirkung-Beziehung determiniert. Dies gilt auch für die Beziehung zwischen dem Beobachter und dem beobachteten System (*Simon* 1988, S. 17).

Lebende Systeme sind nichttriviale Systeme mit einem äußerst komplexen Repertoire von Verhaltensweisen (*Segal* 1986, S. 55). Den Unterschied von trivialen zu nichttrivialen Systemen finden Sie nachstehend (vgl. *Segal* 1986, S. 162):

Triviale Systeme

1. Sie sind berechenbar und voraussagbar.
2. Sie sind von ihrer Vergangenheit unabhängig. Was auch immer in der Vergangenheit geschehen ist, es hat keinen Einfluss auf die Gegenwart.
3. Sie sind synthetisch bestimmbar. Man kann sie zusammensetzen bzw. synthetisch herstellen.
4. Sie sind analytisch bestimmbar, d. h. wenn man herausfinden will, wie

sie funktionieren, gibt man ihnen Inputs, beobachtet ihre Outputs und schreibt die Transfer- oder Übertragungsfunktion nieder.

Nicht-triviale Systeme

1. Sie sind synthetisch bestimmbar, das heißt, Sie können ein nicht-triviales System zusammenbauen, genauso wie Sie dies bei einem trivialen System machen können. Beispielsweise schreiben Sie eine Übertragungstabelle nieder.
2. Anders als das primitive System sind sie **von ihrer Vergangenheit abhängig**. Was sie tun, ist bedingt durch ihre Erfahrung, ihre Geschichte.
3. Sie sind analytisch **nicht bestimmbar**; man kann nicht ausrechnen, was das System macht, indem man es studiert, eben weil es zu komplex ist.
4. Sie sind daher nicht voraussagbar.

Das triviale System ist geschichtsunabhängig. Es verhält sich stets nach dem gleichen Muster. Nicht-triviale Systeme sind geschichtsabhängig. Sie werden durch frühere interne Zuständebestimmung bestimmt (*Simon*, 1988, S. 22).

Ein Zigarettenautomat ist eine triviale Maschine, vorausgesetzt der Automat ist nicht kaputt. Wenn an der richtigen Schublade gezogen wird, erscheint die gewünschte Zigarettenschachtel. Das Verhalten ist hundertprozentig voraussagbar.

Aufgrund dieser vorhersagbaren Ursachen-Wirkungszusammenhänge, neigen wir dazu, alles zu trivialisieren. Wie wir schon gesehen haben, sind nicht-triviale Maschinen lästige Zeitgenossen: man weiß nicht, was sie tun und auch nicht, was sie tun werden.

Viele sehnen sich daher nach der trivialen Maschine und versuchen alles, was nach Nicht-Trivialität aussieht, schleunigst zu trivialisieren. Wie wir wissen, sind manchmal die Antworten von Kindern recht unerwartet: Auf die Frage, wieviel ist zwei mal zwei, könnte man grün als Antwort bekommen. Das geht zu weit. So werden die Kinder in die Schule geschickt, damit sie dann mit den erwarteten Antworten herauskommen.

Aber es sind nicht nur die Kinder, die uns mit Nicht-Trivialem überraschen. Oft sind es unsere täglichen Gebrauchsgegenstände, obwohl wir sie mit einer Trivialitätsgarantie für teures Geld gekauft haben. Man will an einem kalten Wintermorgen seinen Wagen starten, aber nichts rührt sich. Die wahre Natur dieses Wagens hat sich gezeigt: er ist eine nicht-triviale Maschine. Man muss einen Trivialisateur rufen, der dann mit ein paar

Schraubenschlüsseln die ersehnte Trivialität wiederherstellt (*Forster in Simon*, 1988, S. 26).

Trivialisierung stellt also eine Art **Reduktion der Komplexität** dar. Durch die Reduktion wird die Umwelt vorhersehbarer und kalkulierbarer. Allzuoft wird dieses triviale Denken auf menschliche Systeme übertragen. Es wird ein einfaches Ursache-Wirkungs-Prinzip unterstellt. Im Management-Bereich gilt gerade derjenige als herausragend, der alles im Griff hat.

Eigentlich hat der alles im Griff, der weiß, dass er nichts im Griff hat. Führen nach **Impuls, Feedback und Reflexion** ist die dahinterstehende Philosophie. Da jeder Mensch in seiner Handlung viele Alternativen hat, kann sein Verhalten nicht vorbestimmt werden. Es kommt also darauf an, wie tauglich die gegebenen Impulse für das angestrebte Ergebnis sind.

Diese Grundhaltung der Führung, die diesem Buch zugrunde liegt, beinhaltet folgende Punkte:

– Impulse geben
– das Feedback wahrnehmen
– die Reflexion des Feedbacks
– neue Impulse aus der Reflexion geben.

Dies ist ein fundamentaler Unterschied zur landläufigen Führungsauffassung, dass nur der gut führt, der alles perfekt im Griff hat. Führungskräfte, die in Seminaren für Beurteilungsgespräche nur mit perfekt funktionierenden Abläufen in einer künstlichen Laborsituation konfrontiert werden, scheitern oftmals an der Realität.

In der neuen Grundhaltung des Führens wird diese perfektionistische Grundhaltung aufgegeben. Viel wichtiger in dem neuen Modell ist es, nachdem Impulse gegeben wurden, die Reaktion des anderen zu beobachten, um aus der Reflexion der Beobachtung neue Impulse abzuleiten. Die **Qualität der Reflexion** und die Vielfalt der **persönlichen Handlungsalternativen** bei den Impulsen macht die Qualität der Führung aus.

weiter
auf S. 41

Eine weitere Neigung ist es, **an einmal gefundenen Lösungen festzuhalten,** diese immer zu wiederholen oder nur die Intensität zu erhöhen. Vom logischen Standpunkt ist es einleuchtend, dass ich eine Lösungsalternative, die nicht zum Erfolg beigetragen hat, nicht mehr anwende. Im Verhaltensbereich wird die Logik gerne außer acht gelassen.

Jeder sollte sich über das Problem und seine Bemühungen Klarheit verschaffen. Manche Leute mögen sich in der Vergangenheit bemüht, es aber mittlerweile gelassen haben: »Ich habe es aufgegeben, bei diesen Mitarbeitern etwas zu unternehmen. Da ist Hopfen und Malz verloren.« Solche Information kann von gewissem Wert sein, aber entscheidend ist, was heute geschieht. Darüber hinaus ist es wichtig, die grundlegende Richtung der verschiedenen Anstrengungen auszumachen, die unternommen wurden. Während ein Vorgesetzter eine Reihe von Dingen aufzählen mag, die er oder andere gesagt oder getan haben, sind sie doch meist allesamt Varianten eines zentralen Themas oder der gleichen Richtung. Zum Beispiel kann sich ein Vorgesetzter über seinen Mitarbeiter folgendermaßen beschweren: »Ich habe alles erdenkliche getan. Ich habe ihm gut zugeredet, ich habe appelliert und gedroht. Als die Verkaufserfolge ausblieben, sprach ich jeden Freitag mit ihm. Dann jeden Freitag und Mittwoch, dann jeden Tag. Danach habe ich ihm eine Abmahnung gegeben und mit Kündigung gedroht. Ich habe alles getan, was man nur tun konnte.« Wie bereits aufgeführt, sind alle Verhaltensalternativen des betreffenden Vorgesetzten Varianten eines zentralen Themas. Das Thema in diesem Beispiel lautet Kontrolle.

Nach dem Motto: Gehen wir erst mal 100 Meter nach Norden, kann aus der Reaktion eine Richtung bestimmt werden. Gleich, ob das erstrebte Ergebnis erreicht wurde oder nicht, erst die Richtung gibt die Möglichkeit einer Neuorientierung. Wer sich immer um den gleichen Punkt dreht, wird nie aus Erfahrungen neue Handlungsalternativen entwickeln können.

4. Welches Spiel wird hier gespielt?

Betriebliche Beziehungen werden offiziell zumeist in Form von Organigrammen dargestellt. Betrachtet man jedoch das wirkliche Geschehen, so erinnert das ganze Bild eher an ein Fußballspiel (vgl. Abb. 4).

Es geht darum, Erfolge zu haben, es gibt Spieler, es gibt Trainer, es gibt Schiedsrichter und es gibt Zuschauer. Die Spieler harmonieren unterschiedlich gut miteinander, einzelne versuchen im Alleingang ein Tor zu schießen, anderen stehen eher am Spielfeldrand und warten ab, was geschieht.
Es gibt Spieler, die fair spielen, es gibt andere, die versuchen durch Fouls das Spielgeschehen für sich positiv zu beeinflussen und es gibt Entscheidungsträger, die entscheiden, wer ein gutes Spiel gemacht hat, wer beim nächsten Spiel wieder aufgestellt wird, wer womöglich die Chance hat, in der Nationalmannschaft zu spielen usw.

Ein Vorgesetzter in seinem betrieblichen Umfeld hat ohne Zweifel die Aufgabe, seine Spieler so zu führen, dass sie nach den gängigen Regeln als erfolgreich gelten. Um diese Aufgabe zu bewältigen, kann er sich, insbesondere wenn er sich auf den einzelnen Spieler bezieht, an den folgenden vier Hauptpunkten orientieren:

weiter auf S. 54

– Regeln und Verhaltensmuster
– gegenseitige Bedingung
– psychische Realität
– Talente und Persönlichkeit

Regeln und Verhaltensmuster

Nehmen Sie als Analogie ein Fußballspiel. Bei diesem Fußballspiel gibt es Feldspieler, Trainer, einen Schiedsrichter und Zuschauer. Um das Spiel zu strukturieren, werden **Regeln** erfunden. Beim Fußballspiel sind die Regeln den meisten bekannt: jedenfalls werden Verstöße gegen die Regeln vom Schiedsrichter, wenn er sie bemerkt, bestraft.
Im betrieblichen Bereich gibt es zwar auch offizielle Regelwerke (Betriebsverfassung, Arbeitsordnung, Arbeitszeitregelung usw.), das tatsächliche Geschehen wird jedoch von nicht offiziell niedergelegten Regeln und Vorschriften bestimmt.

So gibt es in jedem Arbeitsbereich eine Regel, die besagt, was dort als erfolgreich gilt und was als nicht erfolgreich gilt oder was als herausragende Leistung definiert wird: In einer Personalabteilung ist es schon die

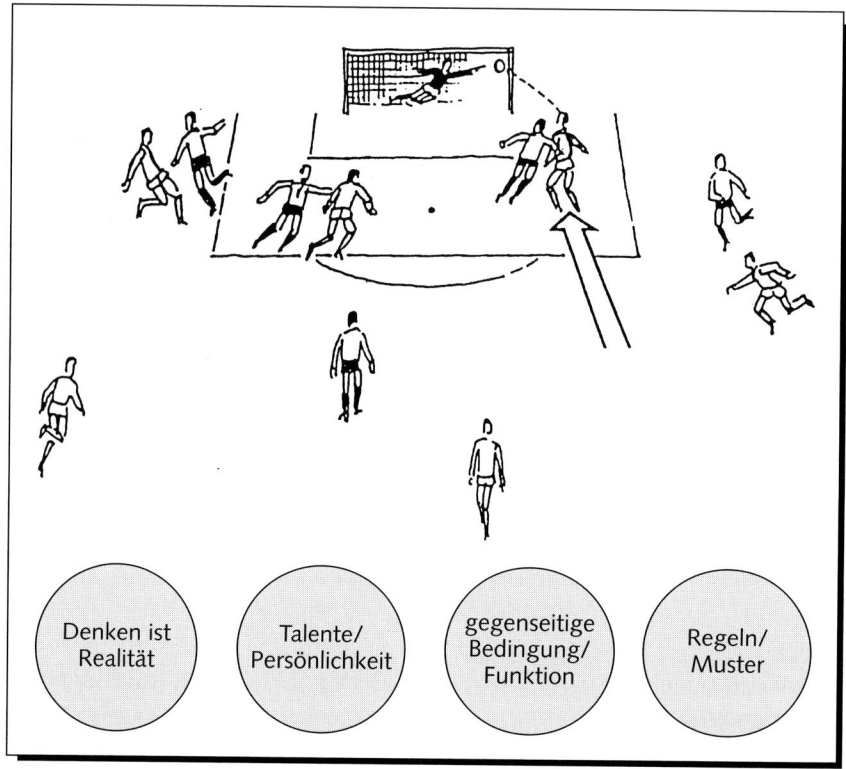

Abb. 4:   Der Kontext der Führungssituation

Frage, ob ein spektakuläres Projekt eines Personalentwicklers eine herausragende Leistung ist oder die jahrelange geflissentliche und fehlerfreie
Arbeit eines Gehaltsrechners.

Es gibt Regeln, wie Kooperation in diesem Betrieb aussehen darf, wieviel
Teamarbeit eigentlich zugelassen wird, was zulässig ist, was gesprochen
werden darf und über was tunlichst nicht gesprochen werden sollte, also
welche Tabus es in diesem Arbeitsbereich gibt und was nötig ist, um aus
diesem Bereich entfernt zu werden.

Oft ähneln diese Regelwerke allgemein bekannten Gesellschaftsspielen:

Wenn in einer Abteilung ›Schach‹ gespielt wird, so kommt es darauf an,
möglichst gute Spielzüge zu machen und möglichst taktisch vorauszuden-
ken und das Spiel weitgehend zu überblicken. Schlechte Schachspieler
führen Bauernkriege und zählen anhand der geschlagenen Figuren den
vermeintlichen Gewinn ab. Andere spielen gerne Malefiz, wo es darauf an-
kommt, dem Gegner nur möglichst viele Steine in den Weg zu legen, mit
dem Ergebnis, dass zum Schluss keiner mehr so richtig vorankommt. Es

soll auch welche geben, die Halma spielen. Bei Halma wird der Gegner nicht eigentlich geschlagen, sondern es kommt darauf an, möglichst schnell alle eigenen Figuren auf ein gegenüberliegendes Feld zu bringen, mit der Möglichkeit, bei dieser Aktion auch den Gegner zu nützen, d. h. auch durch Sprünge über gegnerische Figuren voranzukommen.

Insgesamt wird jedoch deutlich, welch massiven Einfluss das nicht offizielle Regelwerk in einem Betrieb oder einer Abteilung auf das tatsächliche Verhalten der Mitglieder hat.

Gegenseitige Bedingung

Die einzelnen Spieler auf dem Feld sind nicht unabhängig voneinander. Es ist sogar so, dass der eine auf den anderen angewiesen ist oder dass eine Handlung eines Spielers oft einen Einfluss auf das Verhalten und auf das Tun eines anderen Spielers hat. Erkennt ein Spieler z. B., dass ihm ein Mitspieler sehr ungern den Ball abgibt und lieber alleine versucht, ein Tor zu machen, so wird das auf dessen Verhalten letztendlich einen Einfluss haben.

So kann man auch im Betrieb sehen, dass die einzelnen Mitarbeiter nicht unabhängig voneinander sind. Die **Handlung eines jeden hat eine Wirkung auf das Verhalten der anderen Mitglieder**. Ein Vorgesetzter muss diesem Phänomen Rechnung tragen.

Oft wird eine Person als ›Sündenbock‹ hingestellt und für alle Misserfolge in dem Bereich verantwortlich gemacht. Ein Vorgesetzter, der diese Dynamik nicht durchschaut, fällt womöglich eine falsche Entscheidung. Mancher Minderleister wurde oft von anderen zum Minderleister gemacht.

Rücken Kommunikation und Interaktion innerhalb einer Gruppe anstelle des vergangenen, inneren und hypothetischen Geschehens in den Mittelpunkt, so führt das zu einer weit intensiveren Beobachtung des aktuellen Verhaltens und der gegenwärtigen Vorschläge. Und wenn das Problemverhalten nicht isoliert betrachtet wird, sondern im unmittelbaren Zusammenhang mit dem Verhalten anderer Gruppenmitglieder, bedeutet das mehr als nur eine Veränderung des Blickpunktes.

Dieser Sichtwechsel ist beispielhaft für einen allgemeinen Wandel der Erkenntnistheorie: er bezeichnet den Übergang von der eindimensionalen linearen Ursache-Wirkung-Perspektive zur räumlichen Sicht kybernetischer Systeme. Jedes Verhalten lässt sich nur im Zusammenhang mit einem weiter ausgreifenden, fortlaufend organisierten System von Verhaltensweisen, deren Rückwirkung und wechselseitiger Verstärkung sehen, erklären und verstehen (*Fisch, Weakland* 1987).

Ein weiterer Parameter in diesem Kontext ist die **psychische Realität.** Jeder der Beteiligten trägt quasi eine Wolke mit sich herum. In dieser Wolke stehen alle Gedanken und Vorstellungen. Wie er über sich denkt, wie er über andere denkt, welche Hoffnungen, Befürchtungen er hat, all das behält der einzelne für sich. Diese Gedanken sind jedoch in starkem Maße für das Verhalten des Einzelnen verantwortlich. Sichtbar ist das Verhalten, das, was eine Person tut. Das Verhalten bestimmter Menschen ist oft deshalb nicht für uns zu verstehen, weil wir deren psychische Realität nicht kennen. Wenn man diese Gedanken kennt und sichtbar machen kann, wird auch die Handlungsweise verständlich, obschon sie nicht immer akzeptiert werden kann. Es ist unschwer zu erkennen, dass es für die Analyse und Veränderung einer Führungssituation sehr wichtig ist, die psychische Realität der einzelnen Beteiligten zu kennen. Erst wenn sich etwas an der psychischen Realität ändert, wird sich auch etwas am Verhalten ändern. In dem nachstehend gezeigten Rollenspiel wird der Zusammenhang deutlich (*Simon*, 1992).

Der Psychiater und sein Patient (ein Rollenspiel)

Wenn zwei Personen verschiedener Meinung darüber sind, wessen Wirklichkeit als Wahn und wessen Wahn als Wirklichkeit bezeichnet werden muss, entsteht eine gefährliche Form der Kommunikation. Im folgenden Rollenspiel lässt sich dieser Kommunikationsstil von außen beobachten oder von innen erleben, je nachdem, ob man eine der beiden Rollen übernimmt oder als außenstehender Beobachter daran teilnimmt.

Sie brauchen dazu zwei Versuchspersonen, die bereit sind, die Rolle eines Psychiaters oder eines psychiatrischen Patienten zu übernehmen. Wer von den beiden welche Rolle zu übernehmen hat, entscheidet der Zufall. Wie bei anderen Glücksspielen zieht jeder der beiden eine Karte; sie ist entweder mit A oder mit B gekennzeichnet. Auf ihrer Rückseite findet jeder Spieler Informationen darüber, wer er ist und was zu tun hat. Mündlich wird beiden die folgende Anweisung gegeben:

»Lesen Sie bitte in Ruhe, welche Rolle Sie spielen sollen und was Ihre Aufgabe ist! Sprechen Sie bitte nicht über das, was Sie auf der Karte lesen, und kommentieren Sie es nicht! Das wäre ein Ausstieg aus dem Spiel.«

Auf Karte A steht folgender Text:
»Sie sind Psychiater und werden zu einem Patienten gerufen, von dem Sie wissen, dass er psychisch krank ist. Eines seiner Symptome ist, dass

er sich für einen Psychiater hält. Bitte überzeugen Sie ihn, sich freiwillig in stationäre Behandlung zu begeben!«

Im Gegensatz dazu steht auf Karte B:
»Sie sind ein Psychiater und werden zu einem Patienten gerufen, von dem Sie wissen, dass er psychisch krank ist. Eines seiner Symptome ist, dass er sich für einen Psychiater hält. Bitte überzeugen Sie ihn, sich freiwillig in stationäre Behandlung zu begeben!«
Sobald das Spiel beginnt, werden Sie immer einen Kommunikationsstil beobachten können, wie er charakteristisch für all solche Interaktionssysteme ist, in denen abweichendes Verhalten eine für die Beteiligten emotional wichtige Rolle spielt (und das sind im Allgemeinen alle Systeme, in denen es überhaupt eine Rolle spielt). Meist findet man solche Interaktionsmuster in Familien, in denen ein Mitglied als psychotisch diagnostiziert worden ist, oder auch in psychiatrischen Kliniken.

Um es vorweg zu nehmen: Die Schuld für die Merkwürdigkeiten, die Sie beobachten können, dürfte wahrscheinlich weder dem Patienten unseres Experiments noch dem Psychiater zuzuschreiben sein.

Im Allgemeinen beginnt die Szene damit, dass der Schnellere der Akteure die Initiative ergreift (nennen wir ihn A, wie »aktiv«) und den Patienten fragt, warum er denn angerufen habe, was er auf dem Herzen habe, was ihm fehle, welches Problem ihn bewege, etc. Das Gemeinsame solcher Fragen ist, dass in ihnen stillschweigende Vorannahmen über den, der fragt, über den, der antwortet und über die Beziehung zwischen beiden enthalten sind. Die Beziehungsdefinition, die verdeckt (aber ganz offensichtlich) in solchen Eröffnungsfragen mittransportiert wird, erklärt den Fragesteller zum Psychiater; was immer der Langsamere (nennen wir ihn P, wie »passiv«) antwortet, birgt die Gefahr, sich zum Patienten zu machen und sich damit der suggerierten Beziehungs- und Rollendefinition zu unterwerfen.

Wir alle haben unsere Wünsche, unsere Hoffnungen, unsere Interessen, unsere Gedanken über die anderen und unsere Gedanken über uns selbst. Diese Gedanken werden jedoch in aller Regel nicht zum Ausdruck gebracht. Dies führt dazu, dass das Verhalten eines Menschen oft von den anderen nicht eingeschätzt werden kann, weil sie nicht wissen, welche Phantasien und Vorstellungen ihn zu einer ganz bestimmten Haltung gebracht haben. Dabei muss man wissen, dass jeder Mensch sich für sich logisch verhält, d. h., die Gleichungen, die im Kopf sind, enden für den Einzelnen in einer für ihn logischen Handlungsweise. Da wir jedoch diese Gleichungen des anderen und auch die Inhalte der Gleichungen in aller

Regel nicht kennen, ist das Verhalten eines Menschen für uns oft unverständlich.

Der Vorgesetzte muss, wenn er einen Veränderungsprozess einleiten möchte, Wege finden, um die Situation so auszugestalten, dass diese Gedanken zu einem gewissen Teil zum Ausdruck gebracht werden können und dürfen.

Erst dann kann er verstehen, warum eine bestimmte Person sich gerade so und so verhält. Letzten Endes liegt eine Veränderungschance darin, die Gleichungen im Kopfe des anderen zu stören, eine Dissonanz zu erzeugen und zu hoffen, dass der andere bereit ist, diese Gleichung zu ändern. Erst wenn der andere seine Gleichung im Kopf ändert, wird er bereit sein, sein Verhalten zu ändern. Dazu braucht der Vorgesetzte Instrumente und Techniken.

Talente und Persönlichkeit

Wir alle sind unterschiedlich und wir alle haben unterschiedliche Stärken und Schwächen, Möglichkeiten und Grenzen, die sich sicherlich auch irgendwo in unserem Verhalten und in unseren Handlungen äußern. Oft genug ist es so, dass die Mitglieder eines Arbeitsbereiches eher auf die Schwächen der anderen Mitglieder achten. Wenn sie das alle gegenseitig tun und sich damit gegenseitig abwerten, führt das zu einer Leistungsbehinderung in diesem Bereich. Im Gegensatz dazu sollte es oberstes Gebot sein, Toleranz zu entwickeln und neben der Schwäche auch die Stärke des anderen zu berücksichtigen. Dabei nützt das Wissen, dass hinter jeder Stärke auch eine Schwäche steckt und umgekehrt. Wenn ein Mitarbeiter nur noch seine Schwächen zeigt, kann man sich fragen, was eigentlich geschehen müsste, damit er wieder seine Stärken nützen kann.

Zweiter Teil

Die eigene Persönlichkeit erkennen

5. Mit neuem Leadership-Verhalten den Herausforderungen der Zukunft begegnen

6. Woran erkennen Sie die Potenzialführungskraft?

7. Management-Potenzial

8. Ebenen der Persönlichkeit

9. Man trägt wieder Persönlichkeit

10. Was ist eigentlich eine autonome Person?

11. Sich selbst entwickeln

5. Mit neuem Leadership-Verhalten den Herausforderungen der Zukunft begegnen

Vier zentrale Bereiche verkörpern das neue Leadership-Verhalten (vgl. Abb. 5)

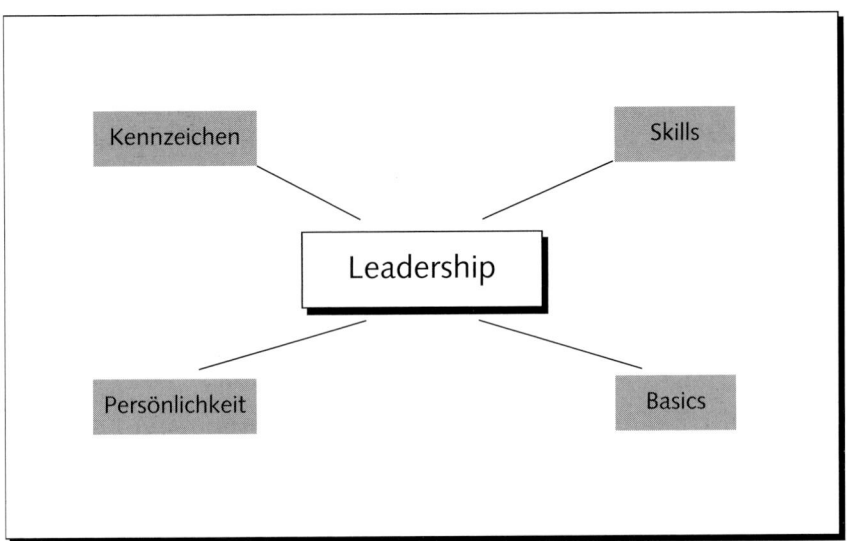

Abb. 5:   Parameter des Leadership-Verhaltens

Kennzeichen Leadership

Zentraler Ausgangspunkt sind die Leadership-Kennzeichen. Kennzeichen sollen gewissermaßen Symptome zur Lokalisierung von Leadership-Verhalten sein. Ein erstes Kennzeichen ist die Fähigkeit, Unterschiede ableiten zu können (vgl. Abbildung 6), und dies in drei Richtungen:

– Unterschiede in den Ansatzpunkten,
– Unterschiede in der Interpretation der Situation,
– Unterschiede in den Werthaltungen.

Grundsätzlich lässt sich ableiten, dass gerade die Fähigkeit, Unterschiede zu machen, die eigentliche Berechtigung für das Vorgesetzten-Dasein ist.

In der ersten Richtung zeichnet Leadership-Verhalten sich durch eine hohe Fähigkeit aus, Unterschiede in den Ansatzpunkten abzuleiten, in denen etwas geändert, verbessert, überhaupt angegangen werden sollte. Ansatzpunkte liegen hier sowohl im strategischen wie auch im operativen Bereich. Dazu muss ein(e) Vorgesetzte(r) wissen, wie »das Rad sich dreht«

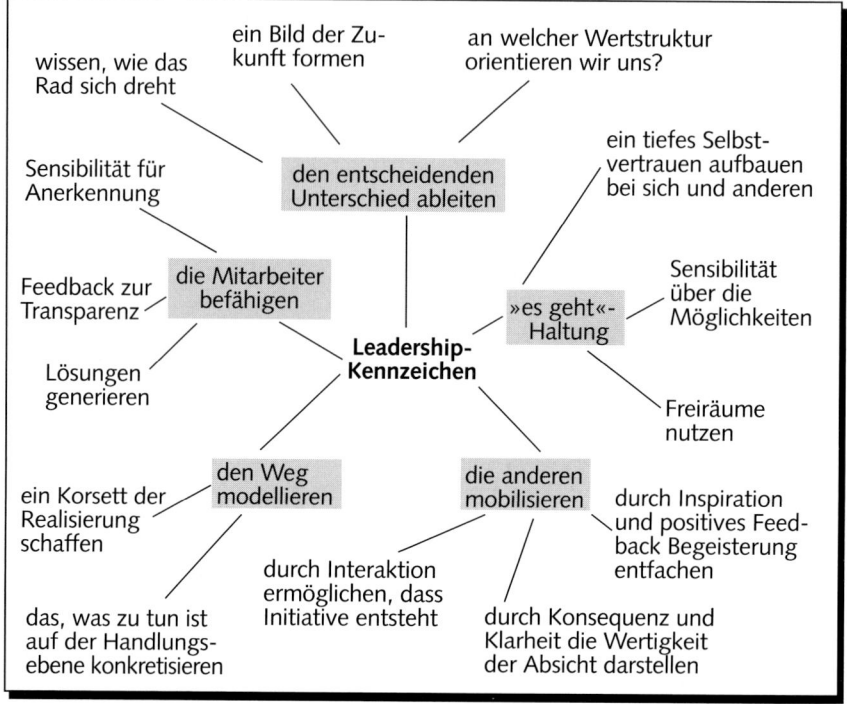

Abb. 6: Leadership-Kennzeichen

(vgl. *Bennis et al.*, 1994; *Lombardo* und *McCauley*, 1993). Er/sie muss die Wirkkräfte im Markt, im Unternehmen, in der Abteilung kennen und verstanden haben. In dieser logischen Durchdringung bekommt die Person mit Leitungsfunktion eine echte Autorität. Dies ist eine entscheidende Machtbasis. Aus dieser Machtbasis entsteht Vertrauen in das, was die Leitung tut. Die Unterschiede sollten natürlich relevant und umsetzbar sein. Je sinnhafter sie gemacht werden können, je besser aufgezeigt wird, wie die einzelnen Faktoren ineinander wirken, desto mehr Energie entsteht für die Umsetzung.

Bei den Unterschieden in der Interpretation der Situation ist es die Funktion des(r) Vorgesetzten, die Situation möglichkeitsorientiert umzudeuten. Wenn alle »die Flügel hängen lassen« und es eine Person gibt, die die Situation so umdeuten kann, dass Möglichkeiten entstehen, dann geschieht Leadership.

Bei der dritten Kategorie geht es um Unterschiede in den Werthaltungen. Die Werthaltung als Ausgangspunkt für Verhalten hat einen zentralen Stellenwert für alle Beziehungen innerhalb und außerhalb einer Unternehmung. Aus den Werthaltungen kommt der Grad der Kundenorientierung, der »Biss« im Verkauf, die Beziehungen der Mitarbeiter untereinander, die gesamte Kultur einer Unternehmung.

Nimmt man diese drei Unterschiedskategorien zusammen, so ergeben sie in ihrer Kombination die Vision, die Strategie eines Unternehmens. Es geht darum, ein Bild der Zukunft zu formen. Dieses Bild ist Ausgangspunkt und Basis von Motivation und Begeisterung. Kouzes und Posner (1993) haben diese Schlüsselfunktion »Inspiring a shared vision« genannt. Die Vision ist die treibende Kraft im Veränderungsprozess des Unternehmens. Der Leader muss eine Vorstellung davon haben, wo das Unternehmen, wo sein Bereich innerhalb einer bestimmten Zeit stehen soll. Der Leader muss diese Vision »leben«, so verinnerlicht haben, dass er seinen Mitarbeitern ein lebendiges Bild davon vermitteln und zum Mittun inspirieren kann. Nach Bass (1986) sind die Attraktivität der Vision und die Kraft der Bilder und Symbole entscheidend dafür, wie sich die Mitarbeiter einbringen. Aus dieser Vision lassen sich die Ziele für die einzelnen Bereiche ableiten, es entstehen die flächendeckenden Veränderungsprojekte. Diese Vision ist die Ausgangsbasis für eine zielorientierte Führung.

Das zweite Kennzeichen des Leadership-Verhaltens ist die **»es-geht«-Haltung**. Basis dieser »es-geht«-Haltung ist ein hohes Selbstvertrauen, das die Ruhe gibt, auch in turbulenten Zeiten an die Möglichkeiten zu glauben. Vielerorts herrscht in den Unternehmen weitverbreitet ein Klima vor, das von Jammern und Klagen geprägt ist. Viele Mitarbeiter und Vorgesetzte können meisterhaft erklären »warum es nicht geht«.

Diese »es-geht«-Haltung sollte nicht gleichgesetzt werden mit einem dümmlichen und realitätsfernen Positivdenken. Sie ist vielmehr der geklärte Ausdruck einer Persönlichkeit. In diesem Teil steckt die Kraft, die aus einer hohen inneren Sicherheit kommt. Auch die Kraft, eine für richtig erkannte Richtung mit Energie und Selbstvertrauen voranzutreiben und unerbittlich an der Zielerreichung festzuhalten. Die Bereitschaft, für weite Strecken allein an eine Möglichkeit zu glauben und nicht aufzugeben, kommt aus dieser Grundhaltung. Die Übertragung dieser Grundhaltung auf möglichst viele andere Mitglieder der Organisation, die Transformation der Organisation in eine »es-geht«-Haltung, ist das Resultat eines erfolgreichen Leadership-Prozesses.

Ein Kennzeichen von ganz wesentlicher Bedeutung ist es, **die Mitarbeiter zu mobilisieren,** ein »Magnetfeld« und Begeisterung zu entfachen. Mitarbeiter zu mobilisieren heißt:

– durch Interaktion zu ermöglichen, dass Initiative entsteht,
– durch Inspiration und positives Feedback Begeisterung entfachen,

– durch Konsequenz und Klarheit die Wertigkeit der Absicht darstellen.

Eine entscheidende Fähigkeit im Führungsprozess ist es, Interaktion zu entfachen. Nicht Fragen zu stellen und diese sich dann selbst zu beantworten. Erst wenn, durch eine echte Interaktion erzeugt, Mitarbeiter psychologisch investieren, eigene Beiträge beisteuern, entsteht die Zielkongruenz, die es für das Mitunternehmen braucht.

Die Inspiration, also eine lockende Idee, mit Begeisterung vorgebracht, eine Idee, die die neue Möglichkeit zeigt, ist die Basis der Begeisterung und die Basis dafür, dass ein »Magnetfeld« entstehen kann. Lombardo und McCauley (1993) sehen diese Atmosphäre der gegenseitigen Befruchtung und Inspiration in Beziehung zum Ausdruck von Mitgefühl, Zeigen von Sensibilität, Freundlichkeit und Wärme, Aufrichtigkeit und Beherrschung.

Wer die Ziele »vereinbaren« muss, wem es nicht gelingt, eine Atmosphäre zu schaffen, in der Ziele stimuliert werden, wo ein Nährboden für das Entstehen von Begeisterung entsteht, erfüllt dieses Kriterium nicht. Fragen Sie sich,

– wie Ihre (Management-)Meetings ablaufen. Sind sie gekennzeichnet von Vorwürfen und Rechtfertigungen oder gelingt es Ihnen, ein Klima des Aufbruches, des Anpackens zu erzeugen?

– haben Sie im letzten Monat in Ihrem Arbeitsbereich beobachten können, dass Begeisterung für einen Erfolg entstand oder freuten sich Ihre Mitarbeiter eher über den Misserfolg eines Kollegen?

Eng verbunden mit diesem grundsätzlichen Möglichsein von Begeisterung und positiver Grundstimmung ist die Wirkung, die von den Leitungspersonen ausgeht. Es ist die Frage, ob ein(e) Vorgesetzte(r) schon allein durch sich beeindruckend ist. Und es ist die Frage, welche Konsequenzen von dieser Wirkung ausgehen. Entsteht Angst, Misstrauen oder Leistungsbereitschaft, Hoffnung, Begeisterung? In diesem Zusammenhang entstehen Fragen wie:

– Inwieweit kennen Sie die Wirkungen, die von Ihnen ausgehen?
– Welche Konsequenzen erzeugt Ihre Wirkung?
– Inwieweit führt die Wirkung, die von Ihnen ausgeht, zu einer Leistungsentfachung oder zu Demotivation?

Es ist sicher nicht leicht, aufzuzeigen, ob und wie eine solche Wirkung beeinflusst werden kann. Sicherlich sind diese Potenziale in ihrer Art und möglichen Intensität unterschiedlich ausgeprägt. Und sicherlich werden diese Potenziale unterschiedlich gelebt. Wir glauben, dass diese Wirkungen am echtesten und intensivsten zum Ausdruck kommen, wenn eine Person in einer selbstsicheren/selbstbewussten Verfassung ist. Also, wenn sich eine Person sich selbst bewusst ist und gewissermaßen »in sich ruht«. Dann kommt die eigene energieentfachende Wirkung zum Ausdruck. Alles, was mit Abwertung zu tun hat, Selbstabwertung oder Abwertung anderer, tötet diesen Prozess. Insofern bekommen die Lebenskonzepte der Führungskräfte eine hohe Bedeutung. Leadership ist eben keine Technik. Leadership hat viel mit der Entwicklung der Persönlichkeit zu tun.

Das vierte Element der Leadership-Kennzeichen ist die Fähigkeit, den **Weg zu modellieren** (Kouzes und Posner, 1991).

Auf einem Overhead-Folien-Niveau lassen sich Konzepte und Strategien einleuchtend und beeindruckend darstellen. Bei der Frage, wie diese Konzepte in die praktische Realisierung kommen, scheidet sich Spreu von Weizen. Die entscheidende Fähigkeit im Management von morgen ist: auf der einen Seite auf abstraktem Niveau Konzepte und Modelle zu verstehen, also die einzelnen Faktoren in Wirkungszusammenhängen vernetzen zu können; auf der anderen Seite die Fähigkeit zu besitzen, solche abstrakten Konzepte auf die praktische Realisierung herabzubrechen und in anwendbare Handlungsanweisungen zu verwandeln.

Für die meisten individuellen und bereichs-/unternehmensorientierten Veränderungsabsichten braucht es ein »Korsett«, eine Stütze einerseits, eine Konsequenz andererseits. So wie die »es geht«-Haltung die Möglichkeit, die Option beinhaltet, das Mobilisieren, das »ich will«, so verkörpert das Modellieren die »ich kann«-Haltung. Leadership heißt, voll hinter der Absicht zu stehen. Nie den Zweifel aufkommen zu lassen, dass die Realisierung offen ist.

Das fünfte Element, **die Mitarbeiter befähigen**, stellt das letzte Element der Leadership-Kennzeichen dar. Kouzes und Posner (1991) nennen diesen Aspekt **»Enabling Others to Act«**: die Aufgabe des Leaders, andere zu befähigen, gute Arbeit zu leisten. Befähigung ist auf verschiedenen Ebenen zu sehen; es geht um Kenntnisse, Wissen, Mentalität, um Befähigung also auch auf einem motivationalen Niveau. Hier finden sich die Coaching-Handlungen wieder. Coaching als die Fähigkeit und Fertigkeit, leistungsorientierte Entwicklungen im Bereich Einstellungen und Verhalten in Gang zu setzen.

Wesentliche Elemente des Coaching sind:

– bewusster und sensibler Umgang mit Anerkennung
– offenes, zu Entwicklung führendes Feedback
– die Lösungsgenerierung.

Eine ausführliche Darstellung des Coachingansatzes findet sich im Dritten Teil dieses Buches.

Leadership-Basics: Pragmatische Erfolgskonzepte

In diesem Abschnitt möchten wir Ihnen eher pragmatische Erfolgskonzepte aufzeigen. Erfolgskonzepte, die wir bei erfolgreichen Führungskräften beobachtet haben. Handlungen, die zumindest dort, wo wir sie beobachteten, in Zusammenhang mit Erfolg gesehen werden. Die Erfolgskonzepte sind in Abbildung 7 dargestellt.

Abb. 7:   Leadership-Basics

1. Regelmäßiger Check-up

Der Check-up ist das entscheidende Meeting für den Fortgang des Geschäfts und für die Entwicklung des Teams. Er ist Garant und Rückgrat für die Entwicklung des Teams.

Wie beim Durchchecken eines Flugzeugs werden beim Check-up die wesentlichen Parameter geprüft. Es geht nicht um Abrechnung und Schuldigensuche, nicht um Vorwürfe, Killerphrasen und Rechtfertigung. Das Hauptziel des Check-up ist die Bearbeitung folgender Fragen:

1. Was ist angefallen? Was ist passiert? (Vergangenheit)
2. Mit welchen Themen müssen wir uns auseinandersetzen? (Gegenwart)
3. Welche Fragestellungen werden auf uns zukommen? (Zukunft)
4. Wie geht es den Einzelnen? (Gefühl)

Check-ups finden regelmäßig statt. Jeden Tag, jede Woche, mindestens einmal im Monat. Sie dauern von einer Stunde bis zu einem Tag. Ein wichtiger Bezugspunkt im Check-up ist die Stimmung. Check-ups sollen Energie für alle Beteiligten aufbauen. Wenn Ihre regelmäßigen Meetings mit Ihren wichtigsten Mitarbeitern regelmäßig mit Frustration und schlechten Gefühlen enden, handelt es sich hierbei nicht um Check-ups.

2. Geben Sie dem, was die Mitarbeiter tun, einen Wert

Dies ist sicher ein entscheidendes Leadership-Konzept. In vielen Arbeitsbereichen müssen Tätigkeiten verrichtet werden, deren Wert sich nicht von sich heraus bestimmt.

Nehmen wir ein Beispiel: In den Flughäfen gibt es Informationsstände. Dort arbeiten in aller Regel gut ausgebildete Mitarbeiter und Mitarbeiterinnen. Menschen, die ein Studium abbrachen oder nach dem Studium keinen besseren Arbeitsplatz gefunden haben. Da sie meist mehrere Sprachen sprechen, erhoffen sich nun diese Menschen durch diese Tätigkeit den Zugang zur großen, weiten Welt.

Allein, sie müssen bereits nach wenigen Tagen feststellen, dass 80 % der Passagiere, die an ihren Informationsschalter kommen, nach der Toilette fragen. Dies führt in aller Regel zu einer Frustration. Die Führungsaufgabe hier ist es, diesen Tätigkeiten einen Wert zu geben; Anreicherungen der Tätigkeit zu suchen, die eine eindeutige Interpunktion des Wertes ermöglichen. Diesen Menschen zu verdeutlichen, dass sie jeden Tag den Flughafen verkaufen, dass es maßgeblich von ihrem Verhalten abhängt, ob sich die Flughafen-Besucher wohlfühlen, zufrieden sind oder nicht. Diese Wertzumessung ist eine herausragende Führungsanforderung.

So wie die »Mona Lisa« zu einem wertvollen Gemälde wurde, als irgendwelche Menschen dieses Bild als einzigartig bewerteten, so werden die Aufgaben und Leistungen der Mitarbeiter durch die Bewertung der Vorgesetzten wertvoll. Diese Bewertung stellt für viele Mitarbeiter eine entscheidende Basis ihres Selbstwertes dar. Das wird leider viel zu oft verkannt.

Eine Erweiterung dieses Erfolgskonzeptes ist es, darauf zu achten, dass jeder Mitarbeiter **etwas** wertvolles macht, eine Tätigkeit bekommt, an dem er/sie seinen/ihren Wert festmachen kann.

3. Halten Sie die Waage zwischen Anerkennung und Kritik

Wer nur kritisiert, macht das Klima kaputt, wer nur anerkennt und alles positiv findet, wird nicht ernst genommen. So scheint auch hier die Lösung in der Differenzierung zu liegen. Wir möchten Ihnen als Erfolgswert das Verhältnis von Anerkennung zu Kritik von 2:1 vorschlagen. Es lässt sich wissenschaftlich begründen. Eine amerikanische Studie zur Vorhersage einer Ehe-Scheidungswahrscheinlichkeit hat in der Fokussierung aufgezeigt, dass in »gesunden« Ehen das Verhältnis von integrativen zu desintegrativen Handlungen 4:1 betrug. Correl (1978) hat nachgewiesen, dass in erfolgreichen Reden das Verhältnis von integrativ zu desintegrativ 1,9:1 war. Das soll unser vorgeschlagenes Verhältnis von Anerkennung zu Kritik nur untermauern.

Plausibel erscheint es allemal. Wichtig ist neben einer »Daumenregel«, dass Sie ein Gefühl entwickeln, wie es um die Stimmung bestellt ist. Das Thema Anerkennung wurde in Führungstrainings sicherlich schon ausgiebig behandelt. Vielleicht scheint es vielen schon ausgelutscht. Trotzdem finden wir als Berater in vielen Führungssystemen, dass es gerade an dem bewussten und gekonnten Umgang mit Anerkennung fehlt. Trotz aller Führungstrainings. Deshalb darf das Anerkennungskonzept in einem Leadershipansatz nicht fehlen – vielleicht stellt es eine entscheidende Basis dar.

Was muss man beim Umgang mit Anerkennung und Kritik beachten?

1. Anerkennung muss echt sein. Sie muss sich auf ein Ereignis beziehen.
2. Es braucht eine Sensibilität für Bemühungen. Viele Verbesserungsbemühungen werden nicht bemerkt. Damit gehen auch viele Chancen für Anerkennung und Entwicklung verloren. Kein Delphin würde springen lernen, wenn sein Dompteur nicht die zufälligen Sprünge bemerken und belohnen würde.

4. Nicht immer nur Gas geben... wer die Pause verordnet, bekommt mehr Berechtigung zum Fordern

Das vierte Erfolgskonzept orientiert sich, wie auch das dritte, an der Differenzierungsfähigkeit der Führungspersonen. Es geht darum, eine gute Mischung zwischen Fordern und Pausen zu finden. Wer immer nur fordert, wird mit der Zeit die Mannschaft »sauer fahren«. Wer nicht in der Lage ist zu fordern, wird bald mit einer »Schlafwagenabteilung« konfrontiert sein.

So wie im Hochleistungssport die Pause zum richtigen Zeitpunkt eine entscheidende Trainerintervention ist, so ist sie bei einem modernen Leadership-Konzept eine entscheidende Komponente. Weg von den stets druckmachenden und gehetzten Managern hin zu den Führungspersonen, die mit gesundem Menschenverstand abschätzen können, wo die Hochleistung in eine schlichte Überforderung überwechselt. Es hilft nichts, die Saite so zu spannen, bis sie reißt. So ist das Fordern im richtigen Maß förmlich eine Kunst. Nicht zuletzt deshalb haben wir in unseren Leadership-Skills gerade für das Fordern spezielle Vorgehensweisen entwickelt.

5. Geben Sie dem Mitarbeiter Schutz . . . nach oben, zur Seite und nach unten

Im Rahmen eines Trainings hatten wir in einem Kloster die Gelegenheit, mit der Äbtissin über Führung zu sprechen. Ein Satz von ihr hat mich besonders beeindruckt: »Wenn der Schutz fehlt, fehlt meist auch der Gehorsam und umgekehrt.« Mit diesen Worten hat sie einen bedeutenden Zusammenhang ausgedrückt, der mir bis zu diesem Punkt nicht so deutlich war. Zielkongruenz kann also nur entstehen, wenn die Mitarbeiter und Mitarbeiterinnen eines Arbeitsbereiches, insbesondere durch ihren/ihre Vorgesetzte(n), auch Schutz spüren. Schutz nach oben, nach unten, zur Seite und auch zum Kunden.

Gerade in den Zeiten hoher Kundenorientierung führen Kundenreklamationen, die womöglich auch aus einer überzogenen Erwartungshaltung herrühren und unberechtigt sind, oft dazu, dass Mitarbeiter diesen Anschuldigungen hilflos ausgeliefert sind. Schutz bieten heißt nicht, dass sich ein Vorgesetzter immer wie ein Bollwerk vor seine Mitarbeiter stellen muss, um Missstände und Leistungsmängel zu verdecken, er benötigt auch hier das richtige Maß. So schließen sich auch Schutz und ein klares, offenes Feedback gegenseitig nicht aus.

6. Sprechen Sie zweimal jährlich mit jedem Mitarbeiter über Ziele, Verbesserungen und über Perspektiven

In vielen Betrieben werden so genannte institutionalisierte Beurteilungs- oder auch Mitarbeitergespräche durchgeführt. Im Rahmen dieser Gespräche sollen die Mitarbeiter eine Rückmeldung über ihre Stärken und Schwächen, über ihre Leistungen und persönliche Einschätzung bekommen. Die Gefahr dieser institutionalisierten Gespräche ist, dass sie bürokratisiert werden und zu einer reinen Pflichtübung zwischen Vorgesetztem und Mitarbeiter verkommen. So wertvoll grundsätzlich diese Gespräche sind, so wertlos sind sie, wenn sie nur aus einer Pflichterfüllung heraus getan werden. Selbst wenn es diese Gespräche in Ihrer Firma nicht formalisiert gibt, sollten Sie sich zweimal im Jahr eine Stunde Zeit nehmen, um mit jedem Mitarbeiter über Ziele, über Verbesserungen und Perspektiven zu sprechen. Diese Gespräche haben eine gewisse Bilanzierungsfunktion. Es soll ein Gleichklang zwischen den gegenseitigen Erwartungen hergestellt werden.

Das Gespräch hat, obwohl es durchaus kritisch verlaufen kann, eine motivierende Funktion. So ist es wichtig, dass sowohl Vorgesetzte als auch Mitarbeiter gewissermaßen »gereinigt« aus dem Gespräch herausgehen und durch das Gespräch mehr Energie entstanden ist, als vorher vorhanden war. Das Gespräch ist also nicht eine einseitige Abrechnung, sondern sollte in seiner Entwicklung mehr und mehr dazu führen, dass beide Seiten, sowohl Mitarbeiter als auch Vorgesetzte, ein großes Interesse haben, diesen Abgleich miteinander durchzuführen.

Bezüglich des **Abgleichs der Ziele** können Sie folgende Fragen verwenden:

– Was hatten Sie sich als Ziele vorgenommen?
– Was ist Ihnen gelungen?
– Was ist Ihnen nicht gelungen?
– Was vermuten Sie als Ursache?
– Welche Unterstützung brauchen Sie?
– Welche Ziele nehmen Sie sich für die nächste Periode vor?
– Wie werden Sie vorgehen, um die Ziele zu erreichen?

Bezüglich der **Erwartung** fragen Sie:

– Welche Erwartungen haben Sie für die nächste Zeit?
– Welche Erwartungen haben Sie generell?

Bezüglich der **erreichten Verbesserungen** können Sie fragen:

– Welche drei Verbesserungen haben Sie in den letzten drei Monaten umgesetzt?
– ... mit welchem Erfolg?
– Woran kann man die Verbesserung merken?

weiter auf S. 137

Diese Gespräche machen, wenn sie regelmäßig terminiert sind, Führung ein Stück planbar. Sie ergänzen die im Allgemeinen stattfindende Fünf-Minuten-Führung durch eine gewisse Systematisierung. Sie stellen sicher, dass eine minimale Betreuung vorhanden ist, und sie sind ein wesentliches Glied in einer zielorientierten Führung.

Leadership-Anforderungen an die Persönlichkeit

Dies ist das Zentrum eines neuen Leadershipverhaltens. Wir haben die einzelnen Facetten zum Thema Persönlichkeit in der nachfolgenden Abbildung 8 dargestellt.

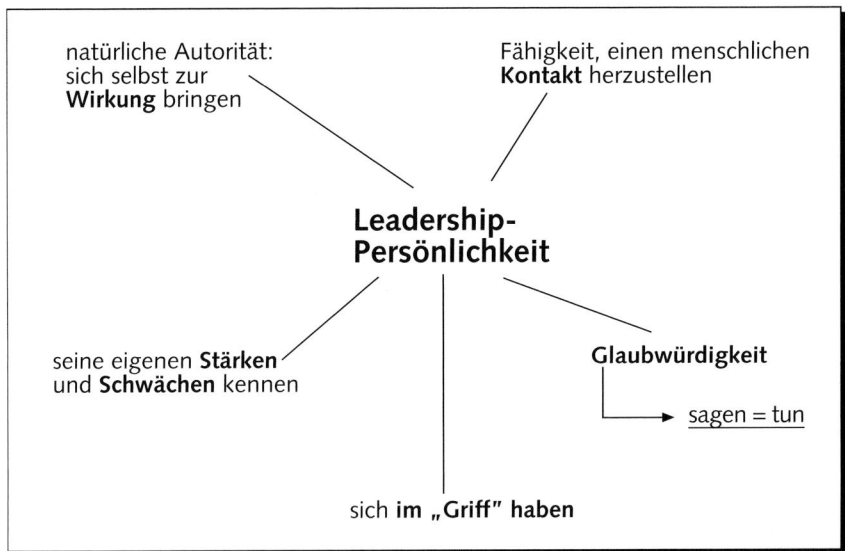

Abb. 8: Leadership-Anforderungen an die Persönlichkeit

Die erste Fähigkeit, die aus diesem Modell abzuleiten ist, ist die Fähigkeit, einen **menschlichen Kontakt** herzustellen. Diese in vielen Lebenssituationen wichtige Fähigkeit scheint in der Führungssituation eine Kristallisation zu erleben. Ich möchte Ihnen zur Verdeutlichung eine kleine Begebenheit aufzeigen:

Im Rahmen eines USA-Aufenthaltes besuchten wir in San Diego den Sea-World-Park. Während einer der Vorführungen, bei der die Trainer mit Killerwalen, Delphinen, etc. aufzeigten, zu welchen Kunststücken diese Tiere fähig sind, fragte einer der Trainer in das Publikum: »Warum glauben Sie, dass das, was wir hier tun, funktioniert?« Er beantwortete kurze Zeit danach seine rhetorisch gestellte Frage selbst mit den Worten: »Dies alles funktioniert, weil wir zu den Tieren eine Beziehung haben.« Ich dachte mir dabei, wenn es diesen Trainern gelingt, mit Killerwalen eine Beziehung herzustellen, dann müsste es doch auch den meisten Führungskräften gelingen, mit ihren Mitarbeitern eine Beziehung zu schaffen. Eine Beziehung, die mehr ist, als wenn man dem Tagesschausprecher im Fernsehen in die Augen schaut.

Das sollte nicht mit Kameraderie verwechselt werden. Eine solche Beziehungsqualität ist zum Beispiel dann vorhanden, wenn sich beim Anrufen die Stimme des anderen positiv verändert oder wenn sich beim Begegnen positive Gefühle einstellen und Sie ein Lächeln, jedenfalls eine positive Mimikveränderung beobachten können. Es braucht also eine mehr oder weniger große Beziehungsqualität in der Führungsbeziehung.

Jedenfalls bedingt sie für die Führungspersonen, dass sie an ihrer Fähigkeit arbeiten, echte menschliche Kontakte herstellen zu können. Hinderlich für diesen Prozess sind natürlich ein überzogenes oder grundsätzliches Misstrauen oder eine Arroganz, die Unsicherheit kompensiert, Dies führt uns zur zweiten Facette, der **Glaubwürdigkeit**.

Kouzes und Posner (1991, S. 22) fassen Creditibility zusammen: »Die Mitarbeiter müsssen darin Glauben haben, dass sie den Worten der Leader vertrauen können, dass diese tun, was sie sagen und dass sie das Wissen und die Fähigkeit haben, zu führen und persönlich von der Richtung, in welche die Entwicklung geht, überzeugt und begeistert sind.«

Vorgesetzte sind Vorbilder, auch wenn sie es eigentlich nicht sind. Die Übereinstimmung von Sagen und Tun ist bestimmt keine neue Erfindung, aber wenn man die Führungsrealität beobachtet, braucht gerade dieser Punkt unseres Erachtens eine eindeutige Interpunktion.

Wenn es in Ihrem Unternehmen Führungspersonen gibt, die glaubwürdig sind, ist das ein unschätzbares Kapital, weil Sie sehr viel Geld dafür sparen können, Ihre Führungskräfte in aufwendigen Trainings auszubilden. Das Lernen vom Vorbild ist immer noch eine der effizientesten Lernformen. In einer Zeit, wo man aufgrund der flachen Strukturen auf Selbstverantwortung und Selbststeuerungsfähigkeit setzen muss, bekommt gerade die Glaubwürdigkeit der Führungspersonen als unabdingbare Voraussetzung für das Funktionieren dieses Prozesses eine enorme Bedeutung.

Wer an 30 Tagen »gut drauf ist« und sich auf allen Parketts der Welt bewegen kann und am 31sten Tag »ausrastet«, der wird es erreichen, dass seine Mitarbeiter die wahrgenommene Atmosphäre des Klimas ihres Arbeitsbereiches nach dem 31sten Tag ausrichten. So kosten die Unkalkulierbarkeiten und die unvorhersehbaren Gefühlsschwankungen sowohl in den aggressiven wie in den depressiven Bereichen die Firmen ungeheuer viel Geld. Nicht nur, weil sich die Mitarbeiter stundenlang auf den Gängen darüber unterhalten, sondern weil es ihnen ihre Energie raubt.

So geht mit diesem Leadershipmodell die Forderung einher, dass Vorgesetzte auch an ihren inneren Schwierigkeiten arbeiten, dass sie sich so weit innerlich verfestigen müssen, dass sie kalkulierbar werden und eine gewisse emotionale Distanz zu ihren gefühlsmäßigen Reaktionen entwickeln. Dies alles nicht aus einer ethisch-humanistischen Sicht, sondern weil sonst sehr viel Energie geblockt wird. Die Vorgesetzten müssen sich **»im Griff haben«**. Nicht dadurch, dass sie sich selbst disziplinieren, sondern dadurch, dass sie an sich arbeiten und die Faktoren, die diese destruktiven Reaktionen hervorrufen, in eine konstruktive Haltung verwandeln. Dazu muss man sich selbst kennen.

Mit der Umschreibung »Managing Yourself« wird dieser Vorgang umschrieben (Bennis, Parikh und Lessem, 1994). Sich über seine Möglichkeiten bewusst werden, dieselben zu entwickeln und sich aus dem Käfig einschränkender Glaubenssätze zu befreien. Auch das Wissen um die eigene innere Dynamik und damit verbunden die Fähigkeit, innere Balance zu schaffen, sind wesentlich für den »Master-Manager«. Die Lösung innerer Konflikte stellt auch für Bass (1986) eine wesentliche Anforderung an den charismatischen Führer dar. Auch DePree (1990) betont die Entwicklung einer persönlichen Reife. Der Manager muss in engem Kontakt zu einer tieferen Ebene seiner selbst stehen. Dadurch ist er in der Lage, andere zu inspirieren (Bennis, Parikh und Lessem, 1994). Die so genannten Glaubenssätze sind nach Senge (1990) als die eigenen Vorstellungen über das, was geht und was nicht geht, dafür verantwortlich, dass viele gute Ideen nicht umgesetzt werden.

So wie nach C. G. Jung das Leben eine dauernde Veranstaltung ist, sich selbst zu erkennen, so steht die Kenntnis der eigenen Stärken, der Möglichkeiten, der Schwächen und Grenzen sehr eng im Zusammenhang zum Vorhergesagten. Wer seine größten Stärken kennt, kann sie ausbauen, sie ganz bewusst einsetzen, wer seine größte Schwächen kennt, kann zumindest lernen, damit umzugehen.

Auch hier liegt die Chance in der Differenzierung. Nicht perfekt sein zu wollen, sondern zu lernen, zu differenzieren, wo Stärken und Schwächen sind, zu lernen, diese Stärken zu entwickeln und die Schwächen zu kompensieren. Letzten Endes führt es zu der Frage, wie Führungskräfte eine natürliche Autorität entwickeln, wie sie **sich selbst zur Wirkung bringen**. Führen im modernen Sinne heißt nicht: Aufgaben formulieren, Ziele setzen, Delegieren, Kontrollieren, Beurteilen und Gehalt festsetzen. Führen in diesem Sinne heißt Einfluss ausüben, ein Einfluss, der von der eigenen Person ausgeht. So ist es wichtig, dass sich jede Führungsperson über die eigene Wirkung klar wird und daran arbeitet, diese Wirkung zu differenzieren und auszuprägen. Nicht gemeint ist damit: autoritär zu sein. Das autoritäre Syndrom ist bestenfalls eine fehlgeleitete, natürliche Autorität oder schlechtenfalls eine Kompensation eines Minderwertigkeitsgefühles.

Hier geht es um die Entfaltung einer echten Wirkung, einer Strahlkraft, die von Menschen ausgehen kann. Diese Strahlkraft ist von Mensch zu Mensch unterschiedlich. Sie kann laut oder leise sein, aber sie wird auf jeden Fall eine Wirkung auf das Verhalten von anderen Menschen haben. So wird auch jeder Mensch, zugegeben in unterschiedlichem Maße, in der Lage sein, eine solche Wirkung zu entfalten. Sicherlich hat diese Wirkung sehr viel mit der Klärung der vorgenannten Punkte zu tun und kann als Resultat der Realisierung der vorgenannten Facetten gesehen werden.

Leadership-Skills

Mit den Leadership-Skills möchten wir Ihnen ein Stück Handwerkszeug aufzeigen, um die vorgenannten Anforderungen erfüllen zu können. Es sind einzelne Gesprächshaltungen, die bewusst auf eine gewisse Einfachheit reduziert wurden. Damit werden sie erlernbar. Diese einzelnen Gesprächshaltungen sollte jeder, der sich einer Führung als Profession verschrieben hat, in seinem Repertoire haben. Wir haben diese einzelnen Facetten in der folgenden Abbildung 9 dargestellt.

Diese Skills werden im Dritten Teil des Buches weiter präzisiert.

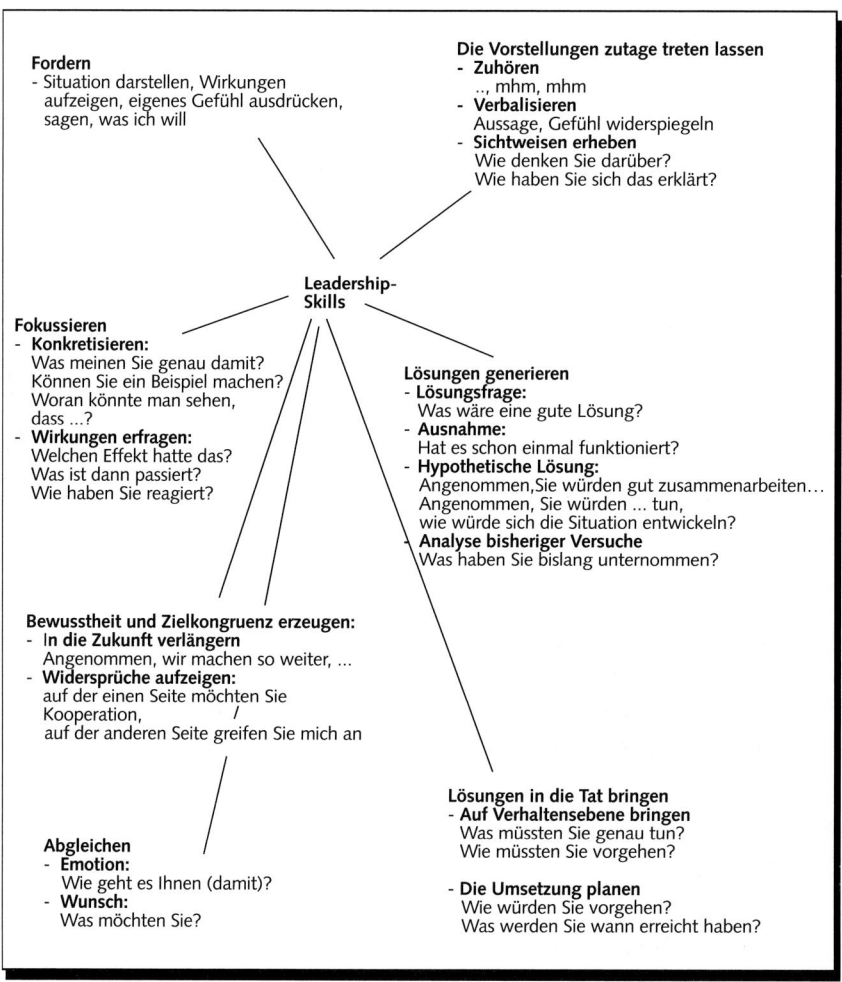

Abb. 9: Leadership-Skills

6. Woran erkennen Sie die Potenzialführungskraft?

Wir möchten Ihnen im Folgenden ein ganzheitliches Modell einmal zur Ermittlung des Potenzials, aber auch korrespondierende Faktoren darstellen. Korrespondierende Faktoren, die die Entfaltung des Potenzials unterstützen und in ihrer Ausprägung die »fertige Führungskraft« darstellen. Folgende Abbildung zeigt das ganzheitliche Modell.

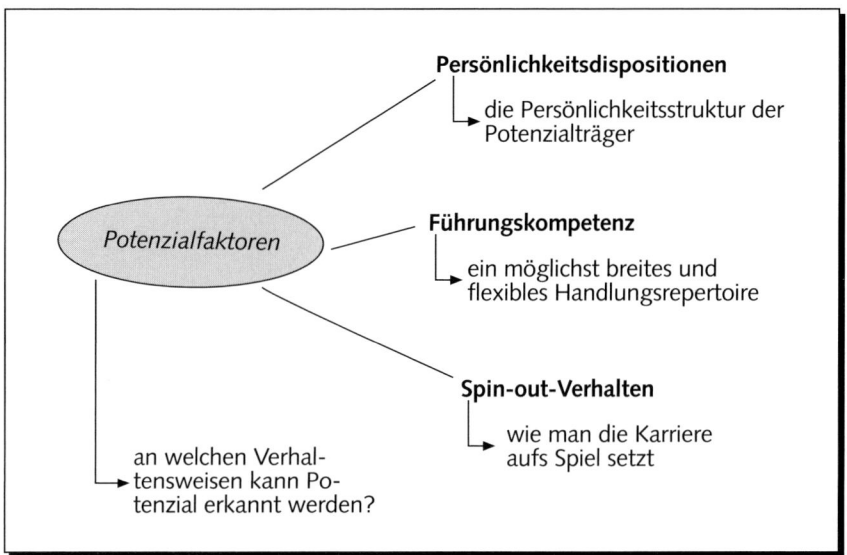

Abb. 10:   Potenzialfaktoren und korrespondierende Faktoren

Management-Potenzial zu haben, heißt:
    in neuen komplexen Situationen erfolgreich zu sein,
das Talent und die Fähigkeit zu besitzen,
    die Komplexität von sozialen Systemen zu erfassen
    und die entscheidenden Hebelkräfte
zu finden.

Der Treibriemen zur Entfaltung ist die Fähigkeit, aus
    Erfahrung zu lernen.

Die Entwicklung des Potenzials wird entscheidend von der
    Anzahl und Intensität der Herausforderungen,
die eine Führungskraft in der ersten Phase ihrer beruflichen Laufbahn erlebt, beeinflusst.

Die Dynamik der Potenzialentwicklung lässt sich an nachstehender Abbildung 11 aufzeigen.

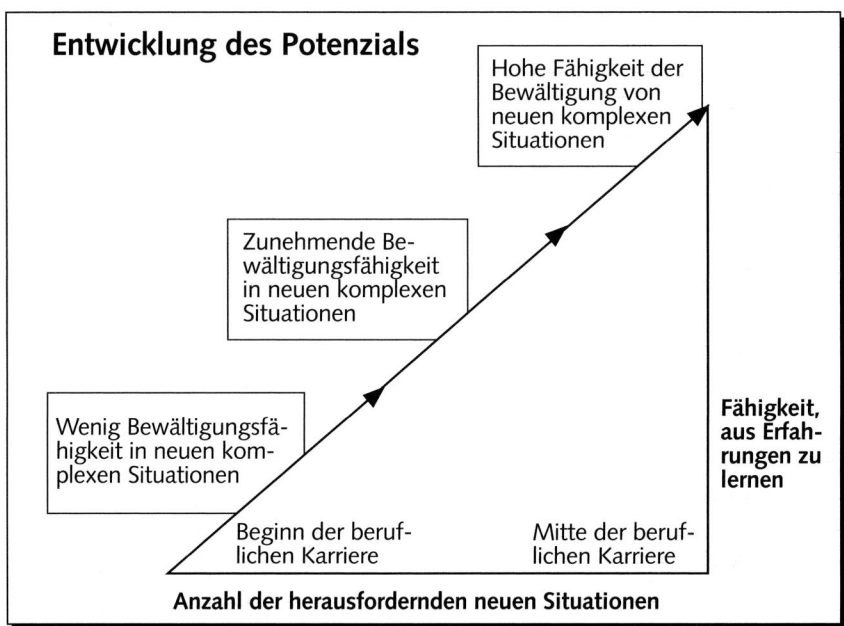

Abb. 11:   Entwicklung des Potenzials

Wie bereits ausgeführt, hängt die Dynamik der Potenzialentwicklung im Wesentlichen von zwei Faktoren ab:

1. der Fähigkeit, aus **Erfahrung zu lernen**,
2. Anzahl der **herausfordernden neuen Situationen**.

Beide Bedingungen müssen für Potenzialführungskräfte erfüllt sein.

Generell lassen sich bei der Entwicklung von Managern zwei Phasen unterscheiden:

1. die Phase des **geplanten Lernens**,
2. die Phase des **Erlebenslernens**.

Unter geplantem Lernen können alle Lernerfahrungen von Schule, Universität, Ausbildungen zusammengefasst werden.

Das Erlebenslernen beinhaltet alle Lernsituationen des Alltags-/Berufslebens, also des Lernens aus den Situationen, Chancen, Risiken und Herausforderungen, das das alltägliche Leben stellt. Die Fähigkeit zu dem Erlebenslernen, also zu dem Lernen aus den gemachten Erfahrungen, ist die eigentliche Basis der Potenzialentwicklung. Diese Fähigkeit korreliert am höchsten mit beruflichem Erfolg. Wie diese Fähigkeit konkretisiert werden kann, sehen Sie aus nachstehender Abbildung.

Potenzialfaktoren

1. Mentale Agilität
- kann auch in komplexen Kontexten die wesentlichen Hebelfaktoren erkennen
- beherrscht komplexe Sachverhalte und Situationen.

2. Persönliche Agilität
- ist sich seiner/ihrer selbst bewusst und sucht aktiv Feedback zur eigenen Wirkung
- unterstützt andere, damit sie erfolgreich sein können.

3. Lern-Agilität
- lernt von anderen Personen.

4. Agilität bei Veränderung
- sucht ständig nach Neuem und experimentiert
- geht energisch voran, ohne sich von anderen aus der Richtung bringen zu lassen.

5. Agilität in der Kommunikation
- versteht es, adressatengerecht zu kommunizieren.

Abb. 12: Beschreibungsmerkmale des Potenzialverhaltens

Die Fähigkeit, aus Erfahrungen zu lernen, ist sozusagen die notwendige Bedingung für die Potenzialentwicklung. Die hinreichende Bedingung ist die Summe und Intensität der erfahrenen Herausforderungen. Je intensiver und häufiger eine Person gefordert wird und je öfter eine Person diese Situationen bewältigt, um so mehr wird die Entwicklung des Potenzials akzelleriert. Der Transmissionsriemen für die Entwicklung ist die Herausforderung.

Wer die mittleren Lebensjahre nutzt, um aus Herausforderungen zu lernen, wird – sofern grundsätzliches Potenzial vorhanden ist – mit 45 für den Top-Job bereit sein. Diese Person wird ein breites Spektrum an Kompetenzen entwickelt haben, die es ihm/ihr ermöglichen, komplexe neue Situationen und Herausforderungen zu bewältigen. Die Nicht-Potenzial-Träger werden auch Managementkompetenzen entwickelt haben, allerdings in einem viel schmaleren Spektrum. Sie sind in ihrem angestammten Fachgebiet leistungsfähig, können aber nicht weiterreichenderen, komplett neuen beruflichen Konstellationen entsprechen.

Ein weiterer Faktor für die Bestimmung des Top-Performers ist der Grad der Ausprägung so genannter **Spin-out-Faktoren**. Spin-out – bekannt vom Windsurfen als Strömungsabriss an der Finne mit der Folge, dass das Surfbrett nicht mehr gesteuert werden kann – soll für dieses Phänomen als Synonym stehen. Spin-out-Verhalten führt, abhängig von der Verwurzelung in einer Organisation, zu Schwierigkeiten in der eigenen Laufbahnentwicklung. Je höher der Ausprägungsgrad der Spin-out-Faktoren, je höher die Anzahl der Spin-out-Faktoren und je geringer die Verwurzelung einer Person in einem Arbeitsbereich oder Firma ist, um so mehr ist die Karriere gefährdet. Eine Aufstellung von 16 Spin-out-Faktoren finden Sie in nachstehender Abbildung.

Spin-out-Faktoren sind weitgehend unabhängig von Potenzialfaktoren. So ist es zu erklären, dass talentierte Führungskräfte, die ein sehr hohes Potenzial besitzen, sich immer wieder durch ihr Spin-out-Verhalten in der eigenen Entwicklung und in der Entwicklung ihrer Karriere hindern.

Spin-out-Faktoren

- legt wenig Gewicht auf die personelle Qualität bei der Auswahl seiner/ihrer Mitarbeiter oder bei der Zusammenstellung eines Teams
- ist eher misstrauisch oder arrogant gegenüber anderen Menschen; glaubt nicht an den Leistungswillen der Mitarbeiter
- zieht sich beleidigt zurück, wird laut oder ärgerlich, wenn die Dinge nicht nach seinen/ihren Vorstellungen laufen
- gibt zu schnell auf, hat keine Geduld oder kein Durchhaltevermögen
- bemerkt nicht, dass er/sie in der gegenwärtigen Position nicht verwurzelt ist; lehnt sich zu weit aus dem Fenster
- schafft es nicht, die Akzeptanz seiner Vorgesetzten zu bekommen, weil er/sie seine/ihre Werte und Verhalten nicht synchronisieren kann
- zeigt zu angepasstes Verhalten, konfrontiert weder nach oben noch nach unten; löst entscheidende Personalprobleme nicht
- verhält sich zu teamorientiert, zu gesellig; fordert und entscheidet nicht oder bezieht keine Position.
- erstarrt in seinem/ihrem Verhalten; lernt nicht mehr dazu und verliert seine/ihre Flexibilität; ist unfähig, sich auf neue Situationen einzustellen
- verhält sich zu egozentriert, denkt nur an eigene Interessen und verfolgt allein persönliche Ziele
- hat einen Job angenommen, der in den Augen der Kollegen keinen eigentlichen Zugewinn bringt (z. B. nur Koordination)
- kann trotz Feedback sein Verhalten nicht ändern, zieht sich zurück und verdrängt Veränderungsnotwendigkeiten
- schafft es nicht, seine/ihre Mitarbeiter für sich einzunehmen; die meisten fürchten ihn/sie oder lehnen ihn/sie ab
- es fehlen ihm/ihr für den Job entscheidende Kenntnisse oder Fähigkeiten (sowohl fachlich-inhaltlich wie auch strategisch)
- hat zu wenige in der Organisation, die zu ihm halten
- verhält sich in politischen Angelegenheiten zu verbissen; hat kein diplomatisches Geschick.

Abb. 13: Spin-out-Faktoren

Der letzte Faktor in der Bestimmung des Top-Performers ist die Entwicklung der Persönlichkeit.

Entwicklung der Persönlichkeit heißt, sich selbst zur Wirkung gebracht zu haben, die eigenen Stärken kennen und ausprägen, die Hauptstärke bewusst haben, die Schwächen kompensieren. Die entwickelte Führungspersönlichkeit zeigt sich an folgenden 6 Hauptmerkmalen.

Welche Anforderungen ergehen an die entwickelte Führungskraft?

- *Persönliche Vision* als Basis der Energie
- *Positive Ausstrahlung* und Wirkung auf andere
- Fähigkeit, einen *echten menschlichen Kontakt* herzustellen
- *Selbstsicherheit* und Bereitschaft, sich Raum zu nehmen
- Selbstausgelöste *Initiative*
- Unerschütterlicher Glaube an die *Selbstwirksamkeit*

Abb. 14:   Anforderungen an Führungskräfte

Die Realisierung der Persönlichkeit ist gleichsam ein Hinweis auf den Entwicklungsstand der Persönlichkeit. Die oben aufgezählten Hauptmerkmale dienen als Gradmesser für die Erreichung eines hohen oder geringen Entwicklungsstandes.

7. Management-Potenzial

7.1 Was heißt Management-Potenzial?

Es geht um die zu prognostizierende mögliche Bewältigungsfähigkeit von komplexen Managementsituationen. Dabei sollte sich die Prognose sowohl auf die zeitliche wie auch auf die qualitative Dimension konzentrieren. Es geht um die Frage: Wann kann eine Person welche Managementebene bewältigen?

Die entscheidende Frage ist, an welchen Kriterien diese Fähigkeit gemessen und damit prognostiziert werden kann. Wir haben uns auf vier Faktoren festgelegt. Zunächst wurden diese Kriterien deduktiv aus vorhandenen Potenzial-Ansätzen verschiedener Autoren rekombiniert. Drei Faktoren wurden aus vorhandenen und publizierten Forschungsprojekten übernommen. Ein zusätzlicher Faktor wurde von uns entwickelt und dem Modell zugefügt. Es zeigte sich in unserer Forschung, dass sich diese vier Faktoren eindeutig bestätigten. Anhand der so genannten »Ertragskritischen Faktoren«, wurden diese vier Faktoren eindeutig bestätigt. Dazu später mehr.

Die vier Faktoren sind:

– Komplexitätsverarbeitungsfähigkeit
– Motivation aus dem Ungelösten
– Einfluss auf soziale Systeme
– Lernen aus Erfahrung

Diese vier Faktoren ermöglichen zum einen eine ausreichende Definition des Faktors Potenzial als Teil unserer Persönlichkeit, zum anderen können sie in ihrer Messung zur Prognose von zukünftigem Management-Potenzial verwendet werden.

Man kann einigermaßen gesichert davon ausgehen, dass das Talent für Management genauso angeboren ist, wie das Talent Golf zu spielen. Wenn es nicht vorhanden ist, kann es nicht entwickelt werden. Wenn es vorhanden ist, wird ein gewisser Drang bei dem Individuum entstehen, das Talent zu entwickeln. Aber es braucht Gelegenheit dafür. Ganz entscheidend für die Entwicklung ist die Anzahl der herausfordernden Situationen, die ein Mensch im Bereich Management erfährt. Wie in jedem Tätigkeitsbereich ist die Übung entscheidend. Deshalb ist die beste Personalweiterentwicklungsmaßnahme, Menschen in herausfordernde Situationen zu bringen und dafür zu sorgen, dass sie nicht scheitern.

Aus dem Potenzial erwachen die potenzialorientierten Kompetenzen, also Handlungsmöglichkeiten. Darüber hinaus, gibt es weitere Management-

Kompetenzen, die natürlich ebenfalls wichtig sein können. Diese Faktoren unterstützen den Erfolg, aber führen ihn nicht herbei.

Potenzialfaktor	Potenzialorientierte Kompetenz
Komplexitätsverarbei-tungsfähigkeit	– Visionen gestalten – Strategisches Management – Umgang mit mehrdeutigen Situationen – Management von Krisen und schwierigen geschäftlichen Situationen
Motivation aus dem Ungelösten	– Maßstäbe setzen – Gestaltungswille – Trends und Möglichkeiten erkennen
Führungsimpuls	– Orientierung geben – Situationen strukturieren – Besprechungen leiten – Entscheidungen herbeiführen
Lernen aus Erfahrung	– Feedback suchen und Verhalten ändern – Ständig Neues lernen

Nicht potenzialorientierte Faktoren sind:

– Präsentieren
– Eloquent kommunizieren
– Work-live-Balance
– Schriftliche Kommunikation
– Zuhören

Diese Faktoren helfen den Erfolg zu vergrößern, sind aber nicht essenziell verantwortlich für den Erfolg.

Der entscheidende Unterschied zu den Potenzialfaktoren ist, dass eine Abschätzung eines zukünftig möglichen Leistungsniveaus möglich sein muss. Es sollte möglich sein, das für eine Person erreichbare Leistungsniveau zu bestimmen. Die Frage ist also: Welche Hierarchielevel kann eine 25jährige Person mit 50 Jahren erreicht haben? Potenzialfaktoren müssen prognosefähig sein.

7.2 Komplexitätsverarbeitungstheorie

Zurück zu den vier Dimensionen des Potenzials. Die notwendige Funktion ist die Komplexitätsverarbeitung. Die weiteren drei Funktionen haben eine

hinreichende Bedingung. Dies bedeutet: Wenn die Komplexitätsverarbeitungsfähigkeit den Anforderungen nicht genügt, wird es immer Probleme
geben. Die anderen Faktoren erlangen ihre Bedeutung, wenn diese Funktion erfüllt ist. Kompensieren können sie die Komplexitätsverarbeitungs-
funktion nicht.

7.2.1 Stufen des Komplexitätsgrades

Dabei lassen sich bestimmte Stufen des Komplexitätsgrades unterscheiden:

In **Stufe 1** wird die Anzahl der Faktoren gemessen, die ein Ergebnis beeinflussen. Im einfachsten Fall gibt es einen Faktor der ein Resultat hervor-
bringt. Ein einfaches Ursache-Wirkungs-Verhältnis.

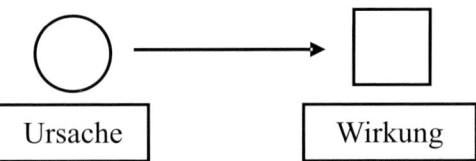

Wenn mehrere Faktoren eine Wirkung erzeugen, steigt die Komplexität einer Situation (Beispiel Balabanis).

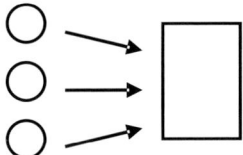

Wir möchten im Folgenden diese vier Faktoren genauer darstellen:

Nach *Cason* und *Jaques* (1994) ist Komplexität eine Funktion einer Anzahl
von Variablen, die in eine Situation einwirken. Je höher demzufolge die
Komplexitätsverarbeitungsfähigkeit einer Person ist, desto höher ist die
Anzahl der Variablen, die sie einbeziehen, strukturieren und auswerten
kann.

Die nächste Steigerungsstufe ist, wenn eine Ursache verdeckt wirkt, also
nicht bekannt ist.

In **Stufe 2** der Komplexitätsentwicklung sind sekundäre und tertiäre Faktoren vorhanden, sodass eine multifunktionale Kette entsteht.

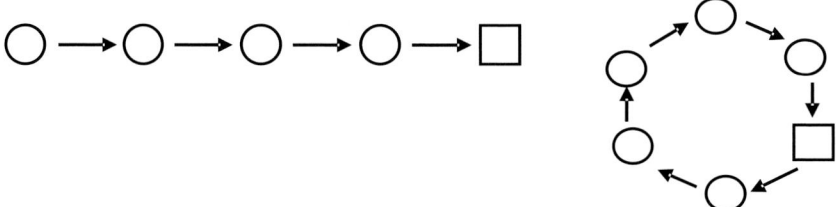

In **Stufe 3** sind mehrere Wirkketten vorhanden.

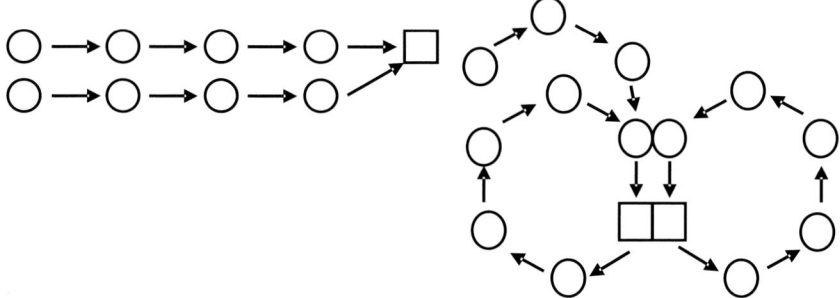

In **Stufe 4** gibt es verknüpfte Wirkketten mit wechselseitiger Beeinflussung.

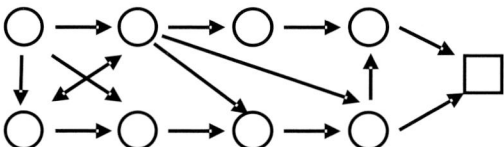

In **Stufe 5** sind verknüpfte, sich wechselseitig beeinflussende Faktoren vorhanden. Zusätzlich sind Faktoren wirksam, deren Wirkung nicht bekannt oder verdeckt ist. Ein Beispiel dafür ist die Einführung des Euro. Zum Zeitpunkt der Entscheidung gab es viele Faktoren, die in ihrer zukünftigen Wirkung nicht bekannt waren und somit auch zu vielen Fehleinschätzungen geführt haben.

7.2.2 Messung des Komplexitätsgrades

Es gibt verschiedene Möglichkeiten, die Komplexität einer Situation zu messen. Vergleichen Sie hierzu die nachstehende Aufstellung.

Primärmessung	Sekundärmessung
Funktionelle Definition des Komplexitätsgrades	Zeitspanne der Bearbeitung einer Aufgabe
	Sprachniveau eines Kandidaten zur Wiedergabe der inneren Komplexität eines Kontextes
	Tests zur Messung der individuellen intellektuellen Kapazität

In der **Primärmessung** wird entsprechend der problembestimmenden Faktoren, gemäß den Ausführungen oben, der Grad der Komplexität bestimmt. In der **Sekundärmessung** werden quasi Ersatzmethoden zur Bestimmung der Komplexität verwendet. So verwendet *Jaques* (1994) die Zeitspanne der effizienten Bearbeitung einer Aufgabe.

Jaques geht davon aus, dass die notwendige Zeitspanne für die Bearbeitung einer Aufgabe hoch mit der Komplexität korreliert. Insbesondere im Management-Bereich wird das in vielen Situationen zutreffen. Auf der anderen Seite lassen sich sicher auch Situationen finden, deren Komplexität nicht durch die Zeitspanne begründet war. Eine Situation kann in sich so komplex sein, dass die eigentliche Schwierigkeit eine Entscheidung sein kann, die in dieser Situation gefällt werden muss. Die Umsetzung dieser Entscheidung muss dann nicht zwingend komplex, also zeitkritisch sein.

So ist die Einführung eines neuen Tarifes für Bausparverträge an sich nicht zeitkritisch komplex, sondern das komplexe an dieser Situation ist die Konstruktion des Tarifes. Auf der anderen Seite ist die Entscheidung für eine Fusion möglicherweise komplex, die Realisierung der vermuteten Synergien – also der zeitkritische Faktor – wahrscheinlich noch wesentlich komplexer.

Wissen muss man auch: Die Fähigkeit zur Komplexitätsverarbeitung ist eine intellektuelle Fähigkeit. Sie bezieht sich sowohl auf fachlich strategische Belange als auch das Verhalten der Menschen in den Organisationen. Viele Change-Prozesse scheitern oft deshalb, weil die verhaltensorientierten Belange nicht beachtet, sondern nur dilettantisch gemanagt werden. Man durchschaut nicht die sozialpsychologische Komplexität.

7.2.3 Das 8-Stufen-Modell: Komplexitätsverarbeitungsfähigkeit

In dem darzustellenden Modell werden die vier Parameter jeweils in acht Stufen unterteilt. Diese acht Stufen repräsentieren acht Schwierigkeitsgrade bei dem betreffenden Potenzialfaktor.

Bezüglich Komplexitätsverarbeitungsfähigkeit erfordern die Stufen 1 bis 4 eine symbolisch verbale Komplexitätsverarbeitungsfähigkeit. In symbolisch verbalen Kontexten müssen Personen Aufgaben und operative Ziele bewältigen (*Wildenmann*, 2006). Es geht also hier um den konkreten operativen Bereich. Ab Stufe 3 kommt die zeitliche Dimension hinzu. Auf Stufe 5 bis 8 ist abstrakt konzeptionelles Denken und Handeln erforderlich. Es ist die Ebene der Systeme und Strukturen, die Ebene des abstrakten Denkens.

Beginnend ab Stufe 5 wird der strategische Faktor bedeutsam. Es geht jetzt nicht mehr um einzelne Aufgaben und operative Ziele. Der strategische Faktor schiebt sich in den Vordergrund. Zunächst in singulären Entscheidungen. Danach müssen strategische Entscheidungen und Verknüpfungen von mehreren strategisch bedeutsamen Funktionen gefällt werden. Auf den obersten Ebenen kommt der Faktor Zeit – also der Prozess – hinzu.

Jetzt zu den genaueren Erläuterungen der verschiedenen Stufen:

Stufe 1:

Eine Person mit einer Komplexitätsverarbeitung der Stufe 1

- hat eine »oder«-Verarbeitung. Sie denkt in »oder«-Kategorien. Sie sieht nicht die Verknüpfung zwischen Vorgängen und kann nur einen Vorgang nach dem anderen bearbeiten;
- setzt keine Prioritäten; betrachtet Sachverhalte unvernetzt;
- zählt Argumente auf, ohne diese zu verknüpfen;
- arbeitet Aufgaben ab, wobei die Priorität von der jeweiligen Aktualität der Aufgabe dominiert wird;
- macht immer das zuerst, was gerade auf den Tisch kommt (die Arbeitsreihenfolge der gewählten Aufgaben ist zufällig oder von der jeweiligen Aktualität bestimmt);
- greift aus umfassenden Themen/Problemen zufällig einzelne Aspekte heraus, ohne diese im Gesamtzusammenhang zu sehen;
- differenziert nicht zwischen wichtigen und unwichtigen Informationen;
- braucht bei neuartigen Aufgaben immer wieder Anleitung und Qualitätsstandards;
- ist auch mit einfachen Tätigkeiten zufrieden.

Tätigkeiten auf dieser Ebene sind:

- Einfach ausführende Tätigkeiten in der Produktion.
- Einfacher Produktverkauf.
- Einfache Sachbearbeitung.

Stufe 2:

Eine Person mit einer »und«-Verarbeitungsfähigkeit der Stufe 2

- kann Beziehungen zwischen Sachverhalten herstellen. Sie erkennt parallele Zusammenhänge und kann damit tätigkeitsübergreifende Verknüpfungen herstellen;
- setzt Prioritäten bei konkreten Aufgabenstellungen;
- legt selbstständig sinnvolle Arbeitsreihenfolgen fest;
- unterscheidet auf der operativen Ebene Wichtiges von Unwichtigem;
- beachtet alle jeweils für die Aufgaben wichtigen Informationen;
- sieht und berücksichtigt Verknüpfungen und Zusammenhänge auf gleicher Ebene;
- optimiert Arbeit, will effektiv sein;
- setzt Qualitätsstandards neu.

Tätigkeiten auf dieser Ebene sind:

- Cross-Selling im Verkauf.
- Komplexer Verkauf.
- Teamassistenz und gehobene Sachbearbeitung.

Stufe 3:

Eine Person, die Stufe 3 bewältigt,

- ist in der Lage einen komplexen operativen Prozess abzubilden. Es kommt jetzt die zeitliche Komponente hinzu. Diese Person kann zeitliche Planungen mit einem zeitlichen Planungsumfang von mehr als einem bis zu zwei Jahren bewältigen;
- stellt aufeinander aufbauende Zusammenhänge her, die über den momentanen Zeitpunkt hinaus gehen;
- kann Projekte über einen längeren Zeitraum (> 1 Jahr) strukturieren und in der Abfolge planen;
- erkennt kausale Beziehungen;
- kann Prozesse, die mehrere Unterprozesse beinhalten, steuern;
- sieht gegebenenfalls Notwendigkeiten zuerst bestimmte Voraussetzungen zu schaffen;
- ist in der Lage singuläre Prozesse zu steuern.

Tätigkeiten auf dieser Ebene sind:

- Aufbau einer Fertigungsstraße.
- Installation und Inbetriebnahme einer Maschine oder Anlage.
- Planung und Durchführung eines Kongresses.

Stufe 4:

Eine Person mit dieser Komplexitätsverarbeitungsfähigkeit

- kann seriell parallele Fragestellungen bewältigen. Sie ist in der Lage Interferenzen zwischen Prozessen herzustellen, um so beispielsweise Ressourcenengpässe zu erkennen;
- kann mehrere Prozesse, die jeweils Unterprozesse beinhalten, steuern und deren Wechselwirkungen und gegenseitige Abhängigkeiten in die Planung mit einbeziehen;
- findet die Ursachen von Problemen auch in vielfältig vernetzten Situationen/Umständen;
- beachtet die vielseitigen Auswirkungen ihrer Entscheidungen über einen gewissen Zeithorizont hinweg;
- behält auch in vielfältigen Prozessen den Überblick;
- kann Interferenzen bei mehreren parallelen Prozessen erkennen und in ihre Planungen mit einfließen lassen.

Tätigkeiten auf dieser Ebene sind:

- Aufbau einer neuen Betriebsstätte an einem neuen Standort.
- Gleichzeitige Installation und Inbetriebnahme von mehreren komplexen Anlagen und Maschinen.
- Management von großflächigen parallelen Vertriebskampagnen.

Stufe 5:

Zwischen Stufe 4 und 5 findet der Wechsel vom operativen zum abstrakt konzeptionellen Denken statt. Es muss jetzt auf einem anderen Niveau analysiert und entschieden werden. Das bedeutet, eine Person muss auf einer hohen Abstraktionsebene die Systeme erfassen und Entscheidungen fällen. Bei diesen Entwicklungen geht es um Unternehmenssituationen, Managementstrukturen und Systeme zur Verhaltensbeeinflussung von Menschen, wie zum Beispiel Zielsysteme (*Wildenmann*, 2006).

Die Managemententscheidungen sind auf einer Stufe auf einem »oder«-Niveau, also eindimensional. Eine eindimensionale Entscheidung ist beispielsweise bei Absatzproblemen allein mit Kostenreduzierungen zu reagieren.

Auf dieser Ebene ist es notwendig, singuläre, den eigenen Bereich betreffende Entscheidungen zu treffen. Es sind auf dieser Ebene keine Verknüpfungen zu anderen Funktionen herzustellen. Auf Unternehmensebenen sind hier Entscheidungen notwendig, die auf dem Strukturniveau eine einfache Ursache-Wirkungs-Verbindung beinhalten. In einem kleineren (aus einer zentralen Funktion) bestehenden Unternehmen (z. B. ein mittleres

Autohaus) ist die Bewältigung dieser Komplexitätsschiene wichtig. Es werden auf dieser Stufe nicht nur die Aufgaben effektiv bewältigt.

Für eine Person auf dieser Stufe geht es um die Herausarbeitung der Logik, des Erfolges für eine Funktion. Die Fähigkeit aus einer Vielzahl von Ansatzpunkten für ein zentrales Abteilungsprojekt das wichtigste Projekt zu definieren. Dieses Projekt muss jedoch das Niveau einer Aufgabe überschreiten.

Eine Person auf dieser Stufe

– erfasst eindimensionale Managementprobleme auf komplexen Ebenen, analysiert sie und trifft adäquate Entscheidungen;
– entwickelt strategische Positionierungen für einzelne Disziplinen;
– bezieht Trends, die mit ihrem Bereich in Zusammenhang stehen, in strategische Überlegungen mit ein;
– priorisiert »wichtige« strategische Fragestellungen höher als »dringende« operative Fragestellungen.

Themenstellungen auf dieser Ebene sind:

– Wie können wir unsere Vertriebsleistung entscheidend verbessern?
– Wie gehen wir vor, um neue Kunden zu gewinnen?
– Wie können wir unsere Verkaufsleistung verbessern?
– Was können wir tun, um Kosten einzusparen?
– Wie können wir einen Vorteil zur Konkurrenz aufbauen?
– Wie entwickeln sich die Bedürfnisse unserer Kunden, wie können wir darauf reagieren?
– Wie sollen wir die Strukturen unseres HR-Bereiches wählen (Referenten-System regional oder funktional getrennte Abteilungen)?
– Wie soll unsere Controlling-Leistung in Zukunft aussehen? Sollten wir uns nicht von »Kontrolle« weg und hin zu »Steuerung« bewegen?

Stufe 6:

Mitentscheidend für den Komplexitätsbedarf auf Stufe 6 ist die Notwendigkeit der funktionsübergreifenden Analyse und Lösung der Managementfragestellungen. Der Einzug mehrerer Funktionen wie Vertrieb, Logistik, Fertigung, Personal und Service verlangt eine entschieden höhere Abstraktionsfähigkeit und Kombinationsfähigkeit. Vergessen werden darf hier nicht, dass auch der Miteinbezug der menschlichen Faktoren, also der eigentliche Führungsanteil des Problems, mit in die Anforderung auf Stufe 6 genommen werden muss. Die Frage ist: Wie gelingt es, die Menschen dazu zu bringen, die gefundenen neuen Lösungen zu akzeptieren und umzusetzen?

Eine Person auf Stufe 6 muss die gegenseitige Abhängigkeit und gegenseitige Verknüpfung dieser Funktionen intellektuell abbilden können. Die Fähigkeit, hierfür Strukturen zu finden, die Abhängigkeiten und Engpässe zu erkennen und entsprechende Entscheidungen zu fällen und umzusetzen.

Eine Person auf dieser Komplexitätsstufe

- erfasst mehrdimensionale Managementprobleme in ihrer Abhängigkeit, analysiert sie und trifft adäquate Entscheidungen;
- erfasst Zusammenhänge zwischen verschiedenen Disziplinen und Bereichen auf hohem Abstraktionsniveau im strategischen Bereich;
- kann durch die Verknüpfung von einzelnen Erkenntnissen im strategischen Bereich neue, unerwartete Lösungen kreieren;
- findet sinnvolle Gesamtzusammenhänge, indem sie verschiedene, scheinbar nicht zusammenhängende Positionen verknüpft;
- bezieht auch Trends, die zunächst scheinbar nicht relevant sind und/oder scheinbar nicht mit dem Anliegen verbunden sind, mit in ihre Entscheidungen ein;
- erfasst die Zusammenhänge zwischen mehreren Funktionen (Einkauf, Logistik, Fertigung, Anlage, Verkauf) und kann den kritischen Pfad und den entscheidenden Zusammenhang erkennen und zu einer Entscheidung führen.

Tätigkeiten auf dieser Ebene sind:

- Lösung eines Ressourcenproblems im Bereich Produktion, das durch Managementprobleme im gesamten Prozess der Wertschöpfung verursacht wird.
- Entwicklung einer Vision für ein Unternehmen. Diese Vision verknüpft latente Kundenerwartungen, die Mentalität der Mitarbeiter und die Nutzung von zentralen logistischen Veränderungen.
- Bewältigung eines umfangreichen Restrukturierungsprozesses in einem Unternehmensbereich oder Unternehmen.

Stufe 7:

Die Stufe 7 der Komplexitätsverarbeitung erweitert Stufe 6 um die zeitliche Komponente. Die rein parallele Betrachtung genügt nicht mehr. Es kommt die prozessnahe Betrachtung hinzu. Die lösende Fragestellung unterscheidet sich in der prozentualen Durchdringung und Antizipation. Der Erfolg liegt in der Bewältigung eines umfangreichen und komplexen Prozesses. Ein ideales Beispiel für eine solche Fragestellung ist die erfolgreiche Bewältigung eines Fusionsprozesses oder ein geplantes Wachstum einer mittleren oder größeren Firma zu bewältigen.

Wenn von einer Führungskraft diese Stufe nicht bewältigt wird, gibt es einfach signifikant mehr Probleme. Wie viele Fusionen haben aus diesem Grund die erwarteten Effekte nie erreicht? Man hatte die Komplexität dieses Vorgangs einfach unterschätzt.

Auf Stufe 6 werden die Aktionen nicht mittel- oder langfristig geplant. Eine »Tür« wird geöffnet. Weitere »Türen« erscheinen jetzt als Handlungsalternative.

Eine Person auf dieser Stufe

- kann den gesamten Prozess gedanklich abbilden. Diese Personen sind immer »5 Züge voraus«;
- bewältigt unternehmensrelevante Fragestellungen deren kritischer Erfolgspunkt die prozessnahe Frage ist;
- bewältigt langfristig komplex gestaltete Prozesse auf Unternehmensebene;
- kann mehrdimensional ausgebaute Systeme und Strukturen im Unternehmen erfolgreich einführen und wirksam machen;
- kann auf Unternehmensebene Sanierungen vornehmen und das Unternehmen visionär ausgestalten;
- führt ein Wertkonzept im Unternehmen faktisch ein;
- schafft es, die möglichen Synergien aus Fusionen des Unternehmens zu realisieren;
- schafft es, auch abstrakte Themen, wie zum Beispiel ein Wertekonzept für das Unternehmen, profitabel einzuführen.

Tätigkeiten auf dieser Ebene sind:

- Das Wachstum eines Unternehmens geplant gestalten.
- Einen mehrjährig geplanten Turn-around-Prozess mit hoher Durchdringung bewältigen.

Stufe 8:

Bei der Stufe 8 der Komplexitätsbewältigung stehen mehrere komplexe zeitlich relevante Fragestellungen im Raum. Die Komplexitätsbewältigung im Management-Bereich wird man auch eher in größeren Unternehmen vorfinden. Sicher auch im Mittelstand, wenn erhebliches Wachstum generiert werden soll. Es gibt dann verschiedene parallel sequenziell durchzuführende Projekte wie: Sicherung der Finanzierung des Wachstums, Schaffung der Führungsstruktur und Bereitstellung der dafür notwendigen Führungskräfte, Aufbau und Inbetriebnahme der Fertigungsstätten, Aufbau des Vertriebs etc. Je bewusster und in sich vernetzt geplanter diese Einzelprojekte bewältigt werden, umso reibungsloser wird der gesamte Prozess ablaufen.

Eine Person auf Stufe 8

- bewältigt parallel auf jeweils höchster Komplexitätsebene gestaltete Prozesse;
- kann mehrdimensional aufgebaute Systeme und Strukturen erfolgreich einführen und wirksam machen;
- schafft es, die möglichen Synergien durch die Durchdringung und Beherrschung des Prozesses aus Fusionen zu realisieren;
- kann Interferenzen zwischen unternehmensweiten Prozessen erkennen und unter Beachtung der zeitlichen Komponente parallel Prozesse zum Erfolg bringen.

Tätigkeiten auf dieser Ebene sind:

- Umstrukturierung eines Konzerns mit hoher planerischer antizipativer Durchdringung.
- Ausgestaltung eines Konzerns hin zu hoher Wertigkeit des Unternehmens.
- Realisierung einer langfristig geplanten Strategie.

Was passiert, wenn eine Person mit ihren Fähigkeiten die entsprechenden Level der Komplexitätserwartung nicht erreicht? Es entstehen Probleme in der Abwicklung oder es werden vorhandene und mögliche Chancen nicht genutzt.

Sobald ein Projektmanager, mehrere komplexe Projekte parallel nicht bewältigen kann, wird sich das in Kundenbeschwerden, verzögerten Inbetriebnahmen und langen Mängellisten äußern. Es heißt nicht, dass die Aufgabe nicht erledigt werden kann.

Folgender Fall soll den Sachverhalt verdeutlichen: In einem international tätigen Industrieunternehmen war jahrelang der Servicebereich von einem Manager geführt worden, der in seiner Komplexitätsverarbeitungsfähigkeit überfordert war. Stufe 5 wäre mindestens die Voraussetzung gewesen, Stufe 2 hat er höchstens bewältigt. Diese Überforderung zeigte sich im Ergebnis an mehreren Stellen. Nachdem Chancen zur Marktausweitung nicht erkannt und somit nicht genutzt wurden, konnten die Umsatzerwartungen des Vorstandes und die stets sinkenden Stückzahlen in Ersatzteilen nur durch ständige Preiserhöhungen aufgefangen werden. Was wahrlich zu einem Teufelskreis führte. Auf der anderen Seite stellte dieser Manager Führungskräfte ein, die entweder genau auf oder unter seinem Niveau waren. »Ärmel hoch krempeln« war die Devise. Nicht strategisch die Sache angehen. Das Image des Bereiches innerhalb der Organisation sank immer mehr. Die Motivation der Mitarbeiter erodierte auf ein Minimum.

8-Stufen-Modell: Komplexitätsverarbeitung

Stufe	Die Person ...	oder	und	seriell	parallel
1	zeigt keine Priorisierung von Aufgaben. Ist nicht in der Lage, eine Rangfolge von komplexen Sachverhalten zu erstellen.	X	0	0	0
2	legt selbstständig seine Arbeitsabfolge fest.	X	X	0	0
3	kann einen Prozess intellektuell abbilden.	X	X	X	0
4	bearbeitet parallel mehrere Prozesse.	X	X	X	X
5	trifft eindimensionale Managemententscheidungen.	X	0	0	0
6	trifft mehrdimensionale Managemententscheidungen.	X	X	0	0
7	ist in der Lage, komplexe Prozesse zu beherrschen.	X	X	X	0
8	bearbeitet parallel komplexe Prozesse.	X	X	X	X

Abb. 15:   Das 8-Stufen-Modell: Komplexitätsverarbeitung

Wie bereits anfangs erwähnt, sollten die Potenzialfaktoren eine Prognose über die in der Lebenszeit maximal erreichbaren Ebenen ermöglichen. Für den Faktor Komplexitätsverarbeitung hat sich *Jaques* (*Cason/Jaques*, 1994) intensiv mit dieser Fragestellung beschäftigt. Nach *Jaques* entwickelt sich die Komplexitätsverarbeitungsfähigkeit stetig im Verlauf des Lebens.

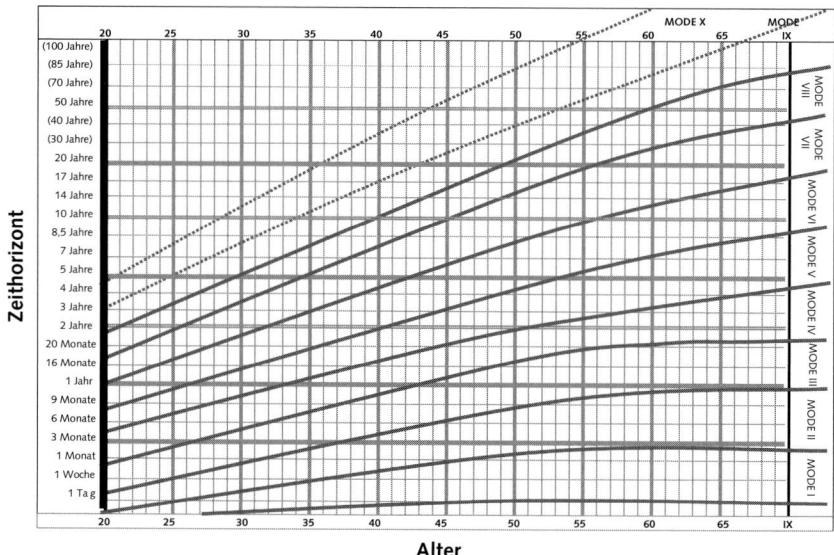

Abb. 16:   Potenzialentwicklungschart nach *Jaques/Cason* & *Jaques*, 1994

Das Potenzialentwicklungschart nach Jaques (Abb. 16) zeigt die Entwicklung des Potenzials des Faktors Komplexitätsverarbeitungsfähigkeit. In diesem Chart werden verschiedene Parameter in Beziehung gesetzt.

Auf der Senkrechten ist der so genannte Zeithorizont dargestellt. Mit Zeithorizont ist der Zeitraum definiert, der für eine Aufgabe idealerweise benötigt wird. Auf der Horizontalen wird das Lebensalter angezeigt. Auf der Senkrechten rechts in der Abbildung sind die 8 Stufen der Komplexitätsverarbeitungsfähigkeit dargestellt. Die Kurven in der Abbildung geben den Entwicklungsverlauf der einzelnen Stufen in Abhängigkeit des Lebensalters wieder.

Schon daraus kann man ersehen, dass sich die Komplexitätsverarbeitungsfähigkeit über das gesamte Lebensalter hinweg entwickelt. Vorausgesetzt wird allerdings, dass das Individuum die Gelegenheit dazu hat und genügend Fähigkeit besitzt aus Erfahrung zu lernen.

Ein Beispiel: Eine 30jährige Person ist in der Lage, ein Projekt mit einer Projekterledigungsdauer von vier Jahren zu bewältigen. Diese Person befindet sich damit aktuell auf Stufe 4. Potenziell kann diese Person mit 60 Jahren, Projekte mit einem zwanzigjährigen Zeithorizont bewältigen. Dies lässt sich anhand des Steigungsgrades der Kurve in der Grafik ablesen. Gleichzeitig kann die endgültige Potenzialstufe erkannt werden. In diesem Fall hat die Person das Potenzial für die Stufe 7.

7.3 Motivation aus dem Ungelösten

»Wir leben in einer turbulenten Welt – einer Welt, in der wir uns ändern müssen um zu überleben; in der wir uns entwickeln müssen um Erfolg zu haben; in der paradoxerweise allein die Tatsache der ständigen Veränderung unser Risiko, nicht zu überleben, erhöht« (*Crainer/Hodgson & Randall*, 1997, S. 19).

Durch dieses einführende Zitat kann der zweite Faktor wie folgt definiert werden: Eine Person mit hoher Ausprägung dieses Potenzialfaktors trägt den Impuls in sich, ungelöste Situationen unverzüglich anzugehen und daraus Motivation zu schöpfen. Es ist ein Mensch, der immer mehr will und selten mit einem (langfristigen) Ist-Zustand zufrieden ist (*Crainer/ Hodgson & Randall*, 1997). Im folgenden Potenzialfaktor zur Beschreibung und Verdeutlichung von Motivation aus dem Ungelösten, wird auf die Forschungsarbeiten von *Hodgson* und *White* eingegangen. Die Forschungsarbeiten sind in dem Buch »Überlebensfaktor Führung« (*Crainer/ Hodgson & Randall*, 1997) sowie in dem Tool »Ambiguity Architekt« von Lominger (*Eichinger/Hodgson/Lombardo & White*, 1999) beschrieben.

7.3.1 Befähiger und Begrenzer

White und *Hodgson* untersuchten Unternehmen und Manager in schwierigen Veränderungskontexten und arbeiteten Faktoren heraus anhand derer sich erfolgreiche Manager von nicht erfolgreichen Managern unterschieden. Sie fanden so genannte Enablers/Befähiger und Restrainers/Begrenzer heraus. In Abbildung 17 werden die acht Befähiger sowie die acht Begrenzer vorgestellt.

Welche Kompetenzen sind relevant für den Veränderungsmanager? White und Hodgson (1999) fanden heraus:

8 Befähiger
- Reiz des Unbekannten
- Risikobereitschaft
- Vorausschauende Orientierung
- Motiviert durch schwierige, herausfordernde Themen
- Schafft eine begeisternde, positive Stimmung
- Flexibilität und Akzeptanz für Wandel schaffen
- Simplifizierung zur Verständlichmachung
- Fokus auf das Wesentliche

8 Begrenzer
- Probleme beim Übergang von einem Projekt zum anderen
- Unmotiviert, gelangweilt bei der Arbeit
- Konfliktscheu
- Mangelnde Klarheit
- Verkompliziert Sachverhalte
- Detailverliebt
- Engstirnig und eingeengt
- Auf Bewährtes orientiert

Abb. 17: Die acht Befähiger und acht Begrenzer (*Eichinger/Hodgson/Lombardo & White*, 1999)

Zusammenfassend lässt sich sagen, dass ein Veränderungsmanager von den Herausforderungen und Ungewissheiten der Zukunft fasziniert ist. Er fährt mit dem Schiff auf das Meer, um es zu erkunden. Er fährt in schweres Gewässer, damit alle Manager und Mitarbeiter lernen, wie sie schwierige Situationen bewältigen können. Ein Veränderungsmanager ist somit im Denken und Handeln mehr im Morgen als im Heute. Er besitzt eine vorausschauende Orientierung, kann eine inspirierende und lebendige Aufbruchstimmung erzeugen und die Menschen für die Möglichkeiten begeistern. Er versteht es, komplexe Sachverhalte einfach und bildhaft zu verdeutlichen und zu interpretieren, so dass es alle verstehen (*Eichinger/ Hodgson/Lombardo & White*, 1999).

7.3.2 Der Neuigkeitsfaktor

Die Frage ist, wie sehr eine Person von ungelösten Fragestellungen angezogen wird. Löst schon allein die Ungelöstheit einer Situation Motivation aus? Oder braucht es extrinsische Anreize oder Belohnungen? Insofern hängt dieser Faktor eng mit der inneren Energie eines Menschen zusammen. In erster Linie ist es eine Fähigkeit, ungelöste Fragestellungen zu entdecken und sie dann mit ungebremster Energie zu lösen.

Dieser Tage ging ein Bericht durch die Presse, dass ein Vorstandsmitglied eines größeren Verlages sich aufmachte, die wahren Umstände in Afghanistan zu beschreiben. Er fuhr, als Arzt verkleidet, unter Lebensgefahr durch schwierigstes Gebiet, um zu erfahren, wie dort die Umstände wirklich waren. Dies ist auch ein schönes Beispiel für die höheren Stufen (6 bis 8) dieses Modells, bei dem es darum geht »aus der Box« zu gehen.

Wie bereits erwähnt, geht dieser Neugier-Faktor eng einher mit dem inneren Antrieb. Letztlich mündet dieser Faktor in die Verhaltenstendenz »den Level zu setzen« und Standards zu definieren, die das erwartete Leistungsniveau definieren. Die 8 Stufen dieses Potenzialfaktors untergliedern sich in Stufe 1 bis 5. Hier ist der Bezugspunkt das eigene Umfeld, der eigene Arbeitsbereich und das eigene Unternehmen. Die Motivation des Ungelösten konzentriert sich auf die »eigene Box«. Bei Stufe 6 bis 8 gehen die Menschen aus der »eigenen Box«. Sie interessieren sich für Felder, für Kontexte und Themen, die außerhalb des angestimmten Bereiches liegen. Manager die bislang in ihrem Unternehmen voll aufgingen, interessieren sich plötzlich für neue Bereiche wie Politik, Kultur und Gesellschaft. Wohlgemerkt nicht aus extrinsischem kommerziellen Interesse, vielmehr aus intrinsischer Motivation.

7.3.3 Das 8-Stufen-Modell: Motivation aus dem Ungelösten

Stufe 1 bis 5: Bezugspunkte sind das bekannte Umfeld, der eigene Bereich, die eigenen Themen, die Motivation aus dem Ungelösten »innerhalb der Box«.

Stufe 6 bis 8: Bezugspunkte sind unbekannte Felder, Kontexte und Themen, die außerhalb des eigenen Bereiches liegen, die Motivation aus dem Ungelösten »außerhalb der Box«.

Stufe 1:

Eine Person auf dieser Stufe

- ist nur begrenzt aufnahmefähig, wenn Informationen nicht leicht zu integrieren sind;
- erkennt Widersprüche in Argumentationen nicht leicht;
- nimmt Ungeklärtes oder Unstimmiges nicht wahr;
- hält sich an einfache und eindeutige Sachverhalte und Erklärungen.

Stufe 2:

Eine Person auf dieser Stufe

- blendet widersprüchliche Informationen aus;
- ignoriert oder verdrängt Widersprüchliches oder ungelöste Aspekte;

- bevorzugt einfache und eindeutige Sachverhalte;
- bleibt lieber beim Altbewährten.

Stufe 3:

Eine Person auf dieser Stufe

- wird durch das Unbekannte gereizt;
- hakt ungewöhnlich viel nach, wenn es um Dinge in ihrem Aufgabenbereich geht;
- hat Schwierigkeiten, sich mit dem erzielten Ergebnis zufrieden zu geben;
- deckt Lücken und Unstimmigkeiten in bestehenden Konzepten auf;
- kann mit Mehrdeutigkeit umgehen;
- interessiert sich für Widersprüchlichkeiten oder Unklarheiten.

Stufe 4:

Eine Person auf dieser Stufe

- entwickelt innerhalb des Aufgabenbereiches eigenständig neue Konzepte;
- gibt sich mit bestehenden Ausarbeitungen nicht zufrieden;
- befasst sich gerne mit objektiv unlösbaren Aufgaben aus ihrem Bereich;
- entwickelt sinnvolle Verbesserungsvorschläge für ihren eigenen Bereich;
- hinterfragt Standpunkte und Meinungen, die sich auf ihren Bereich beziehen;
- kann sich längerfristig mit einem Thema beschäftigen.

Stufe 5:

Eine Person auf dieser Stufe

- gibt keine Ruhe, bis die Lösung für ein Problem des Bereiches gefunden wurde;
- ist ständig auf der Suche nach neuen Informationen, die das Themenfeld betreffen;
- setzt ein neues Anspruchsniveau an die Klarheit und Genauigkeit von Ausarbeitungen;
- denkt Pläne für ihren Bereich bis zum Ende durch;
- bildet sich in ihren Themenbereichen ständig fort.

Stufe 6:

Eine Person auf dieser Stufe

- informiert sich über Themen aus anderen Bereichen;
- wendet sich völlig neuen Kontexten zu;
- hakt generell ungewöhnlich viel nach, egal ob das Thema zutrifft oder nicht;
- interessiert sich für Neuerungen in verschiedensten Bereichen;

– sucht nach Ursachen und Zusammenhängen;
– hat großes Interesse an für sie bislang fremdem Wissen und Tätigkeits-
bereiche.

Stufe 7:

Eine Person auf dieser Stufe

– sucht neue Wege, Dinge anzugehen;
– entwickelt hohe Energie diese neuen Bereiche selbst zu gestalten;
– geht mitunter ein beträchtliches Risiko ein.

Stufe 8:

Eine Person auf dieser Stufe

– spielt den Ball stets nach vorne und setzt Standards, die vorher nicht da
waren;
– entwickelt Ideen und setzt damit neue Standards;
– sieht weithin Verbesserungsbedarf und arbeitet Verbesserungsansätze
aus;
– hinterfragt alles kritisch;
– betrachtet regelmäßig Fragen als offen, die eigentlich als beantwortet
gelten;
– betrachtet den Fortschrittsprozess nie als abgeschlossen;
– sieht immer wieder neue Möglichkeiten der Verbesserung, die sie sofort
angeht.

8-Stufen-Modell: Motivation aus dem Ungelösten

	Stufe	Die Person ...	Neugier	Drive	Level setzen
In der Box	1	zeigt keine Reaktion auf neue Sachverhalte. Ignoriert neue bessere Lösungsansätze und gibt sich mit der altbewährten Herangehensweise zufrieden. Nimmt keine neuen Sachverhalte wahr.	0	0	0
	2	verdrängt ungelöste Problemstellungen, bei denen sie zunächst keine Lösung sieht. Verdrängt neue Aufgaben und Problemlagen. Schließt die Augen vor komplexen Themen und geht diese nicht an. Nimmt die neuen Sachverhalte wahr.	0	0	0
	3	zeigt Interesse an ungelösten Aufgaben. Entwickelt Wissensdrang, wenn ihr unbekannte Themen vorgelegt werden. Wird auf komplizierte Sachlagen aufmerksam, in denen sie noch keinen konkreten Lösungsansatz erkennen kann.	X	0	0
	4	entwickelt eigenständig Motivation und tastet sich an die neuen Aufgaben heran. Setzt sich für ungelöste Problemstellungen ein. Hat den Drive, neue Aufgaben auszuüben. Handelt selbstständig an kurzfristigen oder langfristigen Aufgaben. Nimmt aktiv Verbesserungen vor. Übernimmt anstehende Aufgaben und bleibt ausdauernd am Lösungsprozess.	X	X	0
	5	definiert die jeweiligen Lösungsetappen bis zum Endziel. Setzt stets neue Level in der Qualität der Zielerreichung.	X	X	X
Aus der Box	6	zeigt Interesse an ungelösten Aufgaben außerhalb ihres bisherigen Tätigkeitsbereiches. Entwickelt Wissensdrang, wenn ihr unbekannte Themen vorgelegt werden. Wird auf komplizierte Sachlagen aufmerksam, in denen sie noch keinen konkreten Lösungsansatz erkennen kann.	X	0	0
	7	entwickelt eigenständig Motivation und tastet sich an ungelöste Problemstellungen heran. Hat den Drive, neue Aufgaben auszuüben. Handelt selbstständig an kurzfristigen oder langfristigen Aufgaben. Nimmt aktiv Verbesserungen vor. Übernimmt anstehende Aufgaben und bleibt ausdauernd am Lösungsprozess.	X	X	0
	8	definiert die jeweiligen Lösungsetappen bis zum Endziel. Setzt stets neue Level in der Qualität der Zielerreichung. Setzt Leistungsstandards.	X	X	X

Abb. 18: Das 8-Stufen-Modell: Motivation aus dem Ungelösten

7.4 Einfluss auf soziale Systeme

Dieser inhärente Führungsimpuls bewegt Menschen dazu, ungefragt soziale Situationen zu gestalten. Sie greifen sofort in Führungssituationen ein, wenn ein Vakuum entsteht. Sie fangen sofort an zu strukturieren, wenn Orientierungslosigkeit vorhanden ist. Sie nehmen Einfluss und sie haben Einfluss. Sei es, dass sie den Verlauf einer Sitzung in ihre Hand nehmen, sei es, dass sie bestimmte unzureichende Zustände konfrontieren. Sie möchten strukturieren.

Dabei gibt es zum einen den Impuls, zum anderen die Wirkung. Erst wenn beides vorhanden ist, kann dieser Faktor wirklich wirken. Von der Entwicklung her wird zuerst der Impuls da sein. Die Wirkung zu erhalten ist oft Sache der Persönlichkeitsentwicklung und damit zeitabhängig. Dieser Faktor kann zwar anlagemäßig vorhanden sein, wird sich aber erst über die Zeit und viele herausfordernde Situationen hinweg entwickeln. Personen, die den Faktor Wirkung nicht entwickeln können, also bei dem Impuls stehen geblieben sind, erscheinen als machtgierig, ohne jedoch einen Effekt zu generieren.

Somit ist es wichtig, auf jeder Stufe die beiden Teilaspekte des Faktors Impuls und Wirkung zu entwickeln. Ein gutes Maß für die Ausprägung dieses Faktors, ist die Anzahl und Qualität der Entscheidungen, die eine Person im Kontext mit anderen fällt. Alles in allem finden sich Menschen mit einem starken Impuls zur Einflussnahme auf soziale Systeme meist in einer Führungsrolle wieder. Es gelingt der Führungskraft, andere durch eine natürliche Autorität für seine Ideen zu begeistern, mit ihr eine neue Richtung einzuschlagen und sich mit ihrem Rückhalt auf das Ungewisse hinzuzubewegen. Wichtig ist, dass die Person neben dem Impuls auch über die nötige Wirkung auf soziale Systeme verfügt (*Wildenmann*, 2006).

7.4.1 Drei Forschungsansätze

Zu dem Potenzialfaktor »**Einfluss auf soziale Systeme**«, werden zwei zentrale Theorien/Instrumente angeführt. Ziel ist es, aufzuzeigen, dass der Führungsimpuls eine angeborene Persönlichkeitsdisposition ist. Mit einem dritten Ansatz wird aufgezeigt, dass der Impuls zum Einfluss auf soziale Systeme eindeutig mit Erfolg in Managementsituationen zusammenhängt.

Die drei Forschungsansätze sind:

a) Das Machtmotiv nach Reiss (*Fuchs/Huber*, 2002)
b) Workplace Big Five (*Howard/Howard*, 2002)
c) Die ertragskritischen Faktoren (*Vossen/Wildenmann*, 2006)

a) Motivationsmodell von Reiss

Wie Reiss in jahrelangen Untersuchungen herausfand, bestimmen 16 Bedürfnisse und Werte unser Leben (*Fuchs/Huber*, 2002). Nach vielen Studien und Untersuchungen mit über 7000 Frauen und Männern in den USA, Kanada und Japan, kristallisierte sich heraus, was im Mittelpunkt der neuen Persönlichkeits- und Motivationstheorie steht: Allen menschlichen Verhaltensweisen liegen 16 Motive zugrunde. Diese Motive sind: Macht, Unabhängigkeit, Neugier, Anerkennung, Ordnung, Sparen, Ehre, Idealismus, Beziehungen, Familie, Status, Rache, Eros, Essen, körperliche Aktivität und Ruhe.

Für *Reiss* sind mindestens 14, vermutlich aber auch 15 der 16 Bedürfnisse, genetisch bedingt, da ähnliche Motivatoren auch bei Tieren beobachtet werden können und sie eine evolutionäre Bedeutung haben. Nur das moralische Motiv Idealismus hat bisher unklare Anteile (*Fuchs/Huber*, 2002). Die Schlüsselmotive des Themas Macht sind Streben nach Einfluss, Erfolg, Leistung sowie Führung. Das Lebensmotiv Macht meint das Streben nach Einfluss. Wird dieses Bedürfnis befriedigt, wird die Freude der Selbstwirksamkeit wahrgenommen, bleibt es jedoch unerfüllt, fühlt man sich frustriert und hilflos. Macht zeigt sich besonders in dem Wunsch, andere zu führen und sie anzuleiten. Das Machtmotiv ist auch mit dem Eifer verbunden, etwas zu leisten oder erarbeiten zu wollen und sich Kompetenzen anzueignen.

Stark machtorientierte Menschen sind meist ehrgeizig und leistungsorientiert, zudem wird Leistung als besonders positiv empfunden. Schwach machtorientierte Menschen sind weniger ehrgeizig und versuchen weitestgehend alles, was mit Arbeit zu tun hat, zu umgehen. Machtbedürfnis äußert sich demzufolge auch im Streben nach Erfolg, es motiviert zu Anstrengung und Ehrgeiz. Machtstreben ist offensichtlich eine evolutionäre Verhaltensweise, die sich bei Tieren als Dominanzstreben zeigt: Lebewesen, die in ihrer Gemeinschaft dominieren, verdrängen die anderen von knapper Nahrung und erhöhen damit ihre Überlebenschance (*Fuchs/Huber*, 2002).

Aus dem Modell kann somit abgeleitet werden, dass der Impuls auf soziale Systeme eine überdauernde Persönlichkeitsdimension ist.

b) Workplace Big Five

Der Workplace Big Five (*Howard/Howard*, 2002) ist ein Derivat des amerikanischen Persönlichkeitsinventars NEO-PI-R (*Angleitner, Ostendorf*, 2004). Der anerkannteste Standardtest ist der NEO-PI-R nach *Costa* und *McCrae* (*Angleitner/Ostendorf*, 2004).

Die fünf Dimensionen des Workplace Big Five sind:

− Emotionale Stabilität
− Extraversion
− Offenheit
− Umgänglichkeit
− Gewissenhaftigkeit

N steht für Neurotizismus (NEO-PI-R) oder Bedürfnis nach Stabilität (Workplace). Eine Person mit einem hohen N-Wert ist sehr sensibel und bevorzugt eine stressfreie Arbeitsatmosphäre. Dagegen bleibt eine Person mit einem niedrigen Wert, selbst bei Stress, der andere Menschen förmlich beeinträchtigt, sehr gelassen und relativ unbeeindruckt.

E bezieht sich auf Extraversion. Eine Person mit einem hohen E-Wert liebt es, mitten im Geschehen zu sein, während jemand mit einem niedrigen E-Wert sich gern abseits von Lärm und Tumult aufhält.

O ist Kreativität oder Offenheit für Erfahrung. Ein hoher O-Wert bedeutet, dass diese Person einen unerschöpflichen Appetit auf neue Ideen und Aktivitäten hat und auf der anderen Seite schnell gelangweilt ist. Dagegen bevorzugt eine Person mit einem niedrigen O-Wert Bekanntes und tendiert zu praxisnaher Orientierung.

A beschreibt die Anpassung oder Verträglichkeit (Umgänglichkeit, Workplace). Eine Person mit einem hohen A-Wert hat eine ausgeprägte Tendenz, sich den Wünschen und Bedürfnissen anderer anzupassen, während ein niedriger A-Wert auf jemanden zutrifft, der sich mehr seinen eigenen Prioritäten widmet.

C steht für Festigkeit oder Gewissenhaftigkeit. Ein hoher C-Wert bedeutet, dass diese Person ihre Energie und Ressourcen auf einzelne oder wenige Ziele konzentriert, während ein niedriger C-Wert dafür steht, dass jemand einen eher spontanen Arbeitsstil bevorzugt und häufig zwischen Aufgabeninhalten hin und her springt (*Howard/Howard*, 2002). Insgesamt beinhaltet der Workplace Big Five 24 Subdimensionen.

Die Subdimension E4 ist Führungsimpuls. Bei diesem Faktor zeigt sich, dass das Bedürfnis, Einfluss zu nehmen in sozialen Situationen, eine angeborene Persönlichkeitsdisposition ist. Somit ist der zweite Aspekt ein Beweis dafür, dass der Faktor »Einfluss auf soziale Systeme«, eine überdauernde Persönlichkeitsdimension ist.

c) Ertragskritische Faktoren

In einer internen Forschungsarbeit wurde bei Wildenmann Consulting ermittelt, wie Führungsdispositionen mit ökonomischem Erfolg in Beziehung stehen (*Vossen, Wildenmann*, 2006). Um den dritten Beweis zu liefern, dass »Einfluss auf soziale Systeme« ein Potenzialfaktor ist, wird auf die Persönlichkeitsebene der ertragskritischen Faktoren eingegangen. Die Daten der ertragskritischen Persönlichkeitsfaktoren kommen aus einer Studie mittels des Fragebogeninstruments 360°-Feedback. In dieser Studie wurden 52 Führungskräfte durch 554 Einschätzer (Vorgesetzte, Kollegen, Mitarbeiter) eingeschätzt. Es wurden Items aus dem 360°-Feedback mit der Leistung des jeweiligen Arbeitsbereiches, den diese Führungskräfte betreuen, verglichen. Es wurden die Items ermittelt, die hoch mit Leistung korrelieren. Bei diesen Items unterscheiden sich erfolgreiche Führungskräfte von weniger erfolgreichen Führungskräften.

In der Studie zeigten sich auf der Persönlichkeitsebene acht Items, die signifikant mit ökonomischem Erfolg in Beziehung standen. In Abbildung 19 werden diese acht Items vorgestellt.

Ertragskritische Persönlichkeitsfaktoren

- Packt die Dinge an und treibt sie mit Ausdauer voran.
- Nimmt in unübersichtlichen Situationen das Ruder in die Hand und fängt an, die Situation zu strukturieren.
- Sucht ständig nach besseren, neuen Lösungen und gibt sich nicht mit dem Altbekannten zufrieden.
- Sieht Chancen und Möglichkeiten, wo andere nur Probleme sehen.
- Versteht es, komplexe Sachverhalte logisch zu analysieren.
- Lernt mit Freude ständig neue Dinge.
- Wird von neuen Aufgaben und unbekannten Problemstellungen angezogen.
- Vertraut auch in schwierigen Situationen auf seine Stärken und Fähigkeiten.

Abb. 19: Die acht ertragskritischen Persönlichkeitsfaktoren (*Vossen/Wildenmann*, 2006)

Die Items sind entsprechend der Höhe der Korrelation in abfallender Reihenfolge angeordnet. Die ersten beiden Items der acht Persönlichkeitsfaktoren bestätigen den dritten Potenzialfaktor »Einfluss auf soziale Systeme«. Item drei und vier decken den zweiten Potenzialfaktor »Motivation aus dem Ungelösten« ab. Das fünfte Item bestätigt den ersten Potenzialfaktor »Komplexitätsverarbeitungsfähigkeit«. Das sechste Item bestätigt den vierten Potenzialfaktor »Lernen aus Erfahrung«. Der Potenzialfaktor »Motivation aus dem Ungelösten« wird durch das siebte Item bestätigt. Das achte Item deckt den dritten Potenzialfaktor »Einfluss auf soziale Systeme« ab. Der Erkenntnis unterliegt die Berechtigung als Potenzialkriterien der vier Dimensionen.

7.4.2 Das 8-Stufen-Modell: Einfluss auf soziale Systeme

In dem 8-Stufen-Modell (Abb. 20) können nun die verschiedenen Abwägungen des Faktors »Einfluss auf soziale Systeme« abgeleitet werden. Vorausgesetzt wird, dass das Verhalten jeweils in Führungssituationen mit inkompatibler Meinung geprüft wird.

Stufe 1 bis 2: Gemeint ist der Führungsimpuls gegenüber untergeordneten Personen, auch bei Vorliegen nichtkompatibler Meinung bzw. die Wirkung, die man auf die Personen hat.

Stufe 3 bis 4: Gemeint ist der Führungsimpuls gegenüber gleichgestellten Personen bzw. die Wirkung, die man auf die Personen hat.

Stufe 5 bis 6: Gemeint ist der Führungsimpuls gegenüber übergeordneten Personen bzw. die Wirkung, die man auf die Personen hat.

Stufe 7 bis 8: Gemeint ist der Führungsimpuls gegenüber Personen außerhalb des eigenen Unternehmens/Konzerns, auf gleicher oder höherer sozialer/hierarchischer Ebene bzw. die Wirkung, die man auf die Personen hat.

Stufe 1:

Eine Person auf dieser Stufe

– hat den Impuls, auf das Verhalten von untergeordneten Personen Einfluss zu nehmen, auch wenn nichtkompatible Meinungen vorherrschen;
– möchte auf die Meinung, das Denken von untergeordneten Personen Einfluss nehmen;
– übernimmt Verantwortung bei untergeordneten Personen;
– möchte bei untergeordneten Personen die Entscheidungen treffen;
– ergreift die Initiative bei untergeordneten Personen;
– möchte und versucht sich auch bei untergeordneten Personen durchsetzen, auch wenn nichtkompatible Meinungen vorherrschen.

Stufe 2:

Eine Person auf dieser Stufe

- prägt die Meinung von untergeordneten Personen;
- dient als Orientierung für eine untergeordnete Person;
- wird von untergeordneten Personen als natürliche Autorität anerkannt;
- trifft Entscheidungen bei untergeordneten Personen;
- setzt sich bei untergeordneten Personen durch.

Stufe 3:

Eine Person auf dieser Stufe

- möchte auch auf das Verhalten, die Meinung und das Denken von gleichgestellten Personen Einfluss nehmen;
- übernimmt auch bei gleichgestellten Personen Verantwortung;
- möchte auch bei gleichgestellten Personen Entscheider sein;
- ergreift die Initiative auch bei gleichgestellten Personen;
- möchte sich durchsetzen und versucht dies auch bei gleichgestellten Personen.

Stufe 4:

Eine Person auf dieser Stufe

- nimmt auch auf das Verhalten einer gleichgestellten Person Einfluss;
- prägt die Meinung auch von gleichgestellten Personen;
- erhält auch von einer gleichgestellten Person Verantwortung übertragen;
- dient auch einer gleichgestellten Person als Orientierung;
- wird als natürliche Autorität anerkannt, auch von gleichgestellten Personen;
- trifft Entscheidungen auch bei gleichgestellten Personen;
- setzt sich auch bei gleichgestellten Personen durch.

Stufe 5:

Eine Person auf dieser Stufe

- möchte auch auf das Verhalten von übergeordneten Personen Einfluss nehmen;
- möchte auch auf die Meinung, das Denken von übergeordneten Personen Einfluss nehmen;
- übernimmt auch bei übergeordneten Personen Verantwortung;
- möchte auch bei übergeordneten Personen entscheiden;
- ergreift auch bei übergeordneten Personen die Initiative;

- möchte sich durchsetzen und versucht dies auch bei übergeordneten Personen.

Stufe 6:

Eine Person auf dieser Stufe

- nimmt auch Einfluss auf das Verhalten einer übergeordneten Person;
- prägt auch von einer übergeordneten Person die Meinung;
- bekommt auch von einer übergeordneten Person Verantwortung übertragen;
- dient auch einer übergeordneten Person als Orientierung;
- wird auch von übergeordneten Personen als natürliche Autorität anerkannt;
- trifft auch bei übergeordneten Personen Entscheidungen;
- setzt sich auch bei übergeordneten Personen durch.

Stufe 7:

Eine Person auf dieser Stufe möchte auch außerhalb des eigenen Unternehmens und auch bei anderen, fremden Personen

- generell immer auf das Verhalten Einfluss nehmen;
- generell immer auf die Meinung, das Denken Einfluss nehmen;
- generell immer Verantwortung übernehmen;
- generell immer entscheiden;
- generell immer die Initiative ergreifen;
- sich generell immer durchsetzen.

Stufe 8:

Eine Person auf dieser Stufe möchte auch außerhalb des eigenen Unternehmens und auch bei fremden Personen

- Einfluss nehmen;
- generell immer die Meinung prägen;
- Verantwortung generell übertragen erhalten;
- generell als Orientierung dienen;
- generell immer als natürliche Autorität anerkannt sein;
- Entscheidungen generell immer treffen;
- sich generell immer durchsetzen.

8-Stufen-Modell: Einfluss auf soziale Systeme

	Stufe	Die Person ...	Impuls	Wirkung	
Hierarchisch untergeordnete Personen	1	nimmt Einfluss und versucht die soziale Umwelt zu strukturieren.	X	0	
	2	Die Einflussnahme löst eine Wirkung auf soziale Systeme aus. Die Meinung der beeinflussten Mitglieder wird verändert, so dass sich gegebenenfalls Entscheidungen ändern.	X	X	
Hierarchisch gleichgestellte Personen	3	nimmt Einfluss und versucht die soziale Umwelt zu strukturieren.	X	0	
	4	Die Einflussnahme löst eine Wirkung auf soziale Systeme aus. Die Meinung der beeinflussten Mitglieder wird verändert, so dass sich gegebenenfalls Entscheidungen ändern.	X	X	**Inkompatible Meinung**
Hierarchisch übergeordnete Personen	5	nimmt Einfluss und versucht die soziale Umwelt zu strukturieren.	X	0	
	6	Die Einflussnahme löst eine Wirkung auf soziale Systeme aus. Die Meinung der beeinflussten Mitglieder wird verändert, sodass sich gegebenenfalls Entscheidungen ändern.	X	X	
Externales Forum	7	nimmt Einfluss und versucht die soziale Umwelt zu strukturieren.	X	0	
	8	Die Einflussnahme löst eine Wirkung auf soziale Systeme aus. Die Meinung der beeinflussten Mitglieder wird verändert, so dass sich gegebenenfalls Entscheidungen ändern.	X	X	

Abb. 20:   Das 8-Stufen-Modell: Einfluss auf soziale Systeme

7.5 Lernen aus Erfahrung (Lernflexibilität)

Der Faktor »**Lernen aus Erfahrung**« wird nach *Lombardo, McCall & Morrison* (1995) folgendermaßen definiert: Die Entwicklung eines leitenden Mitarbeiters hängt nicht nur von reinem Talent ab, sondern auch von den Erfahrungen, die dieser gemacht hat und vor allem auch davon, welche Rückschlüsse er daraus gezogen hat. Aus den eigenen Erfahrungen zu lernen und sie beim nächsten Mal umzusetzen, ist eine wichtige Fähigkeit. Überdies suchen die Personen, die diesen Faktor hoch ausgeprägt haben, nach immer neuen Herausforderungen. Herausfordernden Situationen stellen sie sich auch dann, wenn sie eine hohe Verantwortung beinhalten. Die Personen sind somit in hohem Maße in der Lage, neue Handlungsstrategien zu entwickeln.

Generell lassen sich bei der Entwicklung von Führungskräften zwei Phasen unterscheiden:

1. Die Phase des geplanten Lernens
2. Die Phase des Erlebenslernens

Die Phase des geplanten Lernens beschreibt alle Lernerfahrungen, die in der Schule, Studium oder Ausbildung gesammelt werden.

Die zweite Phase der Entwicklung von Führungskräften, erfasst alle Lernsituationen des Alltags- und Berufslebens. Die Fähigkeit aus gemachten Erfahrungen, wie zum Beispiel einer Situation, Chancen, Risiken und Herausforderungen, Schlüsse zu ziehen, ist die eigentliche Grundlage der Potenzialentwicklung. Dieser Faktor »Lernen aus Erfahrung« korreliert sehr hoch mit beruflichem Erfolg (*Wildenmann*, 1999).

Nur durch Erfahrung kann eine Führungskraft im beruflichen Umfeld abschätzen, wie man mit Vorgesetzten umgeht, wie man ehemalige Kollegen führt, wie man mit feindseligen ausländischen Regierungen verhandelt, wie man angespannte politische Situationen bewältigt oder nötigenfalls Mitarbeiter entlässt. Diese und viele andere Lektionen lernt man an vorderster Front durch herausfordernde Aufgaben und Probleme, durch kompetente oder inkompetente Chefs, aber auch durch Fehler, Krisen oder Missgeschicke. Die Erfahrungen, die gemacht werden, hängen davon ab, wie sie genutzt werden. Jede Erfahrung ist anders beschaffen, genauer gesagt: Nicht alle Erfahrungen sind gleich. Es hängt davon ab, wie sie genutzt werden. Aus unterschiedlichen Erfahrungen werden unterschiedliche Dinge gelernt (*Lombardo/McCall & Morrison*, 1995).

Die Fähigkeit, aus Erfahrung zu lernen, ist sozusagen die notwendige Bedingung für die Potenzialentwicklung. Die hinreichende Bedingung ist die Summe und Intensität der erfahrenen Herausforderungen. Je intensiver und häufiger eine Person gefordert wird und je öfter eine Person diese Situationen bewältigt, umso mehr wird die Entwicklung des Potenzials gefördert (*Wildenmann*, 1999).

7.5.1 Exkurs: Die Studie von Lombardo, McCall & Morrison

Die Lehren aus Erfahrung sammeln sich an, entwickeln sich weiter, beeinflussen sich gegenseitig, gewinnen durch ihre Verknüpfung an Kraft, sitzen nicht gleich beim ersten Mal, bilden sich zurück und geraten wieder in Vergessenheit.

So haben Führungskräfte aus verschiedenen Quellen gelernt, wie man Mitarbeiter führt und motiviert, zum Beispiel indem sie in ihrer Vergangenheit etwas ganz Neues auf die Beine stellen mussten oder ein Geschäft retteten, das in Schwierigkeiten war.

Auf Grund der Frage: »Wie können wir genügend Begabungen fördern, damit die Führung dieses Unternehmens auch in Zukunft gesichert ist?« (*Lombardo/McCall & Morrison*, 1995), gestellt von Personalfachleuten aus Unternehmen, wurde die bahnbrechende Untersuchung durchgeführt.

Durch Interviews, Meinungsumfragen und Fragebögen wurden mehr als ein Dutzend der größten US-Unternehmen untersucht. Die Teilnehmer der Studie antworteten alle auf folgende Frage:

»Wenn Sie als Manager zurückdenken, sind Ihnen sicher einige Ereignisse oder Episoden besonders stark in Erinnerung geblieben – Erlebnisse, die Ihr Führungsverhalten dauerhaft verändert haben. Bitte nennen Sie mindestens drei solcher Schlüsselerlebnisse in Ihrer Karriere; also Ereignisse, die Ihren heutigen Führungsstil nachhaltig geprägt haben: Was ist passiert? Was haben Sie daraus gelernt (im positiven oder negativen Sinn)?« (*Lombardo/McCall & Morrison*, 1995).

Die befragten Führungskräfte schilderten 616 Ereignisse und 1547 damit verbundene Lektionen. In Abbildung 22 sind die Entwicklungsereignisse aufgelistet. Bei den Entwicklungsereignissen handelt es sich um Aufgaben, wie zum Beispiel bestimmte Arbeiten, die den Managern übertragen wurden sowie um Vorgesetzte (andere Personen, die eine eigenständige Wirkung hatten) und um Härten. Hier wurden Rückschläge und schwere Zeiten dargestellt.

In Abbildung 21 werden aus einer Untersuchung von *Lombardo* die verschiedenen Lernchancen einer Führungskraft dargestellt. Des Weiteren folgt eine Erläuterung der Lektionen (Abbildung 22). Lektionen sind Angaben der befragten Führungskraft, die sie aus bestimmten Erfahrungen gelernt hat.

1. Die Weichen stellen	4. Härten
■ Frühe Arbeitserfahrungen. ■ Erste Aufsichtstätigkeit.	■ Persönliches Trauma. ■ Karriererückschlag. ■ Radikaler Arbeitsplatzwechsel. ■ Geschäftlicher Fehler. ■ Leistungsprobleme bei Unter- gebenen.
2. Führen durch Überzeugen	
■ Projekt-/Arbeitsgruppen. ■ Wechsel von Linie zu Stab.	**5. Wenn andere Menschen zählen**
3. Führen an vorderster Front: Volle Verantwortung	■ Chefs
■ Etwas ganz Neues auf die Beine stellen. ■ Ein Unternehmen wieder flott machen. ■ Eine sprunghafte Erweiterung des Aufgabenumfangs.	

Abb. 21: Lernchancen für Leadershipverhalten (*Lombardo/McCall* & *Morrison*, 1995)

1) Die fünf Lernchancen

Lernchance 1: Weichen stellen

Die erste Lernchance, »Weichen stellen«, beinhaltet frühe Arbeitserfahrungen und erste Führungstätigkeit. Die ersten Erfahrungen in einer Organisation, wie zum Beispiel die ersten regulären Aufgaben, haben starke Auswirkungen auf den späteren Karriereverlauf (*Lombardo/McCall* & *Morrison*, 1995). Frühe Führungserfahrungen zählen zu den entscheidenden Einflüssen für die berufliche Entwicklung. Diesen Topmanagern zufolge, ist Führung eine praktische Fertigkeit, die sich nur durch praktische Erfahrung, vorzugsweise vor dem 30sten Lebensjahr, erwerben lässt. Nur wenig von dem, was im Studium oder sogar in Wirtschaftsschulen gelehrt wird, bereitet die künftigen Manager tatsächlich auf die Praxis der Führungsarbeit vor. Die soziale Kompetenz oder die Fähigkeit, mit »menschlichen Problemen« umzugehen, stellt eine sehr wichtige und zugleich seltene Eigenschaft bei jungen Managern dar. Wenige Hochschulabsolventen haben gelernt, wie man Untergebene motiviert, Kollegen überzeugt und beeinflusst oder skeptischen Vorgesetzten neue Ideen schmackhaft macht.

Auch wenn die frühen Arbeitserfahrungen und ersten Führungstätigkeiten weit zurücklagen, hielten viele befragte Manager sie nach wie vor für ihre wichtigsten Entwicklungserfahrungen. Gerade diese frühzeitigen Herausforderungen erwiesen sich später oft als sehr hilfreich.

Die Anfänge in der Organisationswelt wurden von den befragten Führungskräften als wichtige Schlüsselerlebnisse beschrieben. Diese Erfahrungen zeichneten sich durch drei Grundelemente aus. Erstens wurde die Person zum ersten Mal den Realitäten einer Organisation »ausgesetzt«. Zweitens musste sie sich in irgendeiner Form mit diesen Realitäten auseinandersetzen, vor allem mit jenen Aspekten, die außerhalb des eigenen Fachgebietes lagen. Drittens stellten sie fest, dass die Zusammenarbeit mit anderen Menschen – Kunden, Kollegen oder Vorgesetzten – Probleme aufwerfen konnte. Für junge Menschen, die am Anfang ihrer Karriere stehen, sind dies wertvolle Lehren, die sie in ihrer gesamten Laufbahn beachten.

Die erste Führungstätigkeit, ob in einem Wirtschaftsunternehmen oder beim Militär, wurde für einige Teilnehmer der Studie nach *Lombardo* (*Lombardo/McCall* & *Morrison*, 1995) zu einer zentralen Entwicklungserfahrung. Hier wurde den jungen Führungskräften klar, dass zu einem guten Management mehr gehört als technischer Sachverstand oder Handbücher über Arbeitsabläufe.

Einige lernten darüber hinaus, dass eine Führungskraft, auch wenn sie nur für eine kleine Gruppe oder Abteilung verantwortlich ist, herausfinden muss, wie deren Aktivitäten und eigene Entscheidungen mit denen der Gesamtorganisation zusammenhängen. Diese erweiterte Sichtweise führte sie in die Anfänge des strategischen Denkens ein.

Um erfolgreich führen zu können, mussten die Vorgesetzten zuerst lernen, die psychologischen Bedürfnisse ihrer Mitarbeiter zu erkennen, um einfühlsam darauf reagieren zu können. Seine Mitarbeiter zu notwendigen Handlungen zu motivieren, erwies sich als psychologisch schwierige Aufgabe, die es erforderlich machte, viele neue Fähigkeiten zu erlernen.

Lernchance 2: Führen durch Überzeugen

Die zweite Lernchance, »Führen durch Überzeugen«, beinhaltet die Punkte entwicklungsfördernde Projekt- und Gruppenarbeiten sowie den Wechsel von Stab zur Linie. Andere Menschen zum Handeln zu bewegen, wenn sie sich nicht dazu verpflichtet fühlen oder nicht dafür bereit sind, stellt eine der härtesten Führungssituationen dar. Während Anfangstätigkeiten relativ harmlose Varianten dieses Problems mit sich bringen, steigen die Anforderungen und die Risiken bei einigen Projekt- oder Arbeitsgruppen und bei vielen Stabstätigkeiten drastisch an. Solche Aufgaben stellen hohe Ansprüche an die Überredungskunst.

Eine erfolgreiche Führungskraft muss immer wieder unter Beweis stellen, dass sie andere Menschen überzeugen und beeinflussen kann. Projekt- und Arbeitsgruppen und der Wechsel von Linie zu Stab bieten die Chance, diese Fähigkeiten zu lernen. Der Manager wird gezwungen, die Welt aus einer anderen Perspektive zu betrachten, zum Beispiel in der Rolle des Stabsanalytikers. Der Stabsanalytiker sieht die Welt mit ganz anderen Augen als eine Linienkraft, die ihren Blick über die »Oberfläche« schweifen lässt (*Lombardo/McCall* & *Morrison*, 1995).

In der Untersuchung von *Lombardo et al.* (1995) wurde klar, dass Manager manchen Projekt- oder Gruppenauftrag, den sie mit wenig Begeisterung annahmen, im Nachhinein als wichtige Lernerfahrung bewerteten.

Die Führungskräfte beschrieben drei typische Aufgabenstellungen bei Projekt- und Gruppenarbeiten. Erstens sollten die Manager neue Ideen ausprobieren und neue Systeme installieren. Zweitens sollten sie Verträge mit externen Parteien aushandeln. Drittens wurden sie wie »Feuerwehrleute« gehandhabt und in brenzlige Situationen geschickt, z. B. wenn eine Betriebsschließung anstand.

Ebenfalls unabhängig vom Aufgabentyp lag der Lernschwerpunkt bei Projekt- und Gruppenarbeiten auf zwei Bereichen: Die Manager lernten, mit der eigenen Unwissenheit umzugehen, und sie lernten andere Personen, über die man keine Weisungsbefugnis hat, zur Kooperation zu bewegen.

Einige der befragten Führungskräfte waren für mehrere Jahre in eine Stabsposition versetzt worden, nachdem sie vorher eine reine Linientätigkeit ausgeübt hatten; zum Beispiel waren sie hier für klare Gewinn- und Verlustzahlen verantwortlich. Mit dem Wechsel zu einer Stabsaufgabe befanden sie sich plötzlich auf unbekanntem Grund. Am häufigsten wurden den Managern bestimmte Arbeiten in der Planungs- und Finanzanalyse zugewiesen. Seltener wurden sie mit Aufgaben in den Bereichen allgemeine Verwaltung, Forschung und Entwicklung, Training und Personal oder Produktivitätsverbesserung beauftragt.

Ziel war es, der Führungskraft Einblicke in andere Seiten des Geschäfts zu gewähren. Die Führungskraft wurde mit der Unternehmensstrategie und -kultur vertraut gemacht und sie wurde mit den obersten Führungskräften des Unternehmens zusammengebracht. Statt klar strukturierter Aufgaben, musste sie nun abstrakte und strategische Aufgaben lösen.

Wie bei den Projektaufgaben gab es auch beim Wechsel zu Stabstätigkeiten zwei Lernschwerpunkte: Das Bewältigen mehrdeutiger Situationen und ein besseres Verständnis der Unternehmensstrategie und -kultur.

Lernchance 3: Führen an vorderster Front

Die dritte Lernchance, »Führen an vorderster Front«, beinhaltete drei Punkte:

a) etwas ganz Neues aufbauen,
b) ein Unternehmen wieder flott machen,
c) eine sprunghafte Erweiterung des Aufgabenumfangs.

zu a) Die Herausforderung einer Startaktion bedeutet, dass etwas aus dem Nichts aufgebaut wird. Es kann sich hierbei um Betriebsstätte, Produktionslinien, neue Märkte oder Tochtergesellschaften handeln. Die interviewten Führungskräfte bauten Städte in der Wildnis, machten Politik, stießen auf soziale, politische und kulturelle Probleme.

Die Startaktionen zeichneten sich durch vier Lernschwerpunkte aus:

- Erstens lernten die Manager in chaotischen und schwierigen Situationen, Wichtiges von Unwichtigem zu unterscheiden.
- Zweitens lernten sie durch das Zusammenstellen einer Belegschaft, wie man Mitarbeiter auswählt, schult und motiviert.
- Drittens erkannten die Führungskräfte, dass sie auch unter schwierigen Bedingungen bestehen können, weil sie die Situation erfolgreich durchstanden hatten.
- Der vierte Lernschwerpunkt zeichnete sich dadurch aus, dass die Führungskräfte lernten, was Führung ist und wie einsam diese Aufgabe machen kann.

zu b) Ein in Schwierigkeiten geratenes Unternehmen wieder flott machen ist etwas Alltägliches in der Geschäftswelt. Es gibt Unternehmenseinheiten, die von Skandalen überhäuft werden, Gruppen mit unkontrollierten Finanzen, Divisionen, die jedes Jahr Verluste machen und Unternehmen, deren Gewinne jährlich sinken.

Die Aufgabenstellung an die befragten Führungskräfte lag darin, Systeme oder Belegschaften zu reorganisieren. Zur Reorganisation gehörte häufig das Einführen neuer Systeme, wie zum Beispiel finanzielle und materielle Kontrollen, mit denen die Führungskräfte nicht vertraut waren. In dieser Phase wurden die Führungskräfte mit ernsthaften Personalproblemen konfrontiert, sie mussten mit demoralisierten, unerfahrenen oder orientierungslosen Mitarbeitern zusammenarbeiten.

Die Lernchancen zeichnen sich durch drei Punkte aus:

– Umgang mit Menschen über die man keine formale Autorität hat.
– Verständnis für andere Standpunkte.
– Mitarbeiter führen und motivieren.

zu c) Eine Erweiterung des Aufgabenumfangs förderte die Entwicklung, wenn die größere Verantwortung sowohl mit mehr Vielfalt als auch mit ganz neuen Anforderungen verbunden war. Dieser Aufgabentyp unterschied sich von einer Startaktion oder einer Reorganisation, weil das Unternehmen im Wesentlichen zufriedenstellend lief und das Ziel darin bestand, es noch weiter voranzubringen.

Drei typische Veränderungen des Aufgabenumfangs wurden von den interviewten Führungskräften beschrieben:

– Beförderungen in derselben Funktion oder in demselben Bereich
– Beförderungen in neue Funktionen oder Bereiche
– Laterale Versetzungen

Ein Anwachsen des Aufgabenumfangs bedeutet einen entsprechenden Anstieg in der Zahl der Mitarbeiter, des Budgets und der zu leitenden Funktionen. Je größer der Sprung in einen neuen Aufgabenbereich ist, desto größer waren die Lernanforderungen. Die Führungskräfte lernten, ihre Mitarbeiter zu fördern und wie eine Führungskraft zu denken (*Lombardo/McCall & Morrison,* 1995).

Lernchance 4: Härten

Die vierte Lernchance, »Härten«, beinhaltete die Punkte:

a) Persönliches Trauma
b) Karriererückschlag
c) Radikaler Arbeitsplatzwechsel
d) Geschäftliche Fehler
e) Leistungsprobleme bei Untergebenen

Die beschriebenen Härten unterscheiden sich von den anderen Entwicklungserfahrungen, weil sie mit einem Gefühl des Versagens und der Einsamkeit verbunden sind. Die Führungskräfte hatten selbst etwas getan oder zu tun versäumt, was zu einem Misserfolg führte.

zu a) Ein persönliches Trauma, das die Gesundheit oder das Glück der Führungskraft oder seiner Familie bedrohte, ist die Erfahrung eines Lebensextrems. Die Führungskraft hatte laut der Untersuchung zu diesem Ereignis dazu beigetragen oder die Situation verursacht. Sie wurde gezwungen, ihr vorheriges Verhalten in Frage zu stellen.

zu b) Ein Karriererückschlag, der Zurückstufungen und ausbleibende Beförderungen umfasst, wurde als Erfahrung über sich selbst, über die Organisation und die Unternehmenspolitik der befragten Führungskräfte aufgefasst. Durch einen Karriererückschlag mussten die Führungskräfte erkennen, dass sie Schwächen hatten und diese Schwächen nicht ohne Folgen blieben. Jedoch waren nicht alle Rückschläge auf die Führungskraft zurückzuführen. Fusionen oder Reorganisation können weitere Gründe sein.

zu c) Ein radikaler Arbeitsplatzwechsel, bei dem einige Führungskräfte ihre Karriere aufs Spiel setzen, um aus einer beruflichen Sackgasse herauszukommen bzw. um wieder zufrieden sein zu können. Hier konnte die Führungskraft lernen, die Verantwortung für die eigene Karriere zu übernehmen.

zu d) Geschäftliche Fehlschläge, bei denen ein schlechtes Urteilsvermögen und schlechte Entscheidungen zu einem Misserfolg führten, boten Lernchancen für die interviewten Führungskräfte. Geschäftliche Fehlschläge sind zum Beispiel kostspielige Ideen, die sich als Fehltritt erwiesen, missglückte Geschäftsabschlüsse, nicht genutzte Gelegenheiten und Konflikte, die außer Kontrolle gerieten. Die Hauptursache von geschäftlichen Fehlern war die Inkompetenz im Umgang mit anderen Menschen. Der Fehler war darauf zurückzuführen, dass die Führungskraft die Bedeutung anderer Personen für den Erfolg einer Idee oder eines Projekts falsch einschätzte. Zum Beispiel wurde vernachlässigt, wichtige Informationen einzuholen oder weiterzugeben, die notwendige Unterstützung wurde nicht gesichert oder ohne den erforderlichen Konsens ein bestimmtes Ziel angesteuert.

Es wurden drei allgemeine Kategorien von falsch gehandhabten Beziehungen, die zu geschäftlichen Fehlern führten, festgestellt: Beziehungen zu Vorgesetzten, Beziehungen zu Untergebenen und Beziehungen zu gleichrangigen Kollegen oder Außenstehenden. Im Umgang mit dem Vorgesetzten hing der Beziehungsfehler häufig damit zusammen, dass der Chef in irgendeiner Form »überrascht« wurde. Wichtige Informationen wurden von der Führungskraft nicht an den Vorgesetzten übermittelt.

Es gibt allgemeine Voraussetzungen, damit jemand aus seinen Fehlern lernen kann:

- Das Ereignis muss eine klar erkennbare Ursache haben. Wenn die Ursache-Wirkungs-Beziehung unklar war, konnten die Führungskräfte nicht herausfinden, wofür sie sich verantwortlich fühlen sollten.
- Führungskräfte geben jüngeren Managern häufig keine genauen Informationen darüber, warum eine bestimmte Entscheidung getroffen wurde. Wenn die jüngeren Manager nicht wissen, welche Ursachen zu bestimmten Ereignissen geführt haben, würden sie die Schuld bei anderen

Personen oder politischen Machenschaften suchen. Fehler könnten besser eingeschätzt werden, wenn Informationen bekannt wären.
- Die Haltung der Organisation zu Fehlern muss klar sein. Jede Organisation hat ein ausgeklügeltes Belohnungssystem, aber kaum eine Organisation hat ein vergleichbares System für den Umgang mit Fehlern. Fehler werden als Ausnahme behandelt und dem einzelnen Vorgesetzten überlassen. Aber die Haltung einer Organisation zu Fehlern muss genauso konsequent und klar geregelt sein – wie das Belohnungssystem.
- Ein Leistungsproblem bei Untergebenen, das die Führungskraft zwang, andere Menschen mit ihrer Inkompetenz oder mit Problemen wie Alkoholismus zu konfrontieren, gehört zu den meistgefürchteten Führungshandlungen. Objektiv betrachtet sieht das Verfahren unkompliziert aus, der Mitarbeiter wird über seinen Leistungsstandard aufgeklärt, eine faire Chance wird ihm geboten, und wenn sich nichts ändert, wird ihm gekündigt. Die interviewten Führungskräfte betonten immer wieder, dass sie versuchten, die Leistung zu kritisieren, nicht aber den Menschen. Die Führungskräfte konnten in dieser Lernchance eine Sensibilität für die menschliche Seite des Managements entwickeln, sowie den richtigen Umgang mit Leistungsschwächen von Untergebenen.

zu e) Im Umgang mit Untergebenen ergaben sich die größten Probleme, wenn die Führungskraft die Bedeutung ihrer Mitarbeiter unterschätzte. Das zeigte sich häufig, wenn ein Manager erwartete, dass seine Mitarbeiter bestimmte Ergebnisse erzielten, ohne sich zuvor ihr Engagement für diese Ergebnisse gesichert zu haben. Des Weiteren kam hinzu, dass sich die Führungskraft arrogant und intolerant verhielt.

Im Umgang mit gleichrangigen Kollegen oder Außenstehenden hingen die geschäftlichen Fehler damit zusammen, dass der Manager wichtige Informationen nicht rechtzeitig kommunizierte und es versäumte, die Unterstützung oder das Einverständnis von anderen Managern, Kunden sowie Partnern einzuholen.

Lernchance 5: Wenn andere Menschen zählen

Die fünfte Lernchance, »Wenn andere Menschen zählen«, beinhaltet den Punkt »Chefs der Führungskräfte«. Die befragten Führungskräfte beschrieben ihre Vorgesetzten in einfachen Schwarzweiß-Begriffen. Die Chefs waren gut, sie waren schlecht oder eine Mischung aus beidem.

Wenn die Führungskräfte eine bestimmte Person als wichtigsten Einfluss bezeichneten, handelte es sich in der Mehrheit der Fälle um einen »guten Chef«, der ihnen angenehm in Erinnerung geblieben war. Es gab keine hervorstechende Eigenschaft, die einen guten Chef kennzeichnete. Einige dieser Vorgesetzten gaben ihren Führungskräften viel Freiheit, andere sorgten dafür, dass sie Aufmerksamkeit und Anerkennung erhielten, wieder andere waren sehr begabt auf einem fachlichen Gebiet. Einige waren warmherzig, fürsorglich und ermutigend, andere erteilten kluge und wohldosierte Ratschläge. Es gab Vorgesetzte, die ihren Mitarbeitern Türen öffneten und Vorgesetzte, die die Leistung ihrer Untergebenen ehrlich und direkt bewerteten. Diese Chefs spielten eine Schlüsselrolle in der Entwicklung der ihnen unterstellten Manager.

Ein ganz anderes Bild zeichnet sich ab, wenn man sich den Schattenseiten der Vorgesetzten zuwendet. Bei einem Drittel der befragten Führungskräfte war kein versöhnender Zug mit ihren Vorgesetzten in Erinnerung geblieben. In diesen Fällen beobachteten die Manager nicht nur die Handlungsweise des Vorgesetzten, sondern mussten gleichzeitig mit einer schwierigen Beziehung fertig werden. Die Führungskräfte fühlten sich »abgestoßen« von Vorgesetzten, die sie als »borniert«, »diktatorisch« und »rachsüchtig« beschrieben. Diese Erfahrung machte den Führungskräften eindringlich klar, wie man es nicht machen sollte.

Einige besondere Vorgesetzte wurden als Mischung von gut und schlecht beschrieben, die mit ihrer größten Stärke eine Achillesferse verdeckten. Zum Beispiel verhält sich der Vorgesetzte zu Mitarbeitern und gleichrangigen Kollegen gegensätzlich.

Ein fehlerhafter Vorgesetzter bietet vielleicht das reichste Lernangebot. Ist ein Chef gut, hat er eine Vielzahl von bemerkenswerten Eigenschaften, die der aufstrebende Manager nachahmen kann. Ist ein Chef schlecht, gibt er ein Beispiel dafür, wie man es nicht machen sollte. Aber die entscheidende Lektion ist, vielleicht das Auftauchen der Schwäche innerhalb der Stärke. Ein talentierter, erfolgreicher Manager erfährt aus erster Hand, wie ein anderer talentierter, erfolgreicher Manager sich selbst zugrunde richten kann. Das gewährt ihm vielleicht einen ersten Einblick in die Mechanismen des Scheiterns, weil er erkennt, dass jede Stärke auch eine Schwäche sein kann (*Lombardo/McCall & Morrison,* 1995).

2) Die fünf Lektionen

In Abbildung 22 sind die Lektionen, die sich aus den Lernchancen ergeben, sortiert nach fünf Themenblöcken aufgelistet. Die Summe dieser Lektionen steht für einige grundlegende Führungsfähigkeiten und Denkweisen, die man nach einzelnen Themenschwerpunkten gliedern kann. Die einzelnen Lektionen wurden von den befragten Führungskräften aufgeführt und nach diesen fünf Themen geordnet:

Aktionspläne aufstellen und umsetzen
- Technische/fachliche Fähigkeiten
- Strategisches Denken
- Volle Verantwortung übernehmen
- Innovative Methode des Problemlösens

Handhaben von Beziehungen
- Handhaben von politischen Situationen
- Wie man Menschen dazu bringt, Lösungen umzusetzen
- Mitarbeiter führen und motivieren
- Wie man Konflikte handhabt
- Verständnis für andere Standpunkte

Grundlegende Wertvorstellung
- Man kann nicht alles allein machen
- Sensibilität für die menschliche Seite des Managements
- Grundlegende Führungswerte

Führungscharakter
- Nötigenfalls Härte zeigen
- Selbstvertrauen
- Situationen bewältigen über die man keine Kontrolle hat
- Gebrauch (und Missbrauch) von Macht

Selbsterkenntnis
- Das Gleichgewicht zwischen Arbeit und Privatleben
- Persönliche Grenzen
- Chancen erkennen und nutzen

Abb. 22: Lektionen für Führungskräfte (*Lombardo/McCall* & *Morrison*, 1995)

Das erste Thema, **Aktionspläne aufstellen und umsetzen,** beinhaltet zusammengefasst vier Lektionen. Damit eine Führungskraft einen kurz- oder langfristigen Aktionsplan aufstellen kann, braucht sie einige Lektionen im geschäftlichen und technischen Wissen, im strategischen Denken, in der Übernahme von Führungsverantwortung und in innovativen Problemlösemethoden.

Der zweite Themenschwerpunkt enthält Lektionen über **zwischenmenschliche Beziehungen**. Die Fähigkeit, sich in andere Menschen einzufühlen, stellt für eine Führungskraft in diesem Zusammenhang eine Grundvoraussetzung dar. Topmanager müssen eine Vielzahl von interpersonalen Fähigkeiten entwickeln, da sie mit unterschiedlichen Situationen und Menschen konfrontiert werden. Zum Beispiel erfordert ein erfolgreicher Umgang mit einem Mitarbeiter, den man früher zum Vorgesetzen hatte, eine andere soziale Fähigkeit als das Verhandeln mit einer ausländischen Regierung.

Das dritte Thema, **grundlegende Wertvorstellung**, umfasst drei Lektionen. Diese drei Lektionen können als Leitprinzipien für das allgemeine Verhalten betrachtet werden. Wenn ein Mensch mit bestehenden Wertvorstellungen in eine Organisation eintritt, werden diese Grundsätze und neue Erfahrungswerte durch die spezifischen Herausforderungen der Organisationsumwelt immer wieder auf die Probe gestellt und umgeformt.

Die vierte Auswahl von Lektionen, **Führungscharakter**, drückt das aus, was eine Führungskraft »ausmacht«. Dieses Thema enthält einige der persönlichen Eigenschaften, die man braucht, um den Anforderungen der Führungsposition gerecht zu werden. So muss eine Führungskraft die notwendigen Fähigkeiten entfalten, um zwischen einer unkontrollierbaren Situation und einer Situation, die man durch persönliches Handeln beeinflussen kann, unterscheiden zu können. Die Aufgabe einer Führungskraft ist in diesem Themenschwerpunkt, zu erkennen, wann der richtige Zeitpunkt ist, um Härte zu demonstrieren und wann Mitgefühl die bessere Variante ist.

Die ersten drei Lektionen beziehen sich auf ein Thema, das man als persönliche Einsicht bezeichnen könnte. Bei all diesen Lektionen spielt das fünfte Thema, die **Selbsterkenntnis**, eine große Rolle, sei es, dass man etwas über das Gleichgewicht von Arbeit und Privatleben lernt oder über eigene Stärken und wunde Punkte. Einige Lektionen sind viel schwerer zu lernen als andere und das allerschwerste ist oft, das Gelernte praktisch umzusetzen und für den Beruf zu nutzen. Diese Lektionen und die Themen sind nicht nur eine bunte Mischung von angeborenen Eigenschaften, die jeder gern hätte. Die Lehren sind an bestimmte Erfahrungen gebunden und erhalten ihre Bedeutung aus diesem Kontext (*Lombardo/McCall & Morrison*, 1995).

7.5.2 Das 8-Stufen-Modell: Lernen aus Erfahrung

Der vierte Potenzialfaktor »**Lernen aus Erfahrung**« ist deshalb sehr wichtig, weil dieser Lernfaktor die Tiefe und Schnelligkeit des Lernens bei den anderen Faktoren bestimmt. Je stärker dieser Faktor ausgeprägt ist, umso schneller und intensiver lernt eine Person im sozialen Bereich.

Im Folgenden wird das 8-Stufen-Modell »Lernen aus Erfahrung« beschrieben.

Das Modell in Abbildung 23 beinhaltet acht aufeinander aufbauende Stufen zum Faktor »Lernen aus Erfahrung«. Der Potenzialfaktor »Lernen aus Erfahrung« wird in das Verhalten des Mitarbeiters im konkreten Lernbereich und das Verhalten des Mitarbeiters im abstrakten Lernbereich unterteilt.

Im konkreten Lernbereich werden vier Stufen aufgeführt: Die erste und niedrigste Stufe ist die Erkenntnis des Lernbedarfs. Die zweite Stufe beinhaltet die Reflexion des Lernbedarfs des Mitarbeiters. In der dritten Stufe kann der Mitarbeiter den Transfer zu neuen Aufgabengebieten leisten und in der höchsten Stufe, des Verhaltens des Mitarbeiters im konkreten Lernbereich, erreicht der Mitarbeiter ein Lerndelta über dem Durchschnitt.

In der Tabelle wird das Verhalten des Mitarbeiters im abstrakten Lernbereich dargestellt. Befindet sich ein Mitarbeiter auf Stufe fünf, so erkennt er seinen Lernbedarf im abstrakten Lernbereich. In Stufe sechs reflektiert der Mitarbeiter neue Lernnotwendigkeiten im abstrakten Lernbereich. Kann der Mitarbeiter ein neues Lernverhalten übernehmen, befindet er sich auf Stufe sieben. Die höchste Stufe des Potenzialfaktors »Lernen aus Erfahrung« wird erreicht, wenn ein Mitarbeiter in Schnelligkeit und Intensität überdurchschnittlich stark im abstrakten Bereich lernt.

Stufe 1 bis 4: Bezugspunkt ist der inhaltlich konkrete Bereich, das Lernen von genau umschreibbaren Kompetenzen und Fertigkeiten, die man hauptsächlich durch Übung erlernen kann.

Stufe 5 bis 8: Bezugspunkt ist der abstrakte Lernbereich. Es geht um komplexe Kompetenzen, wie zum Beispiel das Lernen zu Lernen oder das Lernen von Flexibilität, im sozialen Bereich oder Persönlichkeitsentwicklung. Übung reicht hier für Erfolg nicht mehr aus.

Stufe 1:

Eine Person auf dieser Stufe

- kann eigenen Lernbedarf bezüglich benötigter einfacher Kompetenzen und Fertigkeiten erkennen, geht dem aber nicht nach;
- erkennt Schwächen bei sich, wenn sie von anderen darauf hingewiesen wird, ändert aber nichts.

Stufe 2:

Eine Person auf dieser Stufe

- reflektiert eigenen Lernbedarf hinsichtlich benötigter einfacher Kompetenzen und Fertigkeiten und setzt sich Lernziele;
- ist sich über Schwächen bewusst und versucht, sie durch Übung zu verringern;
- setzt sich das Ziel, die Kompetenz für ein neuentdecktes Lernfeld zu erlernen;
- ist bereit, sich zu verbessern und Neues zu erlernen.

Stufe 3:

Eine Person auf dieser Stufe

- reflektiert eigenen Lernbedarf hinsichtlich benötigter einfacher Kompetenzen und Fertigkeiten und erwirbt die entsprechenden Kompetenzen;
- ist sich über Schwächen bewusst und verringert sie durch Übung;
- arbeitet, wenn sie ein Lernfeld in einem Aufgabenbereich neu entdeckt, erfolgreich an der Entwicklung in diesem Lernfeld;
- verbessert sich und lernt Neues, wenn es um konkrete Fertigkeiten und Kenntnisse geht.

Stufe 4:

Eine Person auf dieser Stufe

- reflektiert eigenen Lernbedarf hinsichtlich benötigter einfacher Kompetenzen und Fertigkeiten und erwirbt die entsprechenden Kompetenzen überdurchschnittlich schnell;
- ist sich über Schwächen bewusst und verringert sie sehr rasch durch Übung;
- benötigt nicht viel Zeit oder Übung um sich in konkreten Bereichen zu verbessern oder neue Kompetenzen zu erwerben;
- kommt, wenn sie ein Lernfeld in einem Aufgabenbereich für sich entdeckt, überraschend schnell zu einer erreichten Verbesserung;
- verbessert sich ständig und lernt immerzu Neues, wenn es um konkrete Fertigkeiten und Kenntnisse geht;
- macht Fehler bezogen auf einfache Aufgaben immer nur einmal. Ein einmal unterlaufender Fehler in einer konkreten Aufgabe passiert nie wieder.

Stufe 5:

Eine Person auf dieser Stufe

- kann eigenen Lernbedarf bezüglich abstrakter Bereiche, wie im Bereich Verhalten, Persönlichkeit oder soziale Kompetenzen erkennen, geht dem aber nicht nach;
- erkennt, wenn sie von anderen darauf hingewiesen wird, Schwächen in einem abstrakteren Bereich, aber ändert daran nichts.

Stufe 6:

Eine Person auf dieser Stufe

- reflektiert eigenen Lernbedarf hinsichtlich Fähigkeiten oder Reaktionsweisen und setzt sich Lernziele;

– ist sich über Schwächen auf allen Ebenen bewusst und versucht sie durch Übung zu verringern;
– setzt sich das Ziel, die entsprechenden Fähigkeiten auszubilden, wenn sie ein Lernfeld in irgendeinem Bereich für sich entdeckt;
– ist bereit, sich als Person zu verbessern und Neues zu erlernen.

Stufe 7:

Eine Person auf dieser Stufe

– reflektiert eigenen Lernbedarf hinsichtlich Fähigkeiten oder Reaktionsweisen und erwirbt die entsprechenden Kompetenzen;
– ist sich über Schwächen auf allen Ebenen bewusst und verringert sie durch Übung;
– arbeitet erfolgreich an der Entwicklung in diesem Feld, wenn sie ein Lernfeld in irgendeinem Bereich für sich entdeckt;
– verbessert sich und lernt Neues, wenn es um abstrakte Entwicklungen im Bereich Persönlichkeit oder Fähigkeiten, wie zum Beispiel soziales Geschick, geht.

Stufe 8:

Eine Person auf dieser Stufe

– reflektiert eigenen Lern- und Entwicklungsbedarf hinsichtlich Fähigkeiten oder Reaktionsweisen und erwirbt die entsprechenden Fähigkeiten oder zeigt das angestrebte Denken oder Verhalten überdurchschnittlich schnell;
– ist sich über Schwächen in allen Feldern, von der Persönlichkeit hin zu konkreten Denk- und Verhaltensweisen, bewusst und verringert sie sehr rasch;
– benötigt nicht viel Zeit oder Übung um sich in konkreten Bereichen zu verbessern oder neue Kompetenzen zu erwerben;
– kommt überraschend schnell zu einer erreichten Verbesserung, wenn sie ein Lernfeld in irgendeinem Bereich für sich entdeckt;
– verbessert sich ständig und lernt immerzu Neues, auch wenn es um scheinbar unlernbare Dinge geht;
– zeigt konstant zunehmend erfolgreichere Verhaltensweisen;
– macht einen einmal unterlaufenen Fehler, egal in welchem Bereich, nie wieder.

8-Stufen-Modell: Lernen aus Erfahrung

	Stufe	Die Person ...	Erkennt-nis	Reflexion	Transfer	Lerndelta
Konkreter Lernbereich, einfache Kompetenzen	1	erkennt durch Wahrnehmung und Feedback Lernbedarf.	X	0	0	0
	2	reflektiert die Lernnotwendigkeiten. Durchdenkt neue Handlungsalternativen.	X	X	0	0
	3	kann das neue Lernverhalten übernehmen. Erweitert oder verändert sein Verhaltensrepertoire. Leistet Transfer zu neuen Aufgabengebieten.	X	X	X	0
	4	erreicht ein Lerndelta über dem Durchschnitt. Lernt sowohl in Schnelligkeit und Intensität überdurchschnittlich stark.	X	X	X	X
Abstrakter Lernbereich, Persönlichkeitsvariablen, komplexe Kompetenzen	5	erkennt durch Wahrnehmung und Feedback Lernbedarf.	X	0	0	0
	6	reflektiert die Lernnotwendigkeiten. Durchdenkt neue Handlungsalternativen.	X	X	0	0
	7	kann das neue Lernverhalten übernehmen. Erweitert oder verändert sein Verhaltensrepertoire. Leistet Transfer zu neuen Aufgabengebieten.	X	X	X	0
	8	erreicht ein Lerndelta über dem Durchschnitt. Lernt sowohl in Schnelligkeit und Intensität überdurchschnittlich stark.	X	X	X	X

Abb. 23:   Das 8-Stufen-Modell: Lernen aus Erfahrung

8. Die Ebenen der Persönlichkeit

Die differentielle Psychologie als die Wissenschaft von den Persönlichkeitstheorien beschäftigt sich mit den verschiedenartigen Ausprägungen von Merkmalen, die jeden Menschen als ein einmaliges Individuum kennzeichnen. Untersucht werden nach *Amelang* und *Bartussek* (1985, S. 17 ff.)

– die Beschaffenheit von Merkmalen, in denen es introindividuelle Differenzen gibt
– das Ausmaß dieser Differenzen
– die Wechselseitigkeit solcher Merkmale
– die Ursachen der Differenzen sowie
– ihre Beeinflussbarkeit durch Training, Umweltveränderung, Medikamente etc.

Die individuellen Unterschiede und ihre merkmalhaften Ausprägungen sollen also nicht nur beobachtet, festgehalten und verstanden werden, sondern in ihren Entstehungsbedingungen erklärbar sein.

Bei den sowohl fach- und umgangssprachlich verwendeten Ausdrücken Person und Persönlichkeit handelt es sich nicht um wertneutrale Ausdrücke. Vielmehr schwingt in diesen Ausdrücken eine bestimmte positive oder negative Konnotation mit.

So suggeriert die Aussage: »Eine Person wurde in der Dämmerung im Stadtpark beobachtet« eher eine negative Vorstellung, während die Aussage ... »das ist aber eine Persönlichkeit« mit positiven Vorstellungen verbunden wird.

Die Bedeutungsgeschichte des Wortes Person/Persönlichkeit ist vielschichtig und faszinierend. Sie zeigt, dass im Suchen um das scheinbar korrekte Verständnis das kulturelle und weltanschauliche Anliegen des Menschen und der Epoche zum Ausdruck kommt.

So ist schon in den antiken Sprachwurzeln angelegt, was die Grundzüge des modernen psychologischen Verständnisses der Person bzw. der Persönlichkeit sind. Der Gedanke der Maske, als etwas Umhüllendes, Darstellendes weist darauf hin, dass die Persönlichkeit keine Substanz, sondern etwas Darstellendes ist. Insbesondere C. G. Jung verwendet den Begriff persona als Maske des Bewusstseins, als die individuell erwünschte Außendarstellung des eigenen Seins.

Gemeinsam allen Auffassungen ist, dass Persönlichkeit nicht etwas Substantielles ist (wie etwa in den religiösen Auffassungen die Seele), sondern dass es sich um ein Konstrukt handelt, also etwas, das höchstens indirekt empirisch feststellbar ist, dafür aber als Theorie das Erkennen und Verstehen komplexer Sachverhalte und Wirklichkeiten überhaupt erst ermöglicht.

Laut *Krech* (et al. 1985, S. 11 ff.), *Zimbardo* (1983, S. 34 S. 1 ff.) wird Persönlichkeit verstanden als die Gesamtheit der zur Entwicklung gelangten psychophysischen Anlagen und Systeme eines Individuums (unter Einfluss aller kognitiven, affektiven, trieb- und willensmäßigen Eigenschaften), welche dessen einzigartige und eigenwertige Anpassungsweise an seine Innen- und Außenwelt bestimmt.

Persönlichkeitstheorien arbeiten mit **Modellen,** so dass auch häufig von einem Persönlichkeitsmodell gesprochen wird. Ein solches Modell sollte einen Beitrag zur **Beschreibung der Persönlichkeit** leisten. Dabei geht es um die Frage, wie sich die **Individuen in ihrem Verhalten und Erleben unterscheiden** und unter welchen Bedingungen und Voraussetzungen sich das Erleben und Verhalten ändert.

Eine zweite Anforderung an ein solches Modell ist, dass die **Unterschiede im Verhalten und Erleben der Persönlichkeit erklärt werden**. Es werden innere und äußere Bedingungen analysiert, die zur Veränderung bestimmter Erlebnis- oder Verhaltensmuster führen. Ein weiterer Ansatzpunkt für den Einsatz eines Modells liegt in der **Vorhersagbarkeit des Erlebens/Verhaltens eines Individuums**, z. B. die Vorhersagbarkeit des Erfolges oder Misserfolges von Managern. Letzten Endes ist es die vierte Funktion eines Modells, Anhaltspunkte und Richtungen für die **Entwicklung der Persönlichkeit aufzuzeigen**. Die Frage ist hierbei, wie im Rahmen von Erziehung, Training, Führung, Beratung und Therapie auf eine Person eingewirkt werden kann, um eine als erstrebenswert erachtete Veränderung zu erreichen.

Im Hinblick auf diese vier Funktionen wird deutlich, dass keine einzelne der verschiedenen Theorien all diese Aufgaben befriedigend lösen kann. Vielmehr fokussieren die einzelnen Modelle auf Teilbereiche dieser Anforderungen. Erst eine Kombination verschiedener Persönlichkeitstheorien ergibt ein differenziertes Bild der Persönlichkeit. Deshalb soll im Folgenden ein Ebenenmodell speziell für Persönlichkeitsansätze, die bedeutsam für den Managementbereich sind, abgeleitet werden.

Die einzelnen Modelle werden den Ebenen zugeordnet. Aus der Zuordnung kann die Leistungsfähigkeit und der Einsatzbereich der einzelnen Modelle abgeleitet werden. Zudem soll der Stellenwert des in dieser Arbeit dargestellten Ansatzes verdeutlicht werden. Insbesondere kann mit diesem Ebenenmodell aufgezeigt werden, dass der Bereich, der durch die Jung'sche

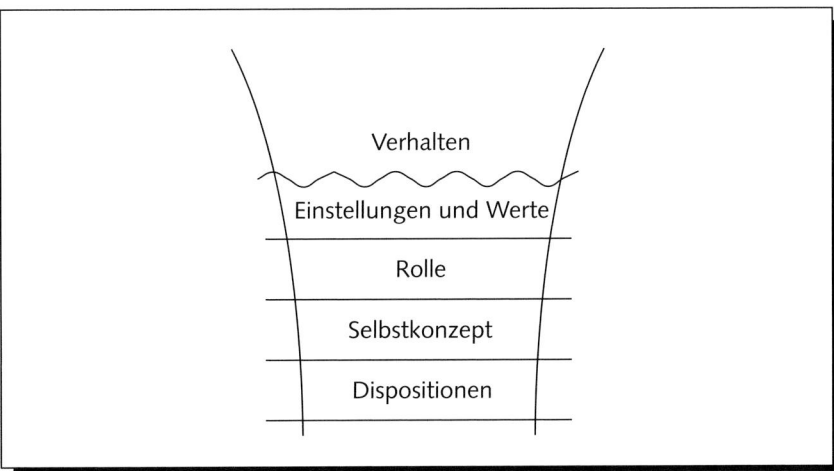

Abb. 24:   Ebenen der Persönlichkeit

Theorie fokussiert wird, bis heute durch andere wissenschaftlich fundierte Modelle nicht behandelt wird.

Das Modell (vgl. Abb. 24) geht davon aus, dass es verschiedene Ebenen in der Persönlichkeit gibt.

Die sichtbare Ebene der Persönlichkeit ist das Verhalten. Das Verhalten ist quasi der **Handschuh der Persönlichkeit**.

Aus dem Verhalten schließen wir in der Regel auf die Persönlichkeit des Individuums, d. h. auf die Einstellungen und Werte, auf das Rollenverständnis, auf das Selbstkonzept und auf die Dispositionen.

Da diese Bereiche in vieler Hinsicht nicht eindeutig verknüpft sind, sind Rückschlüsse oft sehr vage und nicht valide.

Was ist mir wichtig?

Das Individuum hat die Tendenz, alle Phänomene der Umwelt – einschließlich sich selbst – zu bewerten und entwickelt so ein Wert- und Normsystem. Diese Werte sind entweder von anderen übernommen oder aus eigener Erfahrung, Konditionierung oder Reflexion entwickelt. Auf dieser Persönlichkeitsebene erscheint für den Managementbereich das Karriereanker-Modell von *Schein* (1978) sehr relevant.

Ein Karriereanker ist nach diesem Modell eine persönliche Wertvorstellung, die einen wesentlichen Einfluss auf die Entscheidung, insbesondere im beruflichen Bereich einer Person hat. Gemeint ist hiermit die Selbstbewertung dessen, was eine Person gut kann, will und schätzt. Der Karriereanker ist gewissermaßen die Summe der Selbsterfahrungen eines Menschen, die im Hinblick auf Motive und Bedürfnisse, Talente und Fähigkeiten gesammelt wurden. Der Karriereanker ist somit ein wesentlicher Entscheidungsparameter für berufliche Entscheidungen.

Die von *Schein* aufgestellten Karriereanker sind:

Fach- und Sachkenntnisse

Menschen mit diesem Karriereanker möchten vor allem ihre Talente und Fähigkeiten in ihrem Fachgebiet weiterentwickeln. Sie leiten ihre Identität aus der Entfaltung ihrer Fähigkeiten ab. Diese Menschen fühlen sich am wohlsten, wenn sie vor schwierige Probleme gestellt werden, durch deren Lösung sie sich dann fortbilden können. Ihr Interesse an fachfremden Aufgaben ist nur gering. Management sehen sie zwar als etwas Notwendiges an, um in ihrem Fachgebiet aufzusteigen, aber sie möchten nicht befördert werden, wenn dies einen Aufstieg in ein fachfremdes Gebiet bedeuten würde.

Managementfähigkeiten

Das Hauptanliegen von Menschen, die diesen Karriereanker haben, besteht darin, die Arbeit anderer Menschen zu integrieren, für die erzielten Ergebnisse voll verantwortlich zu sein und verschiedene Bereiche eines Unternehmens miteinander zu verknüpfen. Diese Aufgabe erfordert vor allem analytische Begabung, um mit einer unvollständigen Informationslage trotzdem sinnvoll arbeiten zu können. Wichtig ist auch Feingefühl im zwischenmenschlichen Bereich und in Gruppensituationen, um z. B. emotional schwierige Entscheidungen treffen zu können. Die erforderliche Anpassungsfähigkeit, um mit Machtbefugnissen und Verantwortung richtig umgehen zu können, sollte ebenfalls vorhanden sein. Für diese Menschen ist ihr Karriereziel erst dann erreicht, wenn sie in einer Position stehen, die es ihnen erlaubt, mehrere betriebliche Funktionen auf einmal wahrzunehmen.

Autonomie/Unabhängigkeit

Das Hauptaugenmerk dieser Menschen liegt darauf, sich von betrieblichen Vorschriften und Reglementierungen frei zu machen. Sie möchten eine Karriere anstreben, in der sie selber entscheiden, womit, wann und wie schwer sie arbeiten.

Diese Menschen sind bereit, eine Beförderung abzulehnen, wenn diese ihre Freiheit beeinträchtigen würde. Menschen, die diesen Karriereanker haben, können z. B. als Lehrer oder selbstständige Berater tätig sein. Autonomie oder Unabhängigkeit sollte hierbei jedoch nicht mit der Tätigkeit eines Unternehmers verwechselt werden.

Sicherheit/Stabilität

Menschen mit diesem Karriereanker benötigen das sichere Gefühl, »es geschafft zu haben«. Damit kann die finanzielle Absicherung der Altersversorgung gemeint sein, die geographische Stabilität, d. h. die Entscheidung, in einer bestimmten Gegend wohnen zu bleiben, oder die Loyalität einer Firma gegenüber. Risikoreiche Beförderungen oder Versetzungen werden von diesen Menschen abgelehnt.

Arbeit zum Wohle anderer/Zielorientiertes Engagement

Diese Menschen möchten bestimmte Wertvorstellungen verwirklichen, wie z. B. Verbesserung der Lebensbedingungen auf der Welt, harmonischere Gestaltung zwischenmenschlicher Beziehungen oder die Bereitschaft, anderen durch therapeutische Berufe zu helfen. Sie nutzen jede Chance, weiter in dem Bereich zu arbeiten, der sie interessiert, auch wenn dies bedeutet, dass sie den Beruf oder die Firma wechseln müssen. Beförderungen und Versetzungen werden nur akzeptiert, wenn diese nicht ihren Wertvorstellungen entgegenstehen und die Weiterarbeit an den Zielen hierdurch nicht behindert wird.

Die reine Herausforderung

Die Hauptaufgabe sehen diese Menschen darin, scheinbar unlösbare Probleme in den Griff zu bekommen, zähe Gegner zu überwinden und schwierige Hindernisse zu meistern. All ihr Streben zielt darauf ab, auf der Gewinnerseite zu stehen. Ein spezielles Arbeitsgebiet oder eine besondere Fähigkeit sind zweitrangig.

Lebensweise

Privatleben und Beruf sind diesen Menschen gleichrangig; das Gleichgewicht soll nicht durch eine Beförderung oder Versetzung gestört werden. Die Identität ist dadurch bestimmt, wie sie ihr Leben als Gesamtheit leben, wo sie sich niederlassen und wie sie sich weiterentwickeln. Arbeit, Karriere oder Firma stehen dabei erst an zweiter Stelle.

Unternehmerisches Denken

Der Schwerpunkt der Tätigkeit liegt hierbei auf der Innovation. Dazu gehören die Motivation, Hindernisse zu überwinden, Risikobereitschaft sowie der Wunsch, bei allen Aktivitäten eine entscheidende Rolle zu spielen. Für andere arbeiten diese Menschen nur, wenn sie die Firma nach ihren eigenen Vorstellungen gestalten können. Der Unternehmer baut eine Firma auf, um seiner Persönlichkeit ein Denkmal zu setzen.

Diese Karriereanker lassen sich nun in eine Reihenfolge bringen. Die betreffende Person erkennt, welche handlungsleitenden Werte für sie selbst wichtig sind und welche Eigenwerte sie für berufliche Entscheidungen beachten sollte. Deutlich wird bei diesem Modell, wie die einzelnen Ebenen miteinander verbunden sind. So werden die individuellen Karriereanker manifest beeinflusst von den individuellen Möglichkeiten und vom Selbstbild (Selbstkonzept), das eine Person von sich hat.

Wie definiere ich meine Rolle?

Die zweite Ebene der Persönlichkeit repräsentiert das Rollenverständnis einer Person.

In diesem Zusammenhang geht es insbesondere um die Frage, wie eine Person die Rolle als Führungskraft definiert. Als Instrument auf dieser Ebene soll das Modell von *Maccoby* (1977) dargestellt werden.

In diesem Modell werden vier Typen von Führungskräften identifiziert, die sich in Bezug auf ihre Gesamtorientierung zur Arbeit, zu Wertvorstellungen und zur eigenen Identität deutlich voneinander unterscheiden.

Es sind die Typen:

– Fachmann
– Spielmacher
– Firmenmensch
– Dschungelkämpfer

Im Folgenden soll eine Beschreibung dieser vier Typen in Anlehnung an die Ausführungen von *Maccoby* erfolgen (vgl. *Rüttinger*, 1986).

Der Fachmann

Fachleute fühlen sich vor allem durch die Arbeit selbst, durch den Arbeitsinhalt und nicht so sehr durch Geld und Ruhm herausgefordert. Sie wollen etwas aufbauen und dabei sein, wenn etwas entsteht. Qualität, Perfektion und Sparsamkeit werden als absolute Werte erlebt. Das Selbstwertgefühl des Fachmanns baut auf Wissen, Geschicklichkeit, Disziplin und Selbstvertrauen auf. Mehr als jeder andere Charaktertyp hat er ein Gefühl für Grenzen des Materials, der Energie, des Wissens und moralischer Zwänge, die respektiert werden müssen, um ein gutes Leben zu führen. Wenn er über seine Arbeit spricht, gilt sein Interesse dem Prozess des Schaffens;

er baut gern. Er betrachtet andere, sowohl Mitarbeiter als auch Vorgesetzte, unter dem Gesichtspunkt, ob sie ihm helfen oder ob sie ihn hindern, eine fachmännische Arbeit zu leisten.

Der Fachmann ist ruhig, aufrichtig, bescheiden und praktisch. Es gibt allerdings einen Unterschied zwischen mehr aufnahmebereiten und demokratischen und eher autoritären intoleranten Fachleuten. Der Fachmann kämpft eher mit seinen eigenen Qualitätsmaßstäben, als dass er im Wettbewerb stünde mit anderen Menschen. Natürlich will der Fachmann auch Erfolge haben und Geld verdienen. Aber er wird doch noch stärker durch das zu lösende Problem motiviert, durch die Herausforderung der Arbeit selbst und durch die Befriedigung, etwas von Qualität geschaffen zu haben.

Im Unterschied zum Dschungelkämpfer und Spielmacher steht der Fachmann also nicht so sehr im Wettbewerb mit anderen Menschen. Er kämpft eher mit der Natur und dem Material sowie vor allem mit seinen eigenen Qualitätsmaßstäben. Fachleute spielen weder gerne in einer Mannschaftssportart noch sehen sie ihr gern zu.

Sie sehen kaum fern. Sie finden Gefallen daran, etwas zu erfinden, an alten Wagen herumzubasteln, ihr eigenes Haus zu bauen, in den Bergen zu wandern oder Ski zu laufen. Es geht ihnen darum, mit sich selbst zu wetteifern, um die eigene Leistung zu verbessern. Betrieblich gesehen leben die Fachleute gern in einer überschaubaren Ordnung, die es ihnen ermöglicht, sich voll auf ihre Aufgabe zu konzentrieren. Deutliche Erfolgserlebnisse stellen sich dann ein, wenn es gelingt, ein Problem besser als bisher – nicht unbedingt besser als andere – zu lösen.

Wissen, fachliches Know-how, Geschicklichkeit, Fleiß, Einfallsreichtum, Disziplin und Achtung vor anderen und ihrer Leistungen sind Grundlagen ihrer Identität. Auf Wettbewerb mit anderen legt man keinen gesteigerten Wert. Fachleute aus Betrieben, die miteinander in Wettbewerb stehen, sehen sich häufig weniger als Konkurrenten, sondern mehr als Kollegen, die sich frei austauschen. Insofern wird der Fachmann auch von Dschungelkämpfern und Spielmachern ausgenutzt, die seine Ideen übernehmen und sie geschäftlich vermarkten.

Der Fachmann hat eigentlich nie das Bedürfnis, Führer einer Gruppe zu sein. Wenn er jedoch die betriebliche Hierarchieleiter hinaufsteigen will, so kommt er nicht daran vorbei, auch Manager zu werden. Als Vorgesetzte sind sie in der Regel ausgleichend, da es ihnen am besten gefällt, wenn es wenig Meinungsverschiedenheiten gibt – sie möchten jeden glücklich sehen. Zu den Risiken, denen Fachleute dann unterliegen, zählt der Perfektionismus. In diesem Stadium machen sie dann alles selber, können nicht oder nicht genügend delegieren, haben ständig Angst, dass etwas schief geht.

Geplagt von mehr oder minder schlimmen Katastrophenphantasien entwickeln sie deutliche Rückversicherungszwänge und passen ständig auf, dass nichts passiert. Mit entsprechenden Nachfass- und Erinnerungsfragen nerven und verunsichern sie ihre Umgebung.

Tritt tatsächlich ein Fehler auf oder wird etwas übersehen, kommt es gegenüber anderen zu einer völlig überzogenen Kritik. Machen die Fachleute selbst einen Fehler, werden sie auch gegenüber sich selbst aggressiv: Begonnene Arbeiten werden immer wieder verworfen, sie fangen immer wieder von vorn an. Dann spielen für den Fachmann Zeitaufwand und Kosten kaum noch eine Rolle. Auf der anderen Seite haben Fachleute die Tendenz, sich unterzuordnen und anzupassen. Obwohl der Sozialcharakter des Fachmanns verantwortungsvoll, familien- und arbeitsorientiert, auf positive Weise bewahrend, selbstbejahend, vorsichtig konservativ ist, kann es ihm auch passieren, dass er aufgrund seiner hohen fachlichen Orientierung sich um die moralische ethische Tragweite nicht mehr kümmert. Insgesamt kann man zu diesem Punkt sicher sagen, dass Fachleute in ihrer Grundstruktur faire Vorgesetzte sind. Sie leiten auch bevorzugt spezielle fachliche Disziplinen. Sie sind Sammler und Zusammenfüger guter Ideen, und die Leute arbeiten gerne unter ihnen. Jedoch werden sie nie die Begeisterung und den Biß erreichen, wie es z. B. ein Spielmacher in seiner Führungsarbeit versteht.

Neben der Arbeit ist das Hauptziel des Fachmanns, fürsorglich zu sein und ein sicheres Heim zu schaffen, eine Enklave abseits der Arbeit. Fachleute machen es sich zur Aufgabe, viel Zeit für ihre Kinder zu verwenden. Bevor sie zu Disziplinarmaßnahmen greifen, sichern sie immer das gegenseitige Gespräch. Offensichtlich treten bei dieser Gruppe auch weniger Probleme mit ihren Kindern und Ehefrauen auf als bei anderen Managertypen. Im Gegensatz zu den anspruchsvollen, aufsässigen Kindern einiger Chefs sind diese ehrerbietig wie ihre Eltern.

Neben diesem eher sanften Fachmann gibt es einen Wissenschaftlertyp, der mit dem Fachmann das Interesse am Wissen und Schaffen teilt, aber mehr von einer Primadonna an sich hat und fast ausschließlich in Forschungslaboratorien tätig ist. Obwohl diese Wissenschaftler eher in den Universitäten zu finden sind als in Kapitalgesellschaften, gehören doch gerade einige von ihnen zu den unabhängigsten Mitarbeitern in Unternehmen Da nur wenige von ihnen erfolgreiche Manager sind und die höchste Ebene der Technostruktur nicht erreichen, soll der wissenschaftliche Typ nur flüchtig skizziert werden. Einige der kreativsten und begabtesten Wissenschaftler gehören zu diesem Typ; zusammen mit den unglücklichen Außenseitern, grollenden Versagern, deren Begabung verglichen mit ihrem Ehrgeiz nicht ausreicht. Was die Wissenschaftler am meisten vom

Fachmann unterscheidet, ist Narzissmus, Vergötterung ihrer eigenen Kenntnisse, Talente und ihrer Technologie sowie Hunger nach Bewunderung. Sie sind die Intellektuellen des Unternehmens. Viele sind fasziniert von philosophischen Fragestellungen, die Unternehmensziele oder gesellschaftliche Bedürfnisse nur flüchtig berühren. Indem sie ihre eigene Bedeutung übertreiben, setzen einige der befragten Wissenschaftler jene herab, die mit beiden Füßen auf dem Boden stehen. Dennoch kann man bei all dem Narzissmus auch hier eine bedingte Anhänglichkeit an die Mächtigen, an die Unternehmensführer, an die »Entscheidenden« finden.

Der Dschungelkämpfer

Das Ziel des **Dschungelkämpfers** ist Macht. Er erfährt das Leben und die Arbeit als einen Dschungel (nicht als Spiel), in dem es heißt, friss oder werde gefressen, und in dem die Sieger die Verlierer vernichten. Ein Großteil seiner psychischen Kräfte ist dem Budget seines inneren Verteidigungsministeriums zugewiesen. Dschungelkämpfer neigen dazu, die ihnen Gleichgestellten entweder als Komplizen oder Feinde sowie ihre Untergebenen als Objekte anzusehen, die auszunutzen sind. Sie sind undankbar gegenüber jenen, die ihnen geholfen haben, sobald sie sie nicht mehr brauchen. Wenn sie soziale Fortschritte einleiten, dann machen sie es nicht um der Menschen willen, sondern aus reiner Berechnung. Bedingt durch ihren leicht paranoiden Einschlag arbeiten Dschungelkämpfer mit einem negativen Umweltkonzept, das sie dadurch ausleben, dass sie ausschließlich für sich selbst erfolgreich sein wollen. Sie wollen auch nie glauben, dass jemand ihnen freiwillig geholfen hat; von ihrem Standpunkt aus ist die andere Person zu ihrem Verhalten manipuliert worden.

In den Unternehmen fortschrittlicher Technologien mag auch der Dschungelkämpfer seine Triumphe haben. Er mag als tüchtiger Leiter erscheinen, der den Zusammenhalt der Gruppe entwickelt, in dem er andere Teile der Organisation als Feinde hinstellt. Vielleicht kann er auch in Zeiten hoher Turbulenz aufgrund seiner Rücksichtslosigkeit verbunden mit seinem Verstand für eine Organisation hilfreich sein. Aber auf lange Sicht wird er für das Unternehmen zu einer Belastung, weil er Feindseligkeit schürt. Manchmal wird ein talentierter und brillanter Dschungelkämpfer zwar in ein Unternehmen gebracht, das sich in Schwierigkeiten befindet, und ihm wird die Aufgabe übertragen, das Werk neu zu organisieren und überflüssigen Ballast loszuwerden. Die anderen Typen – Fachmann, Spielmacher und Firmenmensch – hassen es sehr, jemand entlassen zu müssen. Der Dschungelkämpfer hingegen ist stolz darauf, gefürchtet zu werden, aber er rechtfertigt dies mit der Behauptung, Furcht rege zu besonderer Leistung an. In einigen

Unternehmen kann der Dschungelkämpfer, vor allem in Rezessionsperioden, so in eine hohe Stelle aufsteigen. Aber wahrscheinlich wird er am Ende in allen Unternehmen versagen, in denen der wirtschaftliche Erfolg von Teamarbeit abhängt. Er ist zu misstrauisch und sadistisch und daher unfähig, mit starken Gleichgestellten in sehr voneinander abhängigen Gruppen zusammenarbeiten. Die Fachleute spüren, dass er sie zerstören will und vergelten es ihm, in dem sie Informationen zurückhalten oder sich dumm geben. Jene, die er verraten aber nicht vernichtet hat, warten geduldig auf ihre Chance zur Rache. Oft lässt es sich auch beobachten, dass gerade in schwierigen Zeiten in Organisationen, z. B. wenn eine Gemeinkostenanalyse durchgeführt wird, auch die anderen Typen – Fachmann, Spielmacher und Firmenmensch – Dschungelkämpferverhalten annehmen. Da sie jedoch gerade auf diesem Gebiet nicht besonders stark sind und nicht über diese Rücksichtslosigkeit des Dschungelkämpfers verfügen, versagen sie dann um so kläglicher.

Es gibt zwei Arten von Dschungelkämpfern – die Füchse und die Löwen. Die Füchse operieren mit Verführung, Manipulation und Verrat. Die Löwen sind ebenfalls listig, aber sie herrschen durch die Überlegenheit ihrer Ideen, durch ihren Mut und ihre Kraft – andere folgen ihnen, weil sie sich fürchten und ehrerbietig sind, und sie werden vielleicht für ihre Treue als ehrfurchtsvolle Untergebene belohnt. Die Füchse sind schlau und verstohlen, mit stark ausbeuterischen narzißtischen und sadistisch autoritären Neigungen. Sie wollen andere Menschen beherrschen und als höhere Wesen bewundert werden. Die Löwen sind die Eroberer, die, wenn sie erfolgreich sind, ein Imperium aufbauen können; die Füchse bauen sich ihr Nest in der Unternehmenshierarchie. Sie kommen verstohlen und durch Schläue vorwärts.

Der Firmenmensch

Im **Firmenmenschen** erkennen wir den altbekannten Mann der Organisation oder Funktionär, dessen Identitätsgefühl sich darauf gründet, dass er ein Teil der mächtigen, schützenden Firma ist. Sein stärkster Zug ist die Sorge um die menschliche Seite des Unternehmens, sein Interesse an den Gefühlen der Menschen in seiner Umgebung. Firmenmenschen legen Wert auf ein gutes Klima. Sicherheit geht ihnen vor Erfolg, sie bemühen sich um den Ausgleich von Gegensätzen. Gegenüber anderen empfinden sie Achtung und Wertschätzung.

Wenn sie am schwächsten sind, dann sind sie ängstlich und unterwürfig, sogar mehr auf Sicherheit bedacht als auf Erfolg. Die kreativsten Firmenmenschen verbreiten in ihrer Gruppe eine Atmosphäre der Zusammenarbeit,

Anregung und Gegenseitigkeit. Sie werden am besten durch den Begriff des Integrators beschrieben. Die unkreativsten finden eine kleine passende Stellung und Befriedigung in dem Gefühl, irgendwo am Ruhm des Unternehmens teilzuhaben.

Firmenmenschen haben die Tendenz, ganz in einem Unternehmen aufzugehen; sie verstehen sich gern als Teil einer mächtigen schützenden Organisation. Dabei sorgen sie dafür, dass alles seine Ordnung hat. Anzeichen von Durcheinander und Chaos wirken auf sie eher angsteinflößend.

Sie halten also eher die Organisation in Gang, als dass sie Ziele setzen oder kreative Konstruktionsarbeit leisten. Sie gelten als vertrauenswürdig, aber nicht gerade als sehr anregend. Die gleichen Eigenschaften, die den Firmenmenschen dabei helfen, die Atmosphäre des Unternehmens zu stabilisieren und zwischen widerstreitenden Ansprüchen zu vermitteln, schränken auch ihren Aufstieg ein.

Der Firmenmensch ist notwendig für das Funktionieren großer Unternehmen. Er setzt sein persönliches Interesse mit der langfristigen Entwicklung und dem Erfolg des Unternehmens gleich. Firmenmenschen glauben, dass es ihnen am meisten nützt, wenn das Unternehmen gedeiht, aber ihr Glaube an das Unternehmen kann das eigene Interesse übertreffen. Die Firmenmenschen sorgen sich um das Unternehmen und seine künftige Entwicklung. So sehr sie von Hoffnung auf Erfolg motiviert werden, so sehr werden sie auch von Furcht und Sorge um die Unternehmensprojekte und um die zwischenmenschlichen Beziehungen in ihrer Umgebung sowie um ihre eigene Karriere getrieben. Abseits vom Unternehmen kommen sich die Firmenmenschen unbedeutend und verloren vor. Um die Spitze einer Unternehmung zu erreichen, sind viele Eigenschaften des Firmenmenschen – sein Integrationsvermögen – erforderlich, obwohl das nicht genügt. Der typische Firmenmensch kann ins mittlere Management oder vielleicht in eine hohe Position in der Personalabteilung aufsteigen. Aber ihm fehlen die Fähigkeit zur Risikoübernahme, Zähigkeit, inneres Freisein, Zuversicht, Selbstkontrolle und Energie, um ganz an die Spitze zu kommen.

Zur positiven Seite gehört der Glaube des Firmenmenschen an etwas, das außerhalb seiner Person liegt. Das kann ihm ein Gefühl der Zugehörigkeit, Bescheidenheit, Verantwortung und Loyalität geben. Zur negativen Seite gehört sein Gefühl des geringen Selbstwertes, die ständige Furcht, den Arbeitsplatz zu verlieren. Er sorgt sich immerzu. Wie mache ich mich? Falle ich zurück? Verstehe ich, was da los ist? Kann ich den Spielmachern glauben, die sich ihrer so sicher sind? Werde ich von glänzenderen Konkurrenten überholt?

Im Allgemeinen sind Firmenmenschen eher Innenmenschen, die sich außerhalb der Unternehmenskultur einer unfreundlichen Außenwelt ausgesetzt sehen. Das macht sie zwar stark vom Unternehmen abhängig, aber es erhöht ihre Empfindungsfähigkeit gegenüber den Gefühlen – den emotionalen Höhen und Tiefen – der Menschen in ihrer Umgebung und gegenüber den Machenschaften in ihrer eingeengten Welt. Sie sind sich stets bewusst, wer zu wem gehört und wie weit sie gehen können, ehe sie eine Grenze überschreiten. Und gerade wegen dieses Verständnisses tragen sie dazu bei, Bündnisse zu schmieden sowie Verträge und Kompromisse zu erarbeiten, die notwendig sind, um komplexe Projekte zu entwickeln. Firmenmenschen misstrauen dem Fachmann, dessen Verlangen nach Perfektion unwirtschaftlich ist. Sie misstrauen dem übereifrigen und durchtriebenen Spielmacher, der die Leute verschleißt – und weil er stets siegen muss, seine Position rasch wechselt, womit er die Integrität und den guten Namen der Organisation aufs Spiel setzt. In Bürokratien, die weniger dynamisch sind als Unternehmen mit hochentwickelter Technologie, gewinnen viele Firmenmenschen eher Autonomiegefühl auf negative Weise, indem sie sich an die Regeln halten und sich Veränderungen widersetzen. Diese Haltung mag den Fortschritt blockieren, aber sie schützt die Organisation auch vor der Neigung der Spielmacher, allzu gefährlich die Kurven zu schneiden, oder vor den prinziplosen Manipulatoren – den Dschungelkämpfern – deren einzigartiges Bestreben Zuwachs an Macht ist.

Die Firmenmenschen verrichten ihre Tätigkeit besonders gut im mittleren Management jeder Größenordnung: ob auf Projekt-, Abteilungs- oder Unternehmensebene. Natürlich halten sie die Organisationen eher in Gang, als dass sie Ziele setzen oder kreative Konstruktionsarbeit leisten. Wenn sie in Positionen direkter Verantwortung aufrücken, sieht man sie als vertrauenswürdige Leiter an, sie gelten aber nicht gerade als anregend. Vertrauenswürdig und verantwortungsvoll sind ihre Schlüsselbegriffe, obwohl sie häufig den Leuten gegenüber eher gewissenhaft als verständnisvoll auftreten. In normalen Zeiten vermitteln sie zwischen widerstreitenden Ansprüchen.

An sie wendet sich die Organisation, wenn die Zeit für Vorsicht und Einschränkung gekommen ist. Aber wenn strategische Risiken übernommen werden müssen oder es notwendig ist, das Team zu größeren Leistungen anzuspornen, werden sie durch zähere, weniger vorsichtige Typen wie z. B. die Spielmacher ersetzt.

Firmenmenschen sind an einem internen Wettbewerb nicht sonderlich interessiert. Der daraus resultierende Konkurrenzdruck könnte ihr Harmoniebedürfnis stören. Ein sportlich fairer Wettbewerb existiert in ihrer Vorstellung nicht.

Wird die Rolle des Integrators überzogen, besteht die Gefahr der Überanpassung. Im Hintergrund hat der Integrator ständig Angst davor, es anderen nicht recht zu machen. Es zählt nur noch das, was andere von ihm erwarten, eigene Bedürfnisse und Erwartungen spielen keine Rolle mehr, er gibt sich selbst auf.

Im Extremfall fühlen sich die Firmenmenschen verantwortlich dafür, wie andere sich fühlen. Sie versuchen, anderen jeden Wunsch abzulesen, und sie entwickeln Schuldgefühle, wenn es den anderen nicht gut geht.

Obwohl die Arbeit des Firmenmenschen darauf hinausläuft, eine verantwortungsvolle Haltung gegenüber der Organisation und dem Projekt zu stärken, kann sie auch ein negatives Syndrom der Abhängigkeit bekräftigen: unterwürfige Kapitulation vor der Organisation und der Autorität, sentimentale Idealisierung der Machthabenden, eine Tendenz, das Ich zu verraten, um Sicherheit, Komfort und Luxus zu gewinnen.

Viele Firmenmenschen haben nachgegeben: sie haben kapituliert und wurden vom Unternehmen verschlungen. In extremen Fällen wird diese totale Unterwerfung zum Masochismus. Die masochistische Person ist befriedigt, wenn sie gedemütigt wird. Das ist für sie die einzige Möglichkeit, ein Gefühl der Zugehörigkeit zu erleben, das Gefühl, dass sie von der beherrschenden Person so behandelt wird, wie sie behandelt werden sollte, wie sie es verdient und sie gleichzeitig auch bedingungslos akzeptiert wird.

Der Spielmacher

Das Hauptinteresse des **Spielmachers** gilt der Herausforderung, der auf Konkurrenz beruhenden Tätigkeit, in der er sich als Sieger erweisen kann. Ungeduldig mit anderen, die langsamer und vorsichtiger sind, liebt er es, etwas zu riskieren und andere zu motivieren, sich über ihr normales Tempo hinaus anzustrengen. Er reagiert auf Arbeit und Leben wie auf ein Spiel. Wettbewerb putscht ihn auf, und er überträgt seine Begeisterung, wodurch er andere mit Energie erfüllt. Ihm gefallen neue Ideen, neue Techniken, frische Methoden und Abkürzungen. Er redet und denkt einfach und klar, dynamisch, manchmal spielerisch und blitzartig. Sein Hauptziel im Leben ist, Sieger zu sein, und wenn er über sich spricht, führt dies unweigerlich zu einer Erörterung seiner Taktiken und Strategien in der Unternehmenskonkurrenz: gewinnen um jeden Preis.

Den modernen Spielmacher definiert man am besten als einen Menschen, der die Veränderungen liebt und ihren Verlauf bestimmen möchte. Er mag kalkulierte Risiken. Er ist von der Technik und neuen Methoden fasziniert.

Er sieht ein sich entwickelndes Projekt sowie menschliche Beziehungen und seine eigene Karriere in der Form von Optionen und Möglichkeiten, wie ein Spiel. Sein Charakter ist eine Kollektion von Beinahe-Paradoxien, die nur zu verstehen sind durch seine Anpassungsfähigkeit an organisatorischen Erfordernissen. Er ist kooperativ, aber auf Wettbewerb eingestellt, gelöst und ausgelassen, aber zwanghaft zum Erfolg getrieben, ein Mannschaftsspieler zwar, aber gern wäre er Superstar; ein Teamleiter, aber häufig ein Rebell gegen die bürokratische Hierarchie, fair und unvoreingenommen, aber er verachtet Schwäche, zäh und beherrschend, aber nicht destruktiv. Im Unterschied zu anderen Berufstypen ist seine Energie darauf gerichtet, zu konkurrieren, nicht jedoch darauf, ein Imperium aufzubauen. Seine Energie zielt nicht auf Reichtümer, sondern eher auf Ruhm, Ehre, auf die Freude, ein Team zu führen und Siege zu erringen. Sein Hauptziel ist, als Sieger zu gelten. Seine größte Befürchtung ist, als Verlierer etikettiert zu werden.

Spielmacher haben keine Angst vor der Konkurrenz. Ganz im Gegenteil, durch Wettbewerb, ständiges sich Messen an anderen, fühlen sie sich herausgefordert, beflügelt und aufgeputscht.

Statt alles auf eine Karte zu setzen, lieben sie es, mehrere Spiele gleichzeitig laufen zu haben, überall ein Feuerchen anzuzünden. Ausgestattet mit einer erheblichen Portion Sensibilität, Intuition und vielleicht auch positiver Schlitzohrigkeit, sorgen Spielmacher dafür, dass die richtigen Leute zusammenkommen, dass andere ins Spiel gebracht werden – und zwar nicht mit dem Vorschlaghammer – sondern eher beiläufig und elegant. Als mehr oder weniger im Hintergrund agierende Regisseure sind sie auf konstruktive Spiele spezialisiert; destruktiven bzw. Verliererspielen gehen sie instinktiv aus dem Weg.

Wenn Spielmacher Managersitzungen durchführen, so hat das etwas von der Atmosphäre in einer Mannschaftskabine, in der die Erörterung der Spielstrategie unterbrochen wird durch einen gelösten, gelinde sarkastischen Humor des Überlegenen, um den Schwächeren in Grenzen zu halten. Diese kleinen Herabsetzungen, die der Fachmann oder würdevolle Firmenmensch vielleicht verabscheut, haben das Ziel, ein Minimum an Hierarchie aufrechtzuerhalten, um zu zeigen, wer der Boss ist, ohne den Untergebenen endgültig zu demütigen. Fachleute und Firmenmenschen haben Mühe, sich an solche Späße zu gewöhnen. Der Charakter des Spielmachers nährt ebenfalls den Wettbewerb. Für ihn ist es als Einstieg in die Welt fortgeschrittener Technologie absolut Bedingung und erforderlich, wettbewerbsfähig zu sein.

So wie der Fachmann durch Interesse und Vergnügen am Bauen und an der Standardverbesserung; der Dschungelkämpfer durch seinen Drang zur

Macht über andere, um zu verhindern, dass sie ihn vernichten; der Firmenmensch durch Furcht vor Versagen und dem Wunsch nach Anerkennung; so wird der Spielmacher vom Ruhm und der Notwendigkeit, die Kontrolle zu behalten, angetrieben.

Bei der Führung von Mitarbeitern setzt der Spielmacher mehr auf Zug als auf Druck. Es macht ihm Spaß, andere mitzureißen und dadurch zu motivieren. Dabei sieht er sich gerne als Mitglied eines Teams, wobei aber den Mitgliedern klar sein sollte, dass Spielmacher immer die Ersten unter Gleichen sein möchten. Im Gegensatz zum autoritären Vorgesetzten der Vergangenheit, ist der Spielmacher bestrebt, nicht bigott und nicht ideologisch, sondern liberal zu sein. Er meint, jedermann, der gut ist, sollte sich am Spiel beteiligen können. Sobald er im Team mitwirkt, hat daneben nichts anderes eine Bedeutung (Nationalität, Geschlecht, Ausbildung etc.). Er ist auch nicht feindselig eingestellt. Im Gegensatz zum Dschungelkämpfer hat er keine Freude an der Niederlage eines anderen Menschen. Aber das schließt nicht ein, dass er empfänglich ist für Gefühle anderer oder Sympathie für deren Bedürfnisse hat. Er ist nicht mitleidsvoll, aber er ist fair. Er ist offen für Ideen, aber ihm fehlen Überzeugungen.

Der Spielmacher ist also konstruktiv und fair, hat aber wenig Verständnis für Leute entwickelt, die nicht so smart, so schnell und risikofreudig wie er selbst sind. Spielmacher haben da wenig Mitleid und brauchen auch nicht lange, für sich die Welt in Sieger und Verlierer zu teilen. Der Spielmacher will gewinnen. Darum neigt er dazu, Mitarbeiter fast ausschließlich danach zu beurteilen, was sie für das Team tun können. Im Unterschied zu nachgiebigeren und loyaleren Firmenmenschen ist er bereit, einen Spieler auszutauschen, sobald er das Gefühl hat, diese Person schwäche die Mannschaft. Er teilt jedoch auch nicht das Bedürfnis des Dschungelkämpfers nach Komplizen. Obwohl der Spielmacher vielleicht versuchen mag, einem Versager Antrieb zu geben, hält er sich schon für demokratisch, wenn er anderen eine faire Chance gibt, sich am Spiel zu beteiligen.

Viele Spielmacher arbeiten als junge Manager gut, aber sie schaffen es nicht, Krisen in mittleren Jahren oder im mittleren Management zu lösen. An die Spitze gelangen jene, die fähig sind, ihrem jugendlichen Rebellentum abzuschwören und wenigstens bis zu einem gewissen Grad an die Organisation zu glauben.

Die für den Spielmacher typische Krise in der Mitte seiner Karriere enthüllt die Schwächen seines Charakters. Seine Stärken sind die der Jugend; er ist ausgelassen, fleißig, fair, begeistert und offen für neue Ideen. Er hat das Verlangen des Jugendlichen nach Unabhängigkeit und Idealen, aber er hat das Problem, seine Grenzen zu erkennen. Da der Spielmacher von anderen und von der Organisation abhängiger ist als er sich eingesteht, fürchtet er, sich gefangen vorzukommen. Er möchte sich die Illusion grenzenloser Optionen erhalten, und dies schränkt seine Fähigkeit zu persönlicher Vertrautheit und sozialer Verpflichtung ein.

In ihren schlimmsten Augenblicken sind Spielmacher wirklichkeitsfremde, manipulierende und zwangsgetriebene Arbeitssüchtige. Ihre aufgeputschte Aktivität überdeckt den Zweifel, wer sie sind und wohin sie gehen. Ihre Fähigkeit zur Flucht gestattet ihnen, sich der unangenehmen Realität zu entziehen. Wenn die Spannung bei ihnen nachlässt, werden sie mit Gefühlen konfrontiert, die ihnen die Empfindung vermittelt, machtlos zu sein. Der am meisten vom Zwang getriebene Spieler muss aufgestachelt werden, durch Wettbewerbsdruck getrieben werden. Beraubt man sie der Herausforderung bei der Arbeit, werden sie gelangweilt und leicht deprimiert. Außerhalb des Spiels ist das Leben bedeutungslos, und dann neigen sie dazu, vor dem Fernseher herumzusitzen oder zuviel zu trinken. Aber sobald das Spiel begonnen hat, sobald sie spüren, dass sie sich im Superstadion oder im Zweikampf mit einem anderen Star befinden, werden sie lebendig, denken intensiv und sind kühl. Derweil andere Charaktertypen im Unternehmen, wie der Fachmann oder der mehr auf Sicherheit bedachte Firmenmensch, einen so hohen Wettbewerbsdruck als entnervend und unproduktiv empfinden, ist dieser für den Spielmacher das Lebenselixier.

Die tödliche Gefahr für den Spielmacher besteht darin, in ewiger Jugend gefangen zu sein; nie den auf das eigene Ich bezogenen Zwang zu überwinden, Siegpunkte zu machen; nie seine tiefe Langeweile mit jenem Leben zu konfrontieren, das kein Spiel ist; nie den Sinn für Bedeutsames zu entwickeln, der ihm mehr abverlangt, der es anderen gestattet, ihm zu vertrauen.

Ein alter und müde gewordener Spielmacher ist eine klägliche Gestalt, vor allem wenn er einige Wettbewerbe und damit seine Zuversicht verloren hat. Sobald Jugend, Vitalität und sogar Freude am Siegen vorbei sind, wird er deprimiert und ziellos. Er stellt den Sinn seines Lebens in Frage. Wenn der Mannschaftsgeist ihn nicht mehr mit Energie erfüllt und er unfähig ist, sich einer Sache zu widmen, die über den Glauben an die eigene Person hinausgeht, dann findet er sich völlig allein. Seine Haltung dem Leben gegenüber hat ihn stets von einer tiefen Freundschaft oder Vertrautheit abgehalten. Er hat auch jene Fähigkeit nicht entwickelt, die das Ich stärken würde, so dass er Befriedigung und Verstehen oder Erschaffen finden könnte. Im Gegensatz zu einem solchen alternden Spieler gibt es den 70jährigen Fachmann, dessen Lebensziel nicht der Sieg ist, sondern etwas zu verbessern. Er ist noch tatkräftig, noch an neuen Ideen interessiert, auch wenn er sich längst aus dem Unternehmen zurückgezogen hat.

Fragebogen zur Führungspersönlichkeit (FFP)

Einführung

Der amerikanische Psychologe *Maccoby* hat in Organisationen 4 Typen von Führungskräften identifiziert, die sich in Bezug auf ihre Gesamtorientierung zur Arbeit, zu Wertvorstellungen und zur eigenen Identität deutlich voneinander unterscheiden. Es sind die Typen

- Fachmann
- Spielmacher
- Firmenmensch
- Dschungelkämpfer.

Nur wenige Menschen lassen sich genau einem Typ zuordnen. In der Mehrzahl der Fälle liegt eine Kombination mehrerer Typen vor. Dennoch erweist sich eine eindeutige Zuordnung als geeignetes Mittel, um Menschen zu charakterisieren.

Wenn Sie Ihren persönlichen Schwerpunkt herausfinden wollen, nehmen Sie bitte zu den folgenden 50 Aussagen so offen wie möglich Stellung. Bei den Aussagen, die Sie eher befürworten als ablehnen, kreisen Sie das + ein, wo Sie eher dagegen sind als zustimmen, kreisen Sie das – ein.

Antworten Sie so, wie Sie sich tatsächlich sehen, nicht wie Sie sich gerne sehen würden.

Weiter unten wird beschrieben, wie Sie den Bogen selbst auswerten können und was das Ergebnis bedeutet; der Fragebogen bleibt in Ihrer Hand.

Fragen:

+ – 1. Ich finde mich oft mitten in einem Problem und frage mich, wie ich da wohl wieder hineingeschlittert bin.

+ – 2. Ich lese täglich eine bis zwei Tageszeitungen.

+ – 3. Ich bin meiner selbst nicht so sicher wie andere Leute.

+ – 4. Ich könnte mir gut vorstellen, in der Forschung und Entwicklung tätig zu sein.

+ – 5. Es fällt mir leicht, andere zu motivieren, sich über ihr normales Maß anzustrengen.

+ – 6. Eigentlich – wenn ich ganz ehrlich bin – gefällt es mir, dass ich gefürchtet werde.

+ – 7. Ich wäre der richtige Mann dafür, etwas zu sanieren oder irgendwo durchzugreifen.

+ – 8. Mich motiviert hauptsächlich die Arbeit; ich glaube, dass ich mit anderen nicht in Wettbewerb stehe.

+ − 9. Ich beschäftige mich gern mit unserer Unternehmensstrategie und -politik.

+ − 10. Ich habe keine Probleme damit, alle paar Jahre etwas Neues anzufangen.

+ − 11. Ich habe das Bedürfnis, allgemein als netter Kerl zu gelten.

+ − 12. Ich trenne ganz klar in Freunde und Feinde.

+ − 13. Ich glaube, materielle Sicherheit ist mir wichtiger als Erfolg.

+ − 14. Mein Selbstwertgefühl beruht in erster Linie auf meinem fachlichen Wissen, nicht so sehr auf meinen Fähigkeiten im Umgang mit anderen.

+ − 15. Manchmal bin ich ängstlicher und unterwürfiger als mir lieb ist.

+ − 16. Manchmal habe ich den Eindruck, dass mein Wissen und mein Können ausgenutzt werden.

+ − 17. Ich glaube, ich bin manchmal zu hart.

+ − 18. Ich rebelliere häufig gegen die bürokratische Hierarchie.

+ − 19. Ich bin ungeduldig mit anderen, die langsamer und vorsichtiger sind als ich.

+ − 20. Ich achte noch auf alte Werte wie Disziplin, Fleiß und Sparsamkeit.

+ − 21. Meine ständige Sorge ist, dass die menschliche Seite des Unternehmens zu kurz kommt.

+ − 22. Ich glaube, mir fehlt etwas die Fähigkeit zu Risikoübernahme, Zähigkeit und Selbstkontrolle.

+ − 23. Ich bin zunächst einmal misstrauisch, wenn andere auf mich zugehen.

+ − 24. Ich bin gewissenhaft, fast ein Perfektionist.

+ − 25. Ich sehe kaum fern; lieber tüftle ich an etwas herum.

+ − 26. Wer mir einmal geholfen hat, kann nicht automatisch mit meinem Dank rechnen.

+ − 27. Manchmal habe ich den Drang, meine Mitarbeiter zu beherrschen.

+ − 28. Ich bin fair und unvoreingenommen, aber ich verachte Schwäche.

+ − 29. Ich erlebe mich oft in einer Verteidigungshaltung.

+ − 30. Ich glaube, dass ich kreativ, dynamisch und schlagfertig bin.

+ − 31. Ich bin kooperativ, aber auf Wettbewerb eingestellt.

+ − 32. In Auseinandersetzungen gehe ich lieber einen Kompromiss ein als auf meiner – richtigen – Ansicht zu bestehen.

+ − 33. Mir kommt es mehr auf das Erreichen eines Ergebnisses an; auf das Verkaufen des Ergebnisses verwende ich sehr wenig Energie.

+ − 34. Mir fällt es ausgesprochen schwer, eine unnachgiebige Haltung einzunehmen.

+ − 35. Furcht regt zu besserer Arbeit an.

+ – 36. Mit meiner Begeisterung und meinem Elan lade ich meine Mitarbeiter mit Energie auf.

+ – 37. Eine interessante Arbeit ist für mich wichtiger als Geld, Karriere oder ein sicherer Arbeitsplatz.

+ – 38. Ich setze mein persönliches Interesse mit der langfristigen Entwicklung und dem Erfolg des Unternehmens gleich.

+ – 39. Das Leben hat mich, trotz meiner Erfolge, nicht eigentlich glücklich gemacht.

+ – 40. Ich ertappe mich gelegentlich dabei, dass ich mich mehr darum bemühe, zu gefallen, als Probleme zu lösen.

+ – 41. Bei schwierigen Aufgaben und Situationen blühe ich regelrecht auf.

+ – 42. Ich bin eher konservativ.

+ – 43. Ich glaube, ich halte das Unternehmen eher in Gang als großartig neue Ziele zu setzen und neue Wege zu gehen.

+ – 44. Ich werde von anderen meiner fachlichen Qualitäten wegen bewundert.

+ – 45. Ich weiß genau, was ich will und mache auf mich und meine Vorstellungen aufmerksam.

+ – 46. Ein Gutteil meiner Aktivitäten haben auch das Ziel, zu verhindern, dass ich geschwächt werde.

+ – 47. Fachliche Aufgaben reizen mich mehr als die Auseinandersetzung und der Kontakt mit anderen.

+ – 48. Eigentlich geht es im Unternehmen doch nur um fressen oder gefressen werden.

+ – 49. Ich habe so viele neue Ideen und Projekte im Kopf, dass ich mit der Realisierung nicht nachkomme.

+ – 50. Wenn zwei miteinander nicht klarkommen, habe ich ein starkes Bedürfnis, vermittelnd einzugreifen.

Auswertung

A. Zur Auswertung des Fragebogens zählen Sie bitte die **+Anworten** der folgenden Fragenummern zusammen:

4, 14, 16, 20, 33, 37, 42, 44, und 47 für Fachmann:	

5, 9, 10, 18, 19, 28, 30, 31 und 36 für Spielmacher:	

3, 11, 13, 15, 22, 34, 38, 40 und 50 für Firmenmensch:	

7, 12, 17, 23, 26, 27, 29, 39 und 46 für Dschungelkämpfer:	

B. Wenn Sie die folgenden Fragenummern mit + beantwortet haben, geben Sie sich **pro Nummer 2 (!) Punkte**:

Fachmann: 8, 24 und 25	
Spielmacher: 41, 45 und 49	
Firmenmensch: 21, 32 und 43	
Dschungelkämpfer: 6, 35 und 48	

C. Addieren Sie nun die jeweiligen Ergebnisse aus den Schritten A. und B. für jeden Typ. Übertragen Sie das Ergebnis auf die unten abgebildeten Säulen. Damit haben Sie die Ausprägungen Ihrer Typ-Anteile graphisch sichtbar gemacht.

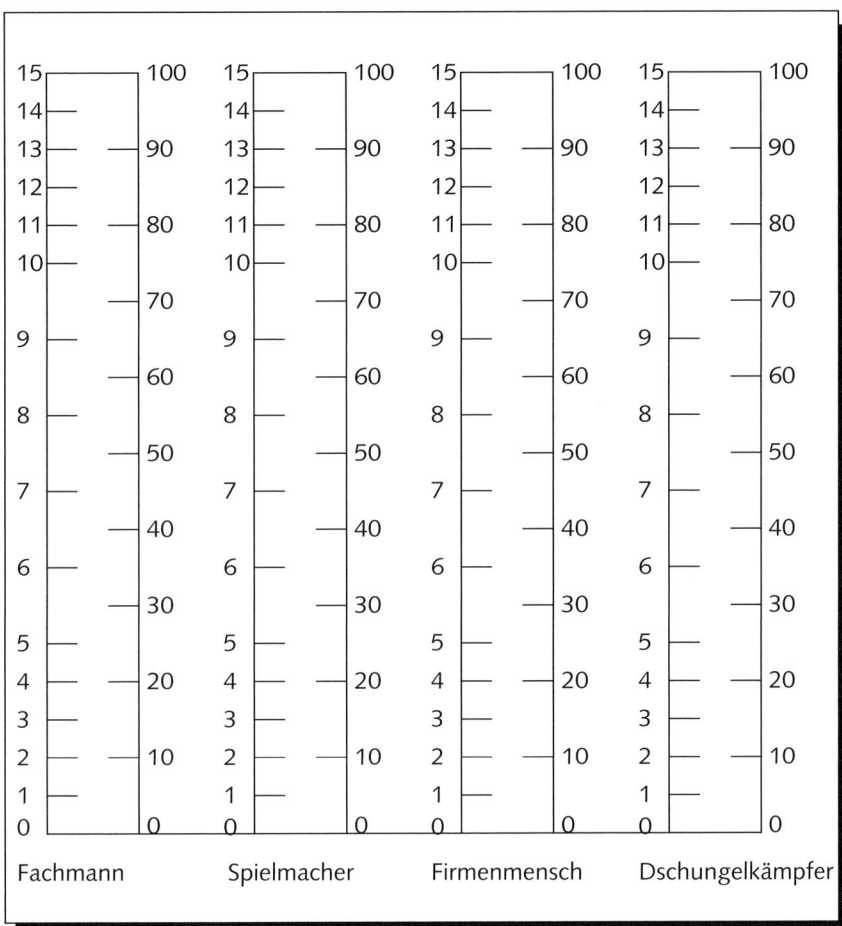

Zunächst bitten wir Sie, Ihr Ergebnis nicht im Sinne einer absoluten Wahrheit, sondern als Denkanstoß zu verstehen – auch Testergebnisse können lügen. Prüfen Sie kritisch, ob die nachfolgenden Charakterisierungen der verschiedenen Typen und Ihr spezielles Ergebnis tatsächlich zusammenpassen. Lehnen Sie diesen Hinweis auf Ihre bevorzugte Führungsrolle aber auch nicht vorschnell ab: Vielleicht ist doch ein Körnchen Wahrheit in ihm enthalten! Allgemein gilt: Jeder dieser Typen (mit gewissen Einschränkungen beim Dschungelkämpfer) vereint in sich positive und negative Züge.

Maccoby hat 1989 eine weitere Veröffentlichung zum Thema Rollenverständnis von Führungskräften veröffentlicht. In dieser Veröffentlichung stellt er fünf weitere Typen – Experte, Helfer, Verteidiger, Innovator und Selbststarter – vor.

Wie *Maccoby* ausführt, sind diese Typen umfassender als in seiner ersten Veröffentlichung und die Möglichkeit einer Typenkombination ist leichter zu ersehen.

Zu den Experten zählen die Handwerker; eine Untergruppe von Helfern mit den Wertvorstellungen von Verteidigern sind die institutionellen Helfer oder Firmenmenschen; löwenähnliche Dschungelkämpfer sind ein Verteidiger-Typen, und Innovatoren sind kreative **Gamesmen**.

Die nachfolgende Übersicht veranschaulicht die Beziehung zwischen den Typen in **Gewinner um jeden Preis** und den umfassenderen Typen dieses Buches.

Typ	Dominante Werte
Experte	Meisterschaft, Kontrolle, Autonomie
Handwerker	Spitzenleistung in der Herstellung
Helfer	Verbundenheit, Fürsorglichkeit
Firmenmensch, institutioneller Helfer	Selbsterhaltung, Geselligkeit
Verteidiger	Schutz, Würde
Dschungelkämpfer	Kraft, Selbstachtung
Innovator	Kreativität, Experimentierfreude
Gamesman	Ruhm, Konkurrenzgeist
Selbststarter	Gleichgewicht zwischen Disziplin und Spiel, Wissen und Spaß

Die meisten Menschen verkörpern mehr als nur einen dieser Wert-Typen. Die besten Angestellten haben von allen etwas. In der Regel jedoch steht der jeweilige Typ für den Sinn, den der einzelne mit seiner Arbeit verknüpft. In den nachfolgenden Kapiteln werden die Stärken und Schwächen jedes Typs, seine Charakterentwicklung und seine Ansichten bezüglich Arbeitsaufgabe, Arbeitsplatzbeziehungen und Management beschrieben.

Für **Experten** bedeutet ihre Berufstätigkeit die Bereitstellung technischer Spitzenleistungen und professionellen Wissens. Ihre höchsten Wertvorstellungen richten sich auf Meisterschaft und Leistung. Ihr Streben nach Autonomie in einer Organisation treibt sie die Hierarchie hinauf, durch Spezialistentum hin zur Professionalität. Typische Experten sind Chirurgen, Beamte des Auswärtigen Dienstes, Wirtschaftsprüfer und Fluglotsen. Potenzielle Experten findet man unter Verkaufspersonal, Computer-Operatoren und Polizisten.

Helfer sehen es als ihre Aufgabe an, Menschen zu helfen und auf deren Bedürfnisse einzugehen. Ihnen gehen menschliche Beziehungen über alles, und sie versuchen, am Arbeitsplatz eine Familienatmosphäre zu schaffen. Sie verkörpern einen zweiten wichtigen amerikanischen Wert, der eher auf Fürsorglichkeit als auf individualistische Erfüllung und Selbstverwirklichung abzielt. Typische Helfer sind Lehrer und Krankenpflegepersonal; sie sind jedoch in fast allen Bereichen vertreten.

Verteidiger sehen ihre berufliche Aufgabe im Überwachen und Beschützen. Ihr Hauptanliegen ist das Überleben, aber sie setzen sich auch nachdrücklich für die Verteidigung der menschlichen Würde ein. Zu ihnen gehören sowohl die Gründer von Unternehmensimperien als auch ihre Kritiker, wie etwa *Ralph Nader*, und die Warner in der Regierung.

Für **Innovatoren** bedeutet ihre Berufstätigkeit, Wettbewerbsstrategien zu entwickeln und in die Tat umzusetzen. Sie schätzen das Spiel um seiner selbst willen und um den Ruhm des Gewinnens. Sie sind von Natur aus Unternehmer-Typen, wie etwa *Steven Jobs*, der Mitbegründer von Apple Computer und *Lee Iacocca* von Chrysler.

Die neue Generation, die **Selbststarter**, sieht ihre Aufgabe darin, den Problemlösungsprozess in Abstimmung mit den Kunden und Klienten zu erleichtern. Arbeit ist für sie auch eine Gelegenheit, etwas Neues zu lernen, sich weiterzuentwickeln und ein Gefühl der Kompetenz und Unabhängigkeit zu gewinnen. Selbststarter legen Wert auf einen egalitären Arbeitsplatz, an dem die Autorität demjenigen gehört, der jeweils den besten Durchblick hat.

Der Nutzen der *Maccoby'schen* Klassifizierung liegt in der Selbsterkenntnis der eigenen Persönlichkeit auf dem Rollenniveau. Es lassen sich typische Stärken und Schwächen und daraus Entwicklungsmöglichkeiten ableiten. Zudem wird in dem Ansatz die Verbindung zur individuellen Wertstruktur aufgezeigt.

Wie ich über mich denke?

Auf der **dritten Ebene** der Persönlichkeit ist das Selbstkonzept lokalisiert.

Mit Selbstkonzept werden hier Einstellungen des Individuums im Sinne von Attitüden zur eigenen Person bezeichnet. Darunter sind Kognitionen, Emotionen und Verhalten des Individuums gegenüber sich selbst zu verstehen (*Deusinger* 1986, S. 11). Es geht um die Frage: Wer bin ich?, wie bin ich? und hier insbesondere fokussiert auf die Wahrnehmungen, Gedanken, Einstellungen und Bewertungen über sich selbst.

Das Selbstkonzept bezeichnet also die individuelle Auffassung der Person über alle relevanten Merkmale der eigenen Person, wie etwa Fähigkeiten, Fertigkeiten, Interessen, Wünsche, Gefühle, Stimmungen, Wertschätzungen und Handlungen. Es ist andererseits das Ergebnis aller vom Individuum gemachten Erfahrungen, die als gespeicherte und verdichtete Information in das eigene Bezugssystem eingeordnet und vom Individuum mit selbst (selektiv) wahrgenommenen und erlebten Situationen verglichen werden.

Somit ist das Selbstkonzept erlernt und kann auch wieder verlernt werden. Selbstkonzepte entwickeln sich im Laufe des Lebens. Zentrale Bestandteile des Selbstkonzeptes entwickeln sich in der Interaktion mit wichtigen Bezugspersonen wie Eltern, Geschwister, Gleichaltrige, Lehrer, Ausbilder, Vorgesetzte, etc. Das heißt:

– ein psychisch gesunder Mensch neigt dazu, ein günstiges oder positives Selbstkonzept zu entwickeln (*Deusinger* 1986, S. 13)
– das Selbstkonzept hat eine Selbstbestätigungstendenz. Das Individuum neigt dazu, einmal gefundene Einstellungen durch das eigene Verhalten zu bestätigen bzw. durch Abwehrmechanismen (für nicht dem Bild entsprechende Wahrnehmungen) zu entwickeln
– je negativer ein Selbstkonzept ist, umso mehr schränkt sich eine Person in der Entfaltung und Ausübung der eigenen Möglichkeiten ein.

In diesen drei Punkten liegen auch die wesentlichen Ansatzpunkte für die Entwicklung.

Entwicklung heißt hier: Bewusstmachen des eigenen Selbstkonzeptes und Entwickeln eines positiven Selbstkonzeptes.

Als Instrument sollen hier die Frankfurter Selbstkonzeptionsskalen (*Deusinger* 1986) vorgestellt werden. Dort findet sich auch eine detaillierte Beschreibung der Dimensionen.

– allgemeine Leistungsfähigkeit
– allgemeine Problembewältigung
– Verhaltens- und Entscheidungssicherheit
– allgemeine Selbstwertschätzung
– Empfindlichkeit und Bestimmtheit
– Standfestigkeit gegenüber Gruppen und bedeutsamen anderen
– Kontakt und Umgangsfähigkeit
– Wertschätzung durch andere
– Irritierbarkeit durch andere
– Gefühle und Beziehungen zu anderen

9. Man trägt wieder Persönlichkeit

Eine kleine Geschichte soll den aufgezeigten Zusammenhang verdeutlichen:

Einem brütenden Huhn wurde eines Tages ein Adlerei untergeschoben. Das Huhn brütete ihre Küken und so auch den jungen Adler aus. Und der Adler wuchs mit den jungen Hühnern auf dem Hühnerhof auf. Er lernte zu gackern, zu scharren und zu picken, wie das das Hühnervolk so tut. Eines Tages, als der Adler schon alt war, stand er mit einer Henne zusammen und sah am Himmel einen Adler kreisen. Er fragte die Henne: »Sag mir, was ist das für ein schöner Vogel?« Die Henne antwortete: »Das ist der König der Lüfte, aber mach Dir nichts draus, unsereins kommt da sowieso nie hin.«

Mit dieser kleinen Geschichte soll aufgezeigt werden, um was es bei der Persönlichkeitsentwicklung in diesem Kontext geht. Das Ziel ist, die eigenen Talente und Möglichkeiten kennenzulernen und sie auszuprägen. Ein weiteres Ziel ist, zu erkennen, inwieweit die verfügbaren Möglichkeiten positiv-konstruktiv ausgeprägt wurden. Jede Disposition zur Stärke kann in ihrer Übertreibung wieder zur Schwäche werden.

Da Menschen in ihren grundlegenden Dispositionen Unterschiede aufweisen, werden sie auch Managementfunktionen jeweils spezifisch ausüben. Jeder Typus vereinbart bezüglich seines Managementverhaltens Stärken und Schwächen in sich. Es ist wichtig, Bewusstsein über die eigenen Möglichkeiten und Grenzen zu erlangen, die Stärken zu komplettieren und die Schwächen zu kompensieren.

Bevor Sie weiterlesen, schlagen wir Ihnen vor, die nachstehenden Übungen zu machen.

Übung: Eigene Stärken und Schwächen

Versuchen Sie, Ihre drei größten Stärken und Schwächen zu formulieren.

Meine drei größten Stärken sind:

. . . .

. . . .

. . . .

Meine drei größten Schwächen sind:

. . . .

. . . .

. . . .

Übung: Stärken/Schwächen der Mitarbeiter

Denken Sie an Ihre Mitarbeiter. Wo hat der einzelne Mitarbeiter seine Stärken/Schwächen?

. . . .
. . . .
. . . .

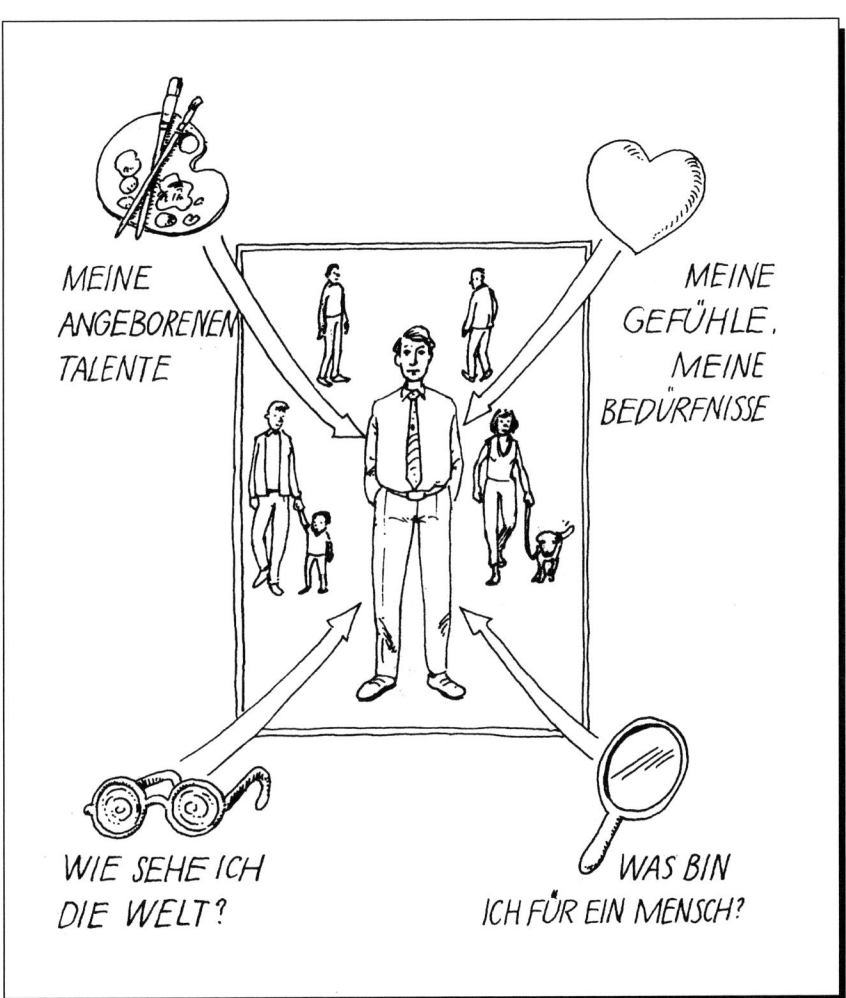

Abb. 25:   Persönlichkeit

Wenn Sie die neue Managementliteratur verfolgen, so werden Sie erkennen, dass die Bedeutung der weichen Erfolgsfaktoren zunimmt. Ausgangspunkt für diese Entwicklung ist die Veröffentlichung von *Peters/Waterman*: In Search of Excellence (Lessons from America's best-run companies, *Harper & Row*, New York, 1982), der zahlreiche Publikationen nachfolgten.

Auszugsweise soll hier auf das Buch von *Bennis* und *Nanus*: Leaders (1985) und *Carlzon, J.*: Alles für den Kunden (1985) verwiesen werden. Den neuesten Niederschlag findet diese Entwicklung in der MIT-Studie von *Womack, Jones, Roos*: The machine that changed the world (New York, 1990).

All diese Veröffentlichungen gehen davon aus, dass professionelles Management über den gekonnten Umgang mit dem menschlichen Faktor erreicht werden kann. In der Verbindung von Menschlichkeit und strategischem Denken, liegen offensichtlich enorme Chancen zur Entwicklung von Innovation und Produktivität.

So werden Führungskräfte zunehmend damit beauftragt, Mentalitätsveränderungsprozesse bei ihren Mitarbeitern in Gang zu setzen; Veränderungsprozesse, die mit den zur Erreichung der strategischen Positionierung erforderlichen Einstellungen, Normen und Werten einhergehen (vgl. hierzu: *Stiefel, Rolf Th.*: Mentalitätsverändernde Führung – einige Stichworte für die **Einführung des Managements,** in: Management und Organisationsentwicklung, 1991, 13. Jg., Heft 2, S. 38).

Diesen Entwicklungen ist gemeinsam, dass **Produktivität** nur über den Umgang mit dem menschlichen Faktor erreicht werden kann. In der Verbindung von Menschlichkeit und **professionellem Management** liegen enorme Chancen zur Entwicklung von Innovation und Produktivität. Somit bekommt die **Persönlichkeit der Führungskraft, aber auch die der Mitarbeiter** wieder einen neuen Stellenwert. Die Entwicklung der eigenen Möglichkeiten und der Erkennung der eigenen Grenzen, sowie die Entwicklung einer **sozialen Kompetenz** als der Fähigkeit, sich mitzuteilen, Zielkongruenz herzustellen und notwendige Veränderungsprozesse wirklich zu realisieren, rücken mehr in den Mittelpunkt des Geschehens. Damit stellt sich im Rahmen dieses Kontextes die erste Frage:

In welchem Maße ist ein Vorgesetzter aufgrund seiner Persönlichkeitsstruktur in der Lage, der immer wichtiger werdenden Rolle als strategieumsetzende Führungskraft gerecht zu werden, und welche Teile seiner Persönlichkeit muss er ausprägen, um diese Anforderungen erfüllen zu können?

Kennzeichnend für diese Entwicklungen ist, dass eine professionelle Führung noch nie so eng mit Produktivität in Zusammenhang gebracht wurde.

Flache Strukturen (mit der naturgegebenen Ausweitung der Führungsspanne), die Entwicklung eines Verbesserungsdranges (vgl. *Imai*, 1991) und Null-Fehler-Handelns geht nur mit der Persönlichkeitsentwicklung des Einzelnen und der Teamentwicklung der Gruppe vonstatten.

Erst wenn es gelingt, **Eigenverantwortlichkeit**, den **intrinsischen Drang zur Verbesserung** und die **Selbstorganisationsfähigkeit** der Gruppe zu entwickeln, können die erforderlichen Produktivitätsentwicklungen stattfinden. Damit hat das Team, die Teamleitung und das Verhalten des Einzelnen im Team eine entscheidende Bedeutung.

Die zweite Frage im Rahmen dieses Konzeptes lautet somit:

Welche Teile seiner Persönlichkeit muss ein Manager ausprägen, um die notwendigen Entwicklungsprozesse bei Einzelnen und Teams in Gang zu bringen?

Stellen Sie sich einen Manager mit folgenden Eigenschaften vor: gebildet, weitgereist, intelligent, durchsetzungsfähig. Er hat einen Produktbereich eines Unternehmens dort zum Erfolg gebracht, wo Konkurrenten gescheitert sind. Im Innenverhältnis wird er geachtet und gefürchtet. Er hat alles im Griff und es funktioniert, solange er sich um alles kümmert. So wie er auf der einen Seite Stärken hat, so hat er auf der anderen Seite eklatante Schwächen: seine Wutausbrüche kommen unverhofft und unkalkulierbar und er ist äußerst empfindlich gegenüber Kritik. Das führt dazu, dass seine Mitarbeiter sich wie Kaninchen vor der Schlange verhalten. Jedes Wort wird wohl überlegt und vorsichtig abgewägt. Kaum einer traut sich ihm gegenüber offen zu äußern. Sie werden zu Ja-Sagern. Diejenigen, die das Spiel nicht mehr mitmachen, verlassen das Unternehmen, einige schon nach wenigen Wochen der Unternehmenszugehörigkeit. Mit der Zeit eskaliert die Situation mehr und mehr. Das mittlere Management wird immer mehr ausgedünnt und es wird schwer, neue qualifizierte Führungskräfte zu finden. Plötzlich wird auch der Unmut unter den Mitarbeitern sichtbar. Hohe Fehlzeiten, schlechte Qualität und zurückgehende Produktivität sind die Folge.

Oder nehmen wir einen anderen Fall: Ein Manager übernimmt die Leitung eines neuen Arbeitsbereiches. Er macht sich viele Gedanken, wie er seine Einführungszeit gestalten sollte. Seine Strategie besteht darin, die vormals autoritäre Führung durch eine partnerschaftliche Führung abzulösen und diesen Bereich zum kundenorientiertesten Arbeitsbereich der Welt zu machen. Als der Berater, der die Induktion unterstützen soll, wenige Wochen nach Eintritt des neuen Chefs in die Firma kommt, sind die Mitarbeiter verängstigt und unsicher. Sie beklagen sich und schimpfen wie die Rohrspatzen (solange er nicht da ist) oder sie verweigern sich und arbeiten gegen ihn. Sie werfen dem neuen Chef vor, autoritär und kontrollierend zu sein. Der neue Chef hingegen bezichtigt seine Mitarbeiter der Inkompetenz.

Wenn Sie diese beiden Fälle nehmen (die zum Schutz der Betroffenen verändert und modifiziert wurden) so können Sie sich fragen:

Inwieweit drücken sich Defizite der Persönlichkeit in der Atmosphäre und im Klima der Abteilung aus oder sind verantwortlich für Effektivitätsengpässe und Leistungszurückhaltung.

Die Frage ist damit: welchen Stellenwert hat die Persönlichkeit des Managers im gesamten Führungskontext? Wie stark wirkt sich die Eigenart der Person mit ihren Stärken und Schwächen auf die Leistungsfähigkeit und das Klima eines Arbeitssystems aus?

Natürlich steht in diesem Zusammenhang die Frage der Persönlichkeit immer in Beziehung zu anderen Kontextvariablen. So ist das Geschehen in einem sozialen System neben der Persönlichkeit die **Interaktion zwischen den Beteiligten** und die maßgeblichen **Implikationen aus dieser Interaktion** von entscheidender Bedeutung. Es ist folgender Zusammenhang offensichtlich:

Durch das Zusammenwirken der einzelnen Mitglieder eines solchen Systems entstehen Wirkungen auf andere Mitglieder, die sich gewissermaßen in der **Provokation von ganz bestimmten konstruktiven oder destruktiven Persönlichkeitsmerkmalen** äußern. Umgekehrt ist natürlich auch vorstellbar, dass ganz bestimmte Ausprägungen von Persönlichkeit Wirkungen auf das Verhalten der anderen Mitglieder ausüben.

Es gibt natürlich eine Vielzahl von Defiziten, mit denen Führungskräfte und auch die Arbeitsbereiche gut leben und arbeiten können. Die diagnostizierten Persönlichkeitsdefizite hängen sicherlich auch stark von der im Unternehmen oder in dem Arbeitsbereich vorhandenen Arbeitsstruktur ab. Entscheidend ist deshalb die Frage, nicht Persönlichkeitsentwicklung per se zu betreiben, sondern zu definieren, **welches Defizit in dem gegebenen Kontext sich als veränderungsnotwendig herausstellt.**

Der Ansatz, der hier vorgestellt wird, basiert auf der Jung'schen Funktionstypologie. Dieses Modell unterscheidet folgende Persönlichkeitsparameter:

Extraversion – Introversion
Empfindung – Intuition
Denken – Fühlen
Beurteilung – Wahrnehmung

Die Parameter stellen jeweils Endpunkte eines Kontinuums dar. Es gibt also nicht Extraversion und Introversion an sich. Vielmehr lassen sich alle Ausprägungen zwischen den jeweils beiden Polen denken.

Jede Person vereinigt diese Ausprägungen in sich. Allerdings sind die Ausprägungen von Mensch zu Mensch unterschiedlich verteilt. Das erklärt zum Teil unsere Unterschiedlichkeit. Sie bedingen sich gegenseitig in ihrer Gegensätzlichkeit und in den damit einhergehenden Stärken und Schwächen. Es gehen also mit jeder Funktion Stärken und Schwächen einher. Die Stärke der einen Ausprägung beinhaltet gleichzeitig eine Schwäche, die beim Gegensatztypus als Stärke vorhanden ist. Da Dispositionen angeboren und nur begrenzt erweiterbar sind, kann Persönlichkeitsentwicklung nicht bedeuten, ein anderer Mensch zu werden.

Es geht vielmehr darum, die vorhandenen Dispositionen und Möglichkeiten positiv zu nutzen, sie zu entwickeln und zu lernen, mit den Defiziten umzugehen. Anders sein zu wollen, hieße in diesem Zusammenhang, bei den Stärken zweitklassig zu sein und die eigenen Stärken nicht zu nützen. Es ist entscheidend, ob es einer Person gelingt, den eigentlichen Typus zu finden und ihn positiv auszuprägen.

weiter
auf S. 168

Übung: Identifizieren Sie Ihren Typus

Sie finden im Folgenden zu jedem der Einstellungs- und Funktionspaare Schlüsselbegriffe. Fragen Sie sich bei jedem Schlüsselbegriff, was eher für Sie selbst zutrifft, und kennzeichnen Sie diese Begriffe. Anhand der Tendenz können Sie eine erste Einschätzung Ihres Typus erkennen.

1. **Extraversion**
   aktiv
   außen
   gesellig
   Leute
   viele
   ausdrucksvoll
   Breite

   Introversion
   reflektierend
   innen
   reserviert
   Privatsphäre
   wenige
   ruhig
   Tiefe

2. **Empfindung**
   Details
   Gegenwart
   Praxis
   Tatsachen
   Reihenfolge
   Richtung
   Wiederholung
   genießen
   Anstrengung
   bewahren

   Intuition
   Muster
   Zukunft
   Vorstellung
   Neuerungen
   Zufall
   Ahnung
   Abwechslung
   erwarten
   Einfall
   verändern

3. **Denken**
   Kopf
   objektiv
   Gerechtigkeit
   kühl
   unpersönlich
   kritisierend
   analysieren
   präzise
   Prinzipien

   Fühlen
   Herz
   subjektiv
   Harmonie
   sorgend
   persönlich
   anerkennend
   sich einfühlen
   überzeugend
   Werte

4. **Beurteilung**
   organisierend
   Struktur
   Kontrolle

   Wahrnehmung
   flexibel
   Fluß
   Erfahrung

entscheidend	neugierig
schließend	öffnend
planend	wartend
Schlusspunkte	Entdeckungen
produktiv	aufnehmend

Es lassen sich folgende Fragen ableiten:

– Warum können wir manche Dinge besser als andere?

– Warum können manche Menschen besser miteinander umgehen als andere?

– Was hat unser Sosein mit Managementverhalten (strategische Unternehmensführung, Mitarbeiterführung, Selbstmanagement etc.) zu tun?

 Nach dieser grundsätzlichen Erläuterung zu Stärken und Schwächen sollen jetzt die an die einzelnen Parameter gebundenen Charakteristika aufgezeigt werden:

Extraversion (E)	**Introversion (I)**
– Interesse richtet sich nach außen (Objekte)	– Interesse richtet sich nach innen (Ideen)
– sucht Interaktion und Stimulation	– sucht Zurückgezogenheit und Intimität als Quelle von Energie
– ist impulsiv und begeisterungsfähig	– überzeugt durch überdachte Leistung
– gibt dem Leben Farbe	– gibt dem Leben Tiefe

Mehr in sich gekehrte als aufgeschlossene Personen neigen dazu, ihre Entscheidungen, wenn irgendwie möglich, unabhängig von Beschränkungen und unabhängig von der Situation, der Kultur, den Leuten oder Dingen ihrer Umgebung zu treffen. Sie sind ruhige, fleißige Alleinarbeiter und sozial nicht so sehr aufgeschlossen. Sie empfinden es störend, bei ihrer Arbeit unterbrochen zu werden und neigen dazu, Namen und Gesichter zu vergessen.

Extravertierte Personen sind auf Kultur, Menschen und auf ihre Umgebung abgestimmt. Sie sind immer bemüht, Entscheidungen zu treffen, die mit den Anforderungen und Erwartungen übereinstimmen. Der extrovertierte Mensch geht aus sich heraus, ist gesellig und an Abwechslung und Zusammenarbeit mit anderen Leuten interessiert.

Der extravertierte Mensch kann bei langwierigen, langsam vorangehenden Aufgaben ungeduldig werden, und es macht ihm nichts aus, unterbrochen zu werden.

Empfindung (S)

- praktische Orientierung
- Fakten und Realität
- orientiert sich auf Details
- toleriert Routine, Ausdauer in der Umsetzung von Verhalten
- das Reale

Intuition (N)

- abstrakte Orientierung
- Zukünftiges und Möglichkeiten
- Entwicklung von Konzepten
- kann aus zwei Punkten eine Gestalt machen
- das Orchestrierte

Der intuitive Mensch bevorzugt Möglichkeiten, Theorien, **Gestalten**, das Allumfassende, Erfindungen und das Neue. Er langweilt sich, wenn er sich mit Kleinigkeiten abgeben muss, mit Konkretem, Tatsächlichem und Fakten, die in keinerlei Beziehung zu bestimmten Vorstellungen stehen.

Der intuitive Mensch denkt und diskutiert in spontanen Sprüngen, rein der Eingebung nach. Dies kann dazu führen, dass Details ausgelassen oder vernachlässigt werden. Probleme zu lösen, fällt diesen Menschen leicht, obwohl eine gewisse Tendenz besteht, Fehler in der Sache zu machen.

Der Vernunfttyp zieht das Konkrete, Reale, Strukturierte, das **Hier und Jetzt** vor und beschäftigt sich ungern mit Theorien und Abstraktem. Er misstraut der Intuition und denkt in vorsichtiger, detaillierter Genauigkeit. Er denkt an reale Tatsachen, macht wenig Fehler, verliert aber möglicherweise den Überblick.

Denken (T)

- logisch rationale Bewertung
- Gerechtigkeitssinn und Suche nach dem Wahren
- kühl und distanziert

- das Wahre

Fühlen (F)

- gefühlsmäßige Bewertung
- sucht Beziehung und Harmonie

- zwischenmenschliche Empfindsamkeit
- das Gute

Der gefühlsbetonte Mensch bildet sich Urteile über Leben, Leute, Vorfälle und andere Dinge auf den Grundlagen von Gefühlen, Wärme und persönlichen Werten. Folglich sind gefühlsbetonte Menschen mehr interessiert an Leuten und Gefühlen als an unpersönlicher Logik und Analysen. Sie streben mehr nach Übereinstimmung und Zusammenarbeit statt an der Spitze zu stehen und Ziele zu setzen. Der gefühlsbetonte Mensch kommt im Allgemeinen mit anderen Menschen gut aus.

Der Denker bildet seine Urteile über Leben, Leute, Vorkommnisse und Dinge auf der Grundlage von Logik, Analysen und Beweisbarem. Er meidet das irrationale Treffen von Entscheidungen aufgrund von Gefühlen und Werten. Folglich ist der Denker mehr interessiert an Logik, Analysen und überprüfbaren Beschlüssen als an Mitgefühl, Werten und menschlicher Wärme. Der Denker kann anderer Leute Werte, Bedürfnisse und Gefühle mit Füßen treten, ohne es zu merken.

Beurteilung (J)	**Wahrnehmung (P)**
– Bedürfnis nach Struktur und Ordnung	– offen und flexibel
– schnelle Entscheidungen	– entscheidet, wenn alle Informationen vorliegen
– Tendenz, Einfluss auszuüben	– Tendenz, am langen Zügel zu führen
– am Ergebnis orientiert	– am Prozess orientiert

Der Wahrnehmer ist ein Sammler, der, bevor er sich entscheidet, sehr viel Wissen sammelt und deshalb Entscheidungen und Beurteilungen aufschiebt. Der Wahrnehmende ist offen, flexibel, anpassungsfähig, unvoreingenommen, fähig alle Seiten einer Sache zu sehen und zu beurteilen und immer bereit für neue Perspektiven und Informationen. Jedoch hat der wahrnehmende Typ Schwierigkeiten, etwas endgültig abzuschließen. Er kann unentschlossen und ohne Tatkraft sein, wobei er mit der Zeit in so viele Aufgaben verwickelt wird, die er nicht zu Ende bringt, dass er und andere frustriert und unzufrieden sind.

Selbst wenn sie Aufgaben schon abgeschlossen haben, neigen wahrnehmende Menschen dazu, auf diese zurückzuschauen und sich zu fragen, ob sie zufriedenstellend gelöst worden sind oder ob man es anders hätte machen können.

Der wahrnehmende Typ lässt sich eher vom Leben mittragen, als es zu ändern.

Der Beurteilende ist entschlossen, fest und sicher, er setzt sich Ziele und arbeitet auf sie zu. Er will zu einem schnellen Abschluss kommen, Entscheidungen treffen und sich dem nächsten Projekt zuwenden.

Wenn ein Projekt nicht zum Abschluss gekommen ist, wird der beurteilende Typ es links liegen lassen, ohne sich noch einmal umzuschauen.

Aus diesen Parametern lassen sich nun 16 Persönlichkeitstypen entwickeln.

Jeder dieser Typen ist wertfrei zu sehen. Jeder kann ganz bestimmte Stärken und Schwächen entwickeln.

So würde zum Beispiel der Typus ISTJ bedeuten, dass es sich hier um einen introvertierten Typen handelt (I), der sich seine notwendigen Informationen über seine fünf Sinne aneignet (S), der, wenn es zu Entscheidungen kommt, analytisch-logisch vorgeht (T) und der das Leben um ihn herum eher regulieren und kontrollieren möchte (J), als lediglich das Umfeld wahrzunehmen, wie es ist.

Eine vertiefende Darstellung der Funktionen finden Sie in den nachstehenden Übersichten.

weiter
auf S. 173

Übung: Symbole finden

Zur Vertiefung des Verständnisses setzen Sie sich mit Ihrem Lernpartner zusammen und suchen für jede Präferenz (Extraversion – Introversion, Empfinden – Intuition, Denken – Fühlen, Beurteilen – Wahrnehmen) ein Symbol. Dieses Symbol sollte möglichst kreativ sein. Aus der Analyse der Symbole lassen sich dann weiterführende Aussagen ableiten.

Extraversion
(E)

Extravertierte beschäftigen sich mit der Außenwelt

- das Interesse richtet sich nach außen. Objekte und andere Menschen sind Quelle der Energie. Das Leben wird wechselseitig im externalen Forum entdeckt.

- Extravertierte suchen Interaktion. Sie brauchen ein öffentliches Forum, um Informationen auszutauschen. Ihr Denken kommt durch die Interaktion mit anderen in Gang. Sie denken Dinge durch, indem sie mit anderen darüber sprechen. Deshalb sind Besprechungen für sie eine taugliche Methode, die Arbeit voranzubringen.

- Extravertierte sind leicht kennenzulernen und fühlen sich einsam, wenn sie nicht mit anderen zusammen sind. Sie kommen gut mit neuen Gruppen und fremden Menschen zurecht, mit der Gefahr, sich anderen zu sehr aufzudrängen. Extravertierte suchen/setzen Bewegungsfreiheit voraus.

- Extravertierte suchen Stimulation und Abwechslung. Unvorhergesehene Unterbrechungen sind ein willkommener Anlass, den eigenen »Monitor« zu entwickeln. Management by wandering around – open door policy.

- Extravertierte können impulsiv sein und begeistert werden bis zum Enthusiasmus. Sie können andere für ihre Ideen gewinnen und motivieren. Extravertierte repräsentieren gerne.

- Extravertierte können die Notwendigkeit zur inneren Prozesserfahrung vernachlässigen.
  »Der ungelebte Teil des Lebens ist es nicht wert, untersucht zu werden.«

Extravertierte geben dem Leben Farbe

Introversion
(I)

Introvertierte beschäftigen sich mit der Innenwelt

– das Interesse richtet sich nach innen auf die Welt der Ideen und Gefühle. Dinge werden nach innen geholt und umgeformt. Die Bedeutung der Dinge wird durch die innere Welt bestimmt. Das Leben
wird im Inneren entdeckt, im Inneren wird am Leben teilgenommen.

– Introvertierte suchen die Zurückgezogenheit und Intimität. Sie denken die Dinge durch, bevor sie sie aussprechen. Sie haben kein Bedürfnis nach regelmäßigen Treffen mit anderen. Introvertierte sind
bei Besprechungen eher zurückhaltend. Sie brauchen Zeit und
Raum, um die Lebenserfahrungen zu verarbeiten und diese in ausge-
wählter Form darzustellen. Introvertierte bevorzugen Zweier- und
Kleingruppensituationen.

– Introvertierte sind zurückhaltend und nicht so leicht kennenzulernen. Sie respektieren im Allgemeinen den »Spielraum« der anderen
und möchten den eigenen Spielraum respektiert wissen.

– Introvertierte suchen die Ungestörtheit als Quelle von Energie. Ihre
Energie stammt aus den inneren Vorräten an Ideen. Sie konzentrieren sich auf wenige Aufgaben und möchten nicht unterbrochen werden. Sie handeln erst nach reiflicher Überlegung.

– Introvertierte überzeugen durch ihre fachliche/durchdachte Leistung.

– Introvertierte können die Notwendigkeit vergessen, das zu zeigen,
was tatsächlich in ihrem Inneren vorgeht. Sie können vergessen,
dass Gedanken und Gefühle außen stimulierend und mit einbezie-
hend wirken können.

»Der nicht untersuchte Teil des Lebens ist es nicht wert, gelebt zu
werden.«

Introvertierte geben dem Leben Tiefe

Empfindung
(S)

Empfindungstypen nehmen ihre Umwelt hauptsächlich über ihre Sinne wahr

- Empfindungstypen betrachten die Welt von ihrer praktischen Seite. Sie wollen Tatsachen, vertrauen Fakten und können sich Daten gut einprägen. Sie nehmen reale, konkrete strukturierte Sachverhalte wahr und sehen die Dinge im Einzelnen. Empfindungstypen entwickeln praktisches Geschick. Die Dinge müssen fassbar und begreifbar sein und sollten einen messbaren Effekt haben.

- Empfindungstypen sind fokussiert auf die Gegenwart – auf das »Hier und Jetzt«. Sie sind realistisch, leben in der Gegenwart und vertrauen ihren Erfahrungen. Sie beschäftigen sich mit Fakten und sind bedacht auf Fakten.

- Empfindungstypen tolerieren Routine, spezifische Prozeduren. Sie benutzen erlernte Fähigkeiten, Systeme und Methoden und haben Ausdauer in der detaillierten Umsetzung von Projekten und Vorhaben. Widersprüchliche und komplexe Situationen führen zu Irritation. Empfindungstypen können manchmal den Wald vor lauter Bäumen nicht sehen.

- Das Interesse des Empfindungstypus richtet sich auf das »Einzelne«, das »Reale«, das »Gegebene«.

Intuition

(N)

Intuitive nehmen ihre Umwelt über ihre psychologische Wahrnehmung wahr

- Intuitive sehen die Welt aus einem höheren Abstraktionsniveau. Sie sehen Möglichkeiten, gegenseitige Verbindungen, Zusammenhänge. Sie können aus zwei Punkten eine Gestalt machen. Intuitive arbeiten mit Abstraktion, Symbolismus, Verallgemeinerung. Sie erfreuen sich an undurchsichtigen Problemen und schätzen die Komplexität und kreative Herausforderung.

- Intuitive sind fokussiert auf das Zukünftige, sie orientieren sich an Wechsel, Wandel, Innovation; die Gegenwart ist lediglich Sprungbrett (die Realität beginnt erst hinter dem Berg). Intuitive vertrauen auf ihre Ahnungen.

- Intuitive lieben die Abwechslung, Herausforderung. Sie benutzen Details, um Möglichkeiten zu entwickeln und gehen Visionen mit Enthusiasmus an. Konzepte und Theorien finden mehr Interesse als deren Umsetzung. Intuitive entwickeln laufend neue Vorgehensweisen und Fertigkeiten, ohne an die Umsetzung der vorangegangenen Ideen zu denken. Intuitive können manchmal den Baum nicht im Walde sehen.

- Das Interesse des Intuitiven richtet sich auf das »Orchestrierte«, auf das »ganzheitliche Schöne«.

Denken

(T)

Denktypen treffen Entscheidungen aufgrund objektiver, logischer, sachlicher Überlegung

- Denktypen kommen zum Entschluss durch das Benutzen von etablierten, bekannten und anerkannten Prinzipien und durch logisches Bewerten von Grund und Wirkung (»der analytische Faktor«).

- Denktypen suchen nach der Wahrheit und den im weitesten damit verbundenen Kriterien. Sie bewerten Fairness hoch und sind besonders empfindsam gegenüber Ungerechtigkeit. Denktypen können nicht gut mit der Beziehungsebene umgehen.

- Sie neigen dazu, kühl, distanziert und unpersönlich zu sein. Sie sprechen mehr über Märkte als über Leute. Denktypen haben natürlich Gefühlsregungen, aber sie zeigen sie nicht.

- Wichtiger Bezugspunkt: das Wahre.

Fühlen

(F)

Fühltypen treffen Entscheidungen aufgrund persönlicher Überlegungen und Wertvorstellungen

— Fühltypen kommen zum Entschluss durch einen assoziativen Prozess, indem sie das Fühlen einsetzen. Es wird die Analogie, der Vergleich zu früher gemachten Erfahrungen eingesetzt.

— Fühltypen suchen Beziehung und Harmonie. Sie interessieren sich für den Menschen. Sie sind gute Menschenkenner und können sich gut in Menschen einfühlen. Sie bewerten Harmonie hoch und sind besonders empfindsam gegenüber Konflikten.

— Fühltypen sind freundlich und hilfsbereit mit einer gewissen Neigung zur Überanpassung und Unterordnung.

— Wichtigster Bezugspunkt: das Gute.

Beurteilung

(J)

Beurteilungstypen drücken ein Bedürfnis nach Geschlossenheit aus

- Sie haben ein Bedürfnis nach Struktur, Ordnung und Klarheit. Sie arbeiten gerne nach Plänen und möchten die Dinge getan haben. Pünktlichkeit, rechtzeitig fertig sein sind hohe Werte für sie. Beurteilungstypen müssen so lange arbeiten, bis sie fertig sind, erst dann können sie ausruhen.

- Beurteilungstypen sind klar und entschlossen. Entscheidungen zu treffen, fällt ihnen nicht schwer. Sie interessieren sich nur für das Wesentliche und entscheiden oft zu verkürzt und schnell.

- Beurteilungstypen haben eine Tendenz, Einfluss auszuüben. Andere müssen so denken und handeln, wie sie es tun. Im Negativen kann dies soweit gehen, dass sie hartnäckig und eingleisig reagieren und willkürlich Strukturen auferlegen.

- Beurteilungstypen sind am Ergebnis orientiert.

Wahrnehmung
(P)

Wahrnehmungstypen drücken ein Bedürfnis nach Offenheit aus

– Sie sind offen für die kommenden Dinge, brauchen Unabhängigkeit in den Vorgängen und Beziehungen. Sie sind tolerant gegenüber Ungewissheit und einem offenen Ende. Sie nutzen ihre Spontaneität und Flexibilität und stellen sich auf Wandel und neue Anforderungen schnell ein.

– Wahrnehmungstypen entscheiden erst, wenn alle Informationen vorliegen. Sie können nicht nachlassen im Finden noch besserer Informationen und neigen dazu, Entscheidungen und Aktionen aufzuschieben.

– Wahrnehmungstypen haben die Tendenz, am »langen Zügel« zu führen. Sie lassen viele Richtungen zu. Im Negativen kann das zu Orientierungslosigkeit und Chaos führen.

– Wahrnehmungstypen sind am Prozess orientiert.

weiter
auf S. 180

Übung: Identifizieren Sie die Funktionen

Zur Vertiefung der Erkenntnisse möchten wir Ihnen eine kleine Übung vorschlagen. Schreiben Sie zu den nachfolgend dargestellten Cartoons jeweils die Ihrer Meinung nach zutreffenden Ausprägungen.

Ausprägung: _____   Ausprägung: _____

Ausprägung: _____   Ausprägung: _____

Ausprägung: _____   Ausprägung: _____

Ausprägung: _____   Ausprägung: _____

Ausprägung: _____   Ausprägung: _____

Grundsätzlich werden wir alle mit dem Potenzial geboren, jede dieser Funktionen bis zu einem gewissen Maß zu entwickeln. Früh im Leben wird jedoch deutlich, dass es eine Funktion gibt, zu der wir eine besondere Neigung zeigen. Sicherlich sind bestimmte Funktionen in ihrem grundsätzlichen Potenzial auch stärker vorhanden (angeboren) als andere. Es erscheint augenfällig, dass es, so wie es äußerliche Unterschiede, grundsätzlich auch in der Grundpersönlichkeitsstruktur anlagemäßig Unterschiede gibt. Damit sollen unter keinen Umständen die Einflüsse der Primärsituation unterschätzt werden. Es ist aber wohl in erster Linie der individuellen Disposition zuzuschreiben, dass bei möglicher Gleichartigkeit der äußeren Bedingungen das eine Kind diesen, das andere jenen Typus annimmt. Die Funktion der elterlichen Erziehung besteht darin, das Kind anzuleiten, seine Stärken zu nützen (insbesondere die, die seinem Typus eigen sind) und ihm möglichst breite Handlungs- und Ausprobiermöglichkeiten seiner potenziellen Talente zu ermöglichen. Außerdem ist es Aufgabe der Eltern, das Kind so zu fördern, dass es die positive Ausprägung seiner Disposition entwickelt. Jede Disposition kann positiv oder negativ ausgeprägt werden. Ob ein Mensch seine angeborene Disposition nützt und zum Gewinner wird, liegt an den Erfahrungen, die dieser zu allererst in der frühen Kindheit, aber auch im späteren Leben im Umgang mit anderen macht.

Keinesfalls dürfen Eltern Kinder zu etwas anderem (oder sich selbst ähnlichen) machen wollen als sie sind. Das Individuum ist nur dort wirklich gut, wo es seine dispositionell verankerten Stärken hat.

Jede Disposition beinhaltet Stärken und Schwächen. Jede Stärke bedingt gleichsam eine Schwäche und umgekehrt. So hat jemand, der sehr einfühlsam und verständnisvoll sein kann, in der Regel Probleme beim Durchsetzen und Artikulieren seiner Bedürfnisse.

Weitere Beispiele hierfür sind:

Stärke	korrespondierende Schwäche
Kontaktfähigkeit, Fähigkeit, schnell Beziehungen zu anderen aufzubauen	Neigung zu oberflächlichen Beziehungen; wenig feste Beziehungen
hohe Abstraktionsfähigkeit, Fähigkeit, in »Gestalten« zu denken	wenig Interesse für das Detail und für die Umsetzung von Konzepten
Fähigkeit, sich durchzusetzen, seine Bedürfnisse zu artikulieren	Mangelnde Sensibilität und Einfühlungsvermögen anderen gegenüber
Fähigkeit, schnell Entschlüsse zu fassen	Neigung zu Vorurteilen

usw.

Zum Zweiten ist die übersteigerte Ausprägung einer Stärke zugleich auch eine Schwäche und die übersteigerte Ausprägung der größten Stärke kann somit zur größten Schwäche werden. Beispiele hierfür sind:

Stärke	Schwäche (übersteigerte Stärke)
Exaktheit und Pünktlichkeit	Perfektionismus und Pedanterie
Willenskraft und Ausdauer	Verbissenheit und Sturheit
Selbstsicherheit und Konsequenz	Gleichgültigkeit gegenüber anderen und Unnachgiebigkeit
Unbeirrbarkeit und Eigenständigkeit	geringe Flexibilität und Selbstherrlichkeit
Spontaneität und Risikofreudigkeit	Oberflächlichkeit und Leichtsinnigkeit
Einfühlsamkeit und Empfindsamkeit	Nachgiebigkeit und Empfindlichkeit

| Kooperativität und Bereitschaft, anderen zu vertrauen | Unselbstständigkeit und Neigung zu resignieren |

usw.

Obwohl der Mensch mit dem Potenzial geboren wird, jede dieser Funktionen bis zu einem gewissen Grad zu entwickeln, wird schon früh im Leben deutlich, dass es eine Funktion gibt, zu der wir eine besondere Neigung entwickeln. *Jung* nennt sie die Superiorfunktion oder Hauptfunktion. Es ist in erster Linie eine Funktion mit der wir die Realität erfassen, uns orientieren, anpassen oder verändern. Diese Funktion entwickelt und differenziert sich am stärksten und steht unserem bewussten Willen so auch stets zur Verfügung.

Kinder wie Erwachsene neigen dazu, häufiger das zu tun, was sie gut können und dasjenige zu vermeiden, was sie nicht können. Unsere Tendenz ist es, Dinge, die wir nicht so gut können bzw. nicht tun wollen, aufzuschieben oder auf andere zu übertragen. Teilweise werden solche sichtbar werdenden Neigungen von der Umwelt erkannt und verstärkt. Ein Kind, das Talente für Musik entwickelt, wird in seiner Begabung unterstützt. Oft hemmen allerdings gesellschaftliche und kulturelle Engpässe oder Vorstellungen die letztlich konsequente Entwicklung (von Musik kann man nicht leben), es sei denn, der Betreffende hat soviel Energie, dass er seinen Weg macht.

Die anderen Seiten der Persönlichkeit werden mehr oder weniger nicht so stark beachtet und gefördert, so dass sie sich weniger stark entwickeln oder gar zurückbleiben. Mit der Zeit finden wir heraus, dass wir neben der Hauptfunktion noch Fähigkeiten in zwei anderen Funktionen haben. Diese beiden Funktionen werden ebenfalls, wenn auch begrenzt, entwickelt. Jung nannte diese beiden Funktionen Hilfsfunktionen. Da sich die Hauptfunktion nicht immer deutlich zeigt, sollten Eltern die Entwicklung eines Kindes genau beobachten und möglichst breite Entwicklungsmöglichkeiten bieten, um das Kind nicht in eine falsche Richtung zu locken oder gar zu zwingen. Sonst kann es sein, dass ein Mensch seine Hauptfunktion vernachlässigt und stattdessen Hilfsfunktionen entwickelt. Für diese Menschen ist es wichtig, zu ihrem ursprünglichen Typus zurückzufinden.

Die der Hauptfunktion gegenüberliegende Seite ist die minderwertige oder inferiore Seite, auch Schattenfunktion genannt. Wenn also die Hauptfunktion Intuition ist, so ist die Schattenfunktion die Empfindung und umgekehrt. Falls das Denken die Hauptfunktion ist, ist das Fühlen die Schattenfunktion etc. Die Schattenfunktion steht dem Willen zumeist überhaupt nicht zur Verfügung. Sie liegt im Unbewussten und stellt somit auch die

Verbindung zum Unbewussten dar. Die Schattenfunktion zu erkennen und an ihr zu arbeiten, ist eine wesentliche Möglichkeit, sich selbst zu entwickeln.

Die Schattenfunktion äußert sich auf zweierlei Art.

Zum einen haben wir bei dieser Funktion generell weniger Talente, zum anderen kommen aus der inferioren Funktion sämtliche unkontrollierten und emotional unangemessenen Reaktionen. Diese können zum einen destruktiv aggressiv, depressiv oder aber auch ausgesprochen infantil sein.

Die inferiore Funktion und der wunde Punkt eines Menschen sind genau dasselbe. Jeder Mensch hat diese Funktion, unterschiedlich in Ausprägung und Dynamik. Darum werden wir so oft von Handlungen ganz launischer und primitiver Art auch von Menschen überrascht, die sonst eher ausgeglichen sind und zu deren Wesen diese gar nicht zu passen scheinen.

Ausgelöst wird die minderwertige Funktion auf mannigfaltige Weise. Sei es, dass der Bereich des individuellen Komplexes berührt wird (sich nicht genügend beachtet fühlen, sich übergangen fühlen, nicht sein zu dürfen, usw. oder dass eine körperliche oder geistige Ermüdung vorliegt. Auch durch Alkoholgenuss kann eine solche Reaktion hervorgerufen werden (da dann die eingrenzenden Schranken gelöst sind). Letztlich kann auch Angst vor Überlastung (Stress) zur Auslösung der minderwertigen Funktion führen. Viele Leute entdecken deshalb relativ bald, dass sie im Bereich der minderwertigen Funktion emotional, empfindlich und unangepasst reagieren. Sie erwerben darum die Gewohnheit, diesen Teil ihrer Persönlichkeit mit einer Pseudoreaktion zu überdecken.

Eine Möglichkeit mit der minderwertigen Funktion umzugehen ist, sie zu leben, d. h., diesen Teil nicht zu verdrängen, wenn er sich meldet, sich auszudrücken und sich zu fragen: was bräuchte ich jetzt, was fehlt mir?

Eines muss uns klar sein, dass uns unsere schnelle superiore Funktion sofort wieder einholen wird und brillieren will. D. h., wenn der Intuitive eine erfrischende Berührung mit der Erde hatte, verschwindet er wieder in die Lüfte und denkt nicht mehr über das konkrete, sondern nur noch über die Zusammenhänge nach. Da die minderwertige Funktion quasi den Gegensatz zur Hauptfunktion darstellt, schließen sie sich gegenseitig aus. Bei der Entwicklung der Persönlichkeit ist es sinnvoll, sich erst den Hilfsfunktionen zuzuwenden und an ihnen zu arbeiten und erst dann zur inferioren Funktion überzugehen. Wenn man sich von der Intuition zur Empfindung wenden muss, kann man noch die Denkfunktion als Schiedsrichter benutzen. Überhaupt kann man fragen, inwieweit die Hilfsfunktionen überhaupt entwickelt sind.

So kann letzten Endes der Extravertierte, der sich im Allgemeinen auf äußere Objekte konzentriert, eine naive, laute und echte Introversion (Konzentrierung auf das Subjekt/Selbst) entwickeln, genauso wie ein Introvertierter eine Lebensglut verbreiten und das Leben in seiner Umgebung in ein symbolisches Fest verwandeln kann.

Ein Extravertierter wird immer gerne ein Fest genießen, aber es bleibt auf dem Niveau einer freundlichen Oberfläche. Ein Introvertierter, der aus seiner inferioren Extraversion kommt, kann eine Atmosphäre schaffen, in der äußere Dinge symbolisch werden: Ein Glas Wein mit seinen Freunden zu trinken, ist wie ein Kult, ein Tanzfest wird zur rauschenden Ballnacht (vgl. *von Franz*, 1980, S. 34).

Der automatische Übergang von der bewussten zur gegensätzlichen unbewussten Haltung ist häufig daran zu erkennen, dass die eigenen negativen und selbst nicht zugestandenen Seiten am anderen entgegengesetzten Typus entdeckt und ihm zugeschrieben, also projiziert werden, was selbstverständlich zu unliebsamen und ungerechten Auseinandersetzungen führt.

Wie *Jung* feststellt, neigen wir in Partnerschaften (Freundschaft oder Ehe) dazu, mit Personen des gegensätzlichen Typus eher enge Beziehungen einzugehen. Sei es, dass das Anderssein des anderen fasziniert, weil er Stärken hat, die die betreffende Person nicht hat, oder aber auch weil die eigene inferiore Funktion beim anderen wohl entwickelt sichtbar ist. Grundsätzlich hat der andere natürlich auch eine inferiore Funktion und Schwächen, die in seinem Typus begründet sind. Darin liegt nun auch die Problematik. Wenn die Partnerschaft sich nicht zu einer gegensätzlichen Toleranz der Schwächen und der inferioren Seite entwickelt, ist für Projektion und Abwertung ein breiter Raum geschaffen. Wenn unterschiedliche Typen zusammenkommen, liegt die Chance in der potenziell möglichen Ergänzung der unterschiedlichen Personen. Ein Managementteam mit lauter Intuitiven würde zwar laufende neue gute Ideen produzieren, aber es würde sich keiner um die Umsetzung kümmern, genauso wie sich ein Team von Empfindungstypen im Detail verlieren würde. Eine gute Mischung ist daher entscheidend. Allerdings müssen die Personen so entwickelt sein, dass sie sich nicht gegenseitig abwerten und somit Entwicklung verhindern.

Oft ist daher der Typengegensatz der eigentliche psychologische Grund von Problemen in Managementteams, Ehen, Eltern-Kind-Beziehungen oder von Reibereien in freundschaftlichen Beziehungen bis hin zu Auseinandersetzungen über soziale oder gesellschaftliche Wertfragen. Alles was in der eigenen Psyche im unbewussten Bereich liegt, wird auf andere projiziert und solange man den projizierten Inhalt nicht bei sich erkennt, wird immer der andere zum Sündenbock gemacht. Die Aufgabe ist es, den gegensätzlichen Typus, der bei jedem Menschen grundsätzlich strukturell vorhanden ist, bei sich selber zu realisieren. Durch seine bewusste Annahme und Entwicklung kommt das Individuum ins Gleichgewicht und kann den anderen besser verstehen und tolerieren.

Die Gegensätzlichkeit der Funktionen verdichtet sich in der Regel erst in der zweiten Lebenshälfte zu einem Konflikt, ja sie kündigt gerade eine Veränderung in diesem Lebensabschnitt an. Oft sind es dann gerade die nach außen orientierten tüchtigen Menschen, die, wenn sie die Vierzig überschreiten, sich nach dem Sinn des Lebens fragen und sehr kritisch bilanzieren, was sie bisher erreicht haben. Plötzlich sehen sie, dass sie beruflich viel erreicht haben, dass aber die Ehe oder die Beziehung zu den Kinder zerstört ist. Sie verändern ihre Wertstruktur. Wird diese Erscheinung richtig verstanden, so muss sie als Anzeichen und Mahnruf dafür aufgefasst werden, dass die minderwertige Funktion nun auch ihr Recht fordert und eine Auseinandersetzung mir ihr zur Notwendigkeit geworden ist.

Eine andere Störung ist, wenn keine der vier Funktionen stärker entwickelt wurde, d. h. wenn alle vier undifferenziert geblieben sind. Eine Person, die diese Entwicklung zeigt, ist dann in dem Zustand des Kindes stehengeblieben. Denn das Werden des Ich-Bewusstseins geht einher mit dem Wachstum und der Entwicklung und Festigung der Hauptfunktion und sollte mit Erreichung der Volljährigkeit abgeschlossen sein. Ist sie bis zu diesem Zeitpunkt noch nicht abgeschlossen, dann wird sich diese Person oft in einer infantilen Art zeigen, unsicher sein und ständig schwanken, weil sie sich auf keine Hauptfunktion verlassen kann. Eine solche Person ist dann leicht beeinflussbar und zeigt ein stets verändertes Gesicht oder sie setzt sich quasi als Schutz gegen eine solche Anfälligkeit eine starre, konventionelle Maske auf, hinter der sich diese vermeintliche Schwäche gut verbergen lässt.

Oft bricht gerade in der Lebensmitte diese mangelnde Ausprägung hervor und führt zu Komplikationen. Eine zu geringe Entwicklung der Funktion ist also ebenso schädlich wie eine einseitig überdifferenzierte. Ein Beispiel dafür ist auch eine Person, die in der Phase der Pubertät in ihrer Rebellion verharrt und diese Phase nicht überwindet. Die Fixierung auf eine solche Stufe verhindert somit auch eine Weiterentwicklung. Die Differenzierung und Isolierung der Hauptfunktion zur Festigung der Person und zur Ermöglichung der positiven Bewältigung der Anforderungen der Außenwelt, ist die wichtigste Aufgabe der Jugend. Die Differenzierung der übrigen Funktionen kann nach der Erfüllung dieser Aufgabe wahrgenommen werden (vgl. *Jacobi* 1971, S. 30 f.).

Wie kann man nun seinen Typus und insbesondere die Hauptfunktion mit der dazugehörigen minderwertigen Funktionen erkennen? Ein Weg dahinterzukommen ist, sich folgende Fragen zu stellen:

1. Was tue ich normalerweise am meisten? (Hauptfunktion)
2. Wozu habe ich in der Regel keine Zeit? (minderwertige Funktion)
3. Wo und wann leide ich am meisten? (minderwertige Funktion)
4. Wo habe ich das Gefühl, immer mit dem Kopf gegen die Wand zu rennen? (minderwertige Funktion)

Fragen zur Analyse und Bearbeitung der minderwertigen Funktion sind (vgl. auch hierzu Abb. 19):

1. Was löst meine Schattenfunktion aus?
   Was muss eine andere Person tun, dass meine Schattenfunktion ausgelöst wird?
2. Wie reagiere ich dann in solchen Situationen?
3. Welches eigentliche Bedürfnis ist nicht erfüllt?

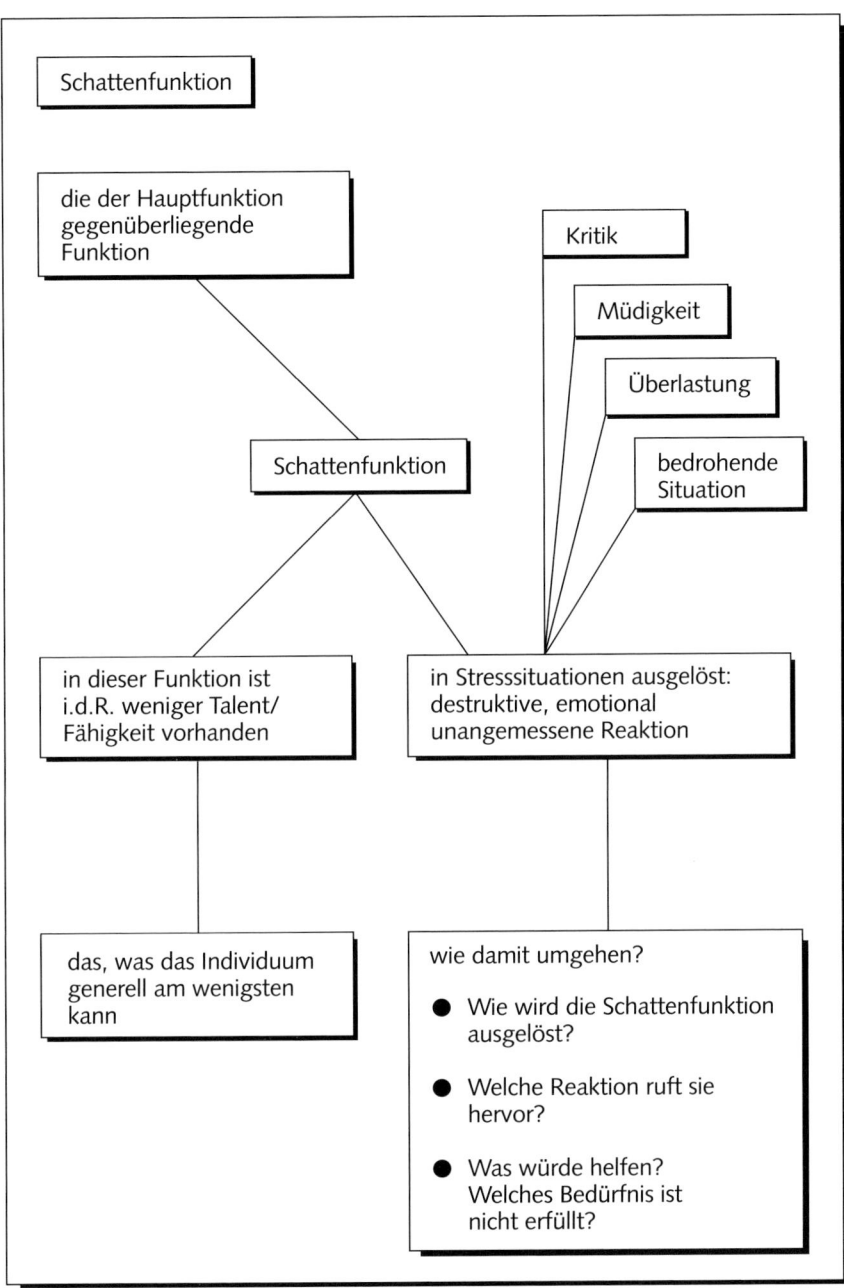

Abb. 26:   Schattenfunktion

Doch nun zur Auffindung Ihres Typus. Füllen Sie bitte nachstehenden Fragebogen aus und bestimmen Sie durch die Auswertung Ihren Typus.

Check-up 2: Fragebogen zur Persönlichkeitsstruktur

Anweisung

Mit dem folgenden Fragebogen (*Hogan/Champagne*, 1980) können Sie die Struktur Ihrer Persönlichkeit erkennen. Die Ergebnisse, die Sie herausbekommen werden, sind nicht an sich gut oder schlecht bzw. richtig oder falsch, sondern wertfrei zu sehen. Sie können daraus Ihre Stärken auf bestimmten Gebieten bzw. Ihre Schwächen erkennen und für die Zukunft planen, wie Sie Ihre Stärken besser einsetzen bzw. welche Einschränkungen Sie durch Entwicklungsmaßnahmen vermindern.

Es handelt sich also hier um keinen Test im üblichen Sinne. Der Fragebogen soll vielmehr ein Hilfsmittel sein, um die sonst nur undeutlich wahrgenommenen Grundmuster der Persönlichkeit transparent und deutlich zu machen.

Fragen

Sie finden im Folgenden Aussagen in Paaren angeordnet (a und b). Sie sollen nun für jedes Paar von 1 bis 32 festlegen, welche Aussage für Sie mehr oder weniger zutrifft. Sie können dabei 5 Punkte vergeben und diese entsprechend ihres Zutreffens verteilen (0 und 5, 1 und 4, 2 und 3, 3 und 2, 4 und 1, 5 und 0). Zusammengezählt müssen die Punkte für a und b immer 5 ergeben. Verwenden Sie bitte keine gebrochenen Zahlen.

1 a) ☐ Ich treffe Entscheidungen, nachdem ich die Meinung anderer angehört habe.

1 b) ☐ Ich treffe lieber allein Entscheidungen.

2 a) ☐ Es gefällt mir, einfallsreich und intuitiv genannt zu werden.

2 b) ☐ Es gefällt mir, als sachlich und genau bezeichnet zu werden.

3 a) ☐ Ich treffe Entscheidungen über Menschen aufgrund von verfügbaren Daten und systematischer Analyse der Situationen.

3 b) ☐ Ich bilde mir Urteile über Menschen in Organisationen aufgrund von Einfühlungsvermögen, Gefühlen und Verständnis für ihre Bedürfnisse und Werte.

4 a) ☐ Ich überlasse es anderen, ob Sie eine Verpflichtung mit mir eingehen.

4 b) ☐ Ich dränge auf klare Vereinbarungen, um sicher zu stellen, dass sie auch ausgeführt werden.

5 a) ☐ Ich bin lieber mit mir allein und denke über die Dinge nach.

5 b) ☐ Es gefällt mir, mit anderen Menschen zusammen zu sein und meine Zeit aktiv zu verbringen.

6 a) ☐ Ich verwende Methoden, von denen ich weiß, dass mit ihnen die Aufgabe erfolgreich zu Ende geführt werden kann.

6 b) ☐ Bei neuen Aufgabenstellungen versuche ich, mir neue Lösungsmethoden auszudenken.

7 a) ☐ Ich bevorzuge es, Schlussfolgerungen logisch und aufgrund einer genauen Analyse zu ziehen.

7 b) ☐ Ich ziehe meine Schlussfolgerungen aufgrund meiner Gefühle, Überzeugungen und Erfahrungen.

8 a) ☐ Ich vermeide es, mich in einen zeitlichen Rahmen pressen zu lassen.

8 b) ☐ Ich stelle einen Zeitplan auf und halte mich daran.

9 a) ☐ Nach einem Gespräch denke ich oft über die Person nach.

9 b) ☐ Manchmal rede ich frei und ungezwungen und denke erst später darüber nach.

10 a) ☐ Ich denke oft über das nach, was kommen kann.

10 b) ☐ Ich beschäftige mich mit der Realität.

11 a) ☐ Mir gefällt es, als denkender Mensch angesehen zu werden.

11 b) ☐ Mir gefällt es, als gefühlsbetonter Mensch angesehen zu werden.

12 a) ☐ Wenn ich eine Entscheidung fälle, denke ich lange vorher über jeden möglichen Gesichtspunkt nach.

12 b) ☐ Bei Entscheidungen versuche ich die notwendigen Informationen zu bekommen, denke eine Zeitlang darüber nach und fasse einen schnellen Entschluss.

13 a) ☐ Meine Gedanken und Gefühle sind anderen nicht zugänglich.

13 b) ☐ Ich bin offen und teile anderen Menschen meine Gefühle und Gedanken mit.

14 a) ☐ Ich bevorzuge das Abstrakte oder Theoretische.

14 b) ☐ Ich bevorzuge das Konkrete oder Reale.

15 a) ☐ Ich helfe anderen, ihre Gefühle auszudrücken.

15 b) ☐ Ich unterstütze andere, logische Entscheidungen zu treffen.

16 a) ☐ Ich bin flexibel und halte mir alle Möglichkeiten offen.

16 b) ☐ Ich achte darauf, dass ich im voraus informiert bin und dass die Dinge vorhersehbar sind.

17 a) ☐ Ich halte meine Gedanken und Gefühle eher verschlossen.

17 b) ☐ Ich drücke meine Gedanken und Gefühle offen aus.

18 a) ☐ Ich bevorzuge es, die Dinge ganzheitlich zu sehen.

18 b) ☐ Mich interessieren die tatsächlichen Einzelheiten, die verfügbar sind.

19 a) ☐ Wenn ich Entscheidungen treffe, bevorzuge ich meinen gesunden Menschenverstand und meine Erfahrung.

19 b) ☐ Ich benutze Daten, Analysen und die Vernunft, um Entscheidungen zu treffen.

20 a) ☐ Ich plane stets vorausschauend.

20 b) ☐ Ich plane kurzfristig und nur, wenn es notwendig ist.

21 a) ☐ Ich lerne gerne neue Menschen kennen.

21 b) ☐ Ich bin lieber allein oder mit einem Menschen zusammen, den ich gut kenne.

22 a) ☐ Ich verlasse mich auf meine Ideen.

22 b) ☐ Ich verlasse mich auf Tatsachen.

23 a) ☐ Ich verlasse mich auf meine Überzeugungen.

23 b) ☐ Ich verlasse mich auf überprüfbare Schlussfolgerungen.

24 a) ☐ Ich halte soviel Verabredungen und Verpflichtungen wie möglich in Notizbüchern und Terminkalendern fest.

24 b) ☐ Ich verwende zwar Terminkalender und Notizbücher, aber ich mache sowenig wie möglich Gebrauch davon.

25 a) ☐ Ich diskutiere gerne mit anderen neue, noch nicht durchdachte Themen.

25 b) ☐ Ich überdenke Probleme zuerst für mich und erörtere sie dann mit anderen.

26 a) ☐ Ich bevorzuge detaillierte, sorgfältige und präzise ausgeführte Pläne.

26 b) ☐ Ich entwerfe Pläne und Strukturen, ohne sie unbedingt auszuführen.

27 a) ☐ Ich bevorzuge logische Menschen.

27 b) ☐ Ich mag gefühlsbetonte, einfühlsame Menschen.

28 a) ☐ Ich möchte frei sein und Dinge, die ich tun möchte, kurzfristig entscheiden.

28 b) ☐ Ich möchte im Voraus genau wissen, was man von mir erwartet.

29 a) ☐ Ich stehe gerne im Mittelpunkt.

29 b) ☐ Ich bin eher zurückhaltend.

30 a) ☐ Manchmal beschäftige ich mich damit, mir das Nicht-Existente vorzustellen.

30 b) ☐ Ich bevorzuge es, Details der Realität zu untersuchen.

31 a) ☐ Ich sammle meine Erfahrungen aus emotionellen Situationen, Diskussionen, Filmen etc.

31 b) ☐ Ich benutze gerne meine Fähigkeit, Situationen zu analysieren.

32 a) ☐ Ich beginne Zusammenkünfte zu einer vorher festgelegten Zeit.

32 b) ☐ Ich beginne Zusammenkünfte, wenn es allen angenehm ist oder wenn alle bereit sind.

Auswertung

Übertragen Sie nun die von Ihnen vorgegebenen Punkte zu den einzelnen Aussagen in das nachstehend aufgeführte Auswertungsblatt und summieren Sie die Punkte für jede der Kategorien.

E (Extraversion) Item	I (Introversion) Item	N (Intuition) Item	S (Empfindung) Item
1 a.	1 b.	2 a.	2 b.
5 b.	5 a.	6 b.	6 a.
9 b.	9 a.	10 a.	10 b.
13 b.	13 a.	14 a.	14 b.
17 b.	17 a.	18 a.	18 b.
21 a.	21 b.	22 a.	22 b.
25 a.	25 b.	26 b.	26 a.
29 a.	29 b.	30 a.	30 b.
Total E	Total I	Total N	Total S

T (Denkweise) Item	F (Gefühl) Item	P (Wahrnehmung) Item	J (Beurteilung) Item
3 a.	3 b.	4 a.	4 b.
7 a.	7 b.	8 a.	8 b.
11 a.	11 b.	12 a.	12 b.
15 b.	15 a.	16 a.	16 b.
19 b.	19 a.	20 b.	20 a.
23 b.	23 a.	24 b.	24 a.
27 a.	27 b.	28 a.	28 b.
31 b.	31 a.	32 b.	32 a.
Total T	Total F	Total P	Total J

Interpretation	E – Extroversion
Die Buchstaben auf dem Punkte-blatt stehen für:	
I – Introversion	
N – Intuition	S – Empfindung
T – Denkweise	F – Gefühl
P – Wahrnehmung	J – Beurteilung

Ihre Punktezahl beträgt:	Die mögliche Interpretation
20–21	Ausgeglichenheit nach beiden Seiten
22–24	gewisse Stärken auf einer Seite, gewisse Schwäche im anderen Teil des Paares
25–29	deutliche Stärke auf der einen Seite, deutliche Schwäche auf der anderen Seite
30–40	außerordentliche Stärke auf der einen Seite, außerordentliche Schwäche auf der anderen Seite

weiter auf S. 146

An dieser Stelle möchten wir Ihnen ein Angebot machten. Wir haben mit diesem Fragebogen umfangreiche Forschungsarbeiten durchge-führt. Weit über 1000 Führungskräfte haben sich bisher an den Untersu-chungen beteiligt. Wir möchten diese Forschungsarbeiten erweitern. Dazu sind wir auch an Ihrem Ergebnis interessiert. Wenn Sie uns Ihr Er-gebnis mit der jeweiligen Ausprägung, z. B. E (21), S (25), T (25), J (30) zusenden, würden wir Ihnen im Gegenzug eine ausführliche und für Ih-ren Typus spezifische Beschreibung nebst den Untersuchungsergebnis-sen zukommen lassen. Schicken Sie bitte Ihre Ergebnisse an folgende Adresse:

Wildenmann Consulting GmbH & Co KG
Pforzheimer Str. 160
76275 Ettlingen.

Wie bereits angeführt, lassen sich die einzelnen Ausprägungen kombinieren.

So entstehen 16 Grundtypen. Eine allgemeine Kurzbeschreibung der Typen findet sich in nachstehender Aufstellung (vgl. *Myers-Briggs*, 1991)

ISTJ

Ernst, ruhig, hat Erfolg durch sein konzentriertes und gründliches Arbeiten. Praktisch, methodisch, nüchtern, logisch, realistisch und zuverlässig. Achtet darauf, dass alles gut organisiert ist. Übernimmt Verantwortung. Bildet sich seine eigene Meinung über das, was ausgeführt werden soll und arbeitet daran stetig und unabhängig gegenüber Widerstand oder Ablehnung.

ISTP

Kühle Zuschauer – ruhig, reserviert, betrachtet/studiert und analysiert das Leben mit einer objektiven, unparteiischen und unvoreingenommenen Neugier, unerwartet zeigt sich blitzartig sein origineller Humor. Zeigt Interesse an Ursachen und Wirkungen, wie und warum mechanische Dinge funktionieren und organisiert Fakten, indem er logische Prinzipien zugrunde legt.

ISFJ

Ruhig, freundlich, verantwortungsvoll und vertrauenswürdig.
Arbeitet gewissenhaft, um seinen Verpflichtungen nachzukommen. Verleiht jedem Projekt oder jeder Gruppe Stabilität. Gründlich, gewissenhaft, akkurat. Interesse liegt normalerweise nicht im technischen Bereich. Kann sehr geduldig bei notwendigen Details sein. Fühlt sich dem Vorgesetzten gegenüber verpflichtet, rücksichtsvoll, auffassungsfähig und beschäftigt sich damit, wie andere Menschen fühlen.

ISFP

Zurückhaltend, freundlich, empfindsam, gutmütig, bescheiden, was seine Fähigkeiten betrifft. Vermeidet Meinungsverschiedenheiten und zwingt anderen die eigene Meinung oder Wertvorstellung nicht auf. Bemüht sich normalerweise nicht um Führungspositionen, ist aber loyaler Mitarbeiter. Entspannt, wenn die Dinge erledigt sind, weil er den gegenwärtigen Moment genießt und sich diesen nicht durch unangemessene Hast und Anspannung verdirbt.

ESTP

Löst Probleme spontan, macht sich keine Angst und genießt alles, was kommt, neigt zu technischen Dingen und zu Sport, den er mit Freuden ausführt, anpassungsfähig, tolerant und im Allgemeinen konservativ in seinen Wertvorstellungen. Lange Erklärungen, entwickelt seine Fähigkeiten an realen Dingen, mit denen man arbeiten, hantieren, an denen man teilhaben und die man zusammenfügen kann.

ESFP

Geht aus sich heraus, gutmütig und unkompliziert, es fällt ihm leicht, Dinge zu akzeptieren, freundlich genießt er alles und kann dann andere begeistern. Er liebt den Sport und will die Dinge zum Laufen bringen. Weiß, was Sache ist und beteiligt sich eifrig. Erinnert sich leichter an Fakten, als sich mit Theorien zu beschäftigen. Er ist am besten in Situationen, die einen gesunden Menschenverstand und eine praktische Fähigkeit im Umgang sowohl mit Menschen als auch mit Dingen verlangen.

ESTJ

Praktisch, realistisch, nüchtern, mit einem natürlichen Gefühl für Geschäft oder Mechanik. Nicht interessiert an Dingen, die seiner Ansicht nach keinen Nutzen bringen, aber wenn es notwendig ist, kann er trotzdem bei solchen Dingen mitarbeiten. Organisiert gerne und bringt die Dinge zum Laufen. Kann ein guter Vorgesetzter (administrativ) sein, wenn er darauf achtet, Gefühle und Ansichten anderer zu achten und zu respektieren.

ESFJ

Offen, warmherzig, gesprächig, beliebt, vertrauenswürdig, geborene Kooperatoren und aktive Mitglieder jeglicher Vereinigung. Braucht Harmonie, hat aber auch die Fähigkeit, diese herzustellen. Ist hilfsbereit und immer für irgend jemand nützlich.
Arbeitet am besten, wenn er ermutigt und gelobt wird. Das Hauptinteresse liegt bei Dingen, die direkt und sichtbar das menschliche Leben betreffen.

INFJ

Erfolgreich durch seine Auffassungsgabe und Originalität, möchte immer das tun, was notwendig ist oder gebraucht wird, zeigt vollen und besten Einsatz bei seiner Arbeit.
Arbeitet ruhig (unauffällig) und wirkungsvoll, vertrauenswürdig und kümmert sich um andere. Wird aufgrund seiner klaren Überzeugung und über sein Wissen, was das Beste für das gemeinsame Wohl ist, geschätzt und geehrt.

INTJ

Hat eine eigene Meinung, setzt seine eigenen Ideen und Ziele mit Nachdruck durch, entwickelt bei Aufgaben, die ihn interessieren ein feines Gespür, die Aufgaben zu organisieren und diese mit oder ohne Hilfe durchzuführen.
Skeptisch, kritisch, unabhängig, bestimmend, manchmal hartnäckig.
Muss lernen, auch weniger wichtige Punkte miteinzubeziehen, um die wichtigen Punkte zu erkennen.

INFP

Voller Enthusiasmus und Loyalität, spricht aber sehr selten über diese Dinge, es sei denn, er kennt seinen Gesprächspartner gut. Kümmert sich um das Lernen, die Ideen, Sprache und um seine eigenen unabhängigen Projekte. Neigt dazu, zu sehr zu untertreiben, bringt aber dann die Dinge doch getan. Freundlich, sondert sich oft zu stark ab, in dem, was er tut. Kümmert sich wenig um Besitztum oder um das physische Umfeld.

ENFP

Lebhaft, enthusiastisch, ausgelassen, klug und phantasievoll.
Fähig, fast alles zu tun, was ihn interessiert. Für irgendwelche Schwierigkeiten findet er schnell eine Lösung und hilft bereitwillig jenen, die Probleme haben. Verlässt sich oft auf seine Improvisationsfähigkeit, anstatt sich Schritt für Schritt vorzubereiten. Normalerweise findet er für jeden gewünschten Sachverhalt unumstößliche Gründe.

ENFJ

Verständnisvoll und zuverlässig. Hat im Allgemeinen ein »echtes« Empfinden für das, was andere denken oder wollen und behandelt andere rücksichtsvoll. Entwickelt Vorschläge, ist fähig, eine Gruppendiskussion mit Ruhe und Takt zu leiten. Sozial, beliebt, sympathisch. Empfänglich für Lob und Kritik.

INTP

Ruhig, reserviert, genießt theoretische oder wissenschaftliche Beschäftigungen, löst Probleme gerne mit Logik und Analyse. Normalerweise interessiert er sich hauptsächlich für neue Ideen, hat wenig übrig für Feste, geselliges Zusammensein, »small talk«.
Definiert seine Interessen klar, arbeitet in Bereichen, wo ein andauerndes Interesse nützlich sein kann und auch zur Anwendung kommt.

ENTP

Schnell, klug und gut in vielen Dingen. Kann das Unternehmen stimulieren, flink und offen. Hat Spaß daran, jede Seite einer Frage zu erörtern. Löst neue und herausfordernde Probleme gründlich, aber vernachlässigt manchmal Routineanweisungen. Fähig, von einem interessanten Punkt zum nächsten überzugehen.
Geschickt, wenn es darum geht, logische Gründe für das, was er will, zu finden.

ENTJ

Aufrichtig, offen, entscheidungsfähig und Führer bei Aktivitäten.
Gut sowohl in allen Dingen, die Begründungen und intelligente Diskussionen verlangen, als auch in Vorträgen vor Publikum. Er erscheint vielleicht manchmal positiver und überzeugender, als es seine Erfahrung in manchen Gebieten rechtfertigt.

weiter auf S. 150

Die Beschreibung des Führungsverhaltens spezieller Typen finden Sie in folgenden Abbildungen.

Visionär – Systemarchitekt – Gestalter

Fokus

– Auftrag und Systeme der
  Organisation

Fähigkeiten

– schafft klar umrissene Systeme
– entwickelt Prototypen, Pilot-
  projekte, Modelle
– plant Vorgehensweisen zur
  Veränderung/Wandel

Fragen, die er stellt

– was wird mit einbezogen?
– wie ist die Strategie?
– wer hat die Macht?
– was ist das System?

Vorsätze/Richtlinien/Ideologie

– eine Organisation sollte durch
  ihren Auftrag funktionieren
– eine Organisation muss wachsen
  und sich entwickeln

Werte

– Kompetenz
– Intelligenz
– Komplexität
– Prinzipien

Orientierung

– geplante Veränderungen für die
  Zukunft der Organisation

Selbstanerkennung für

– Ideen
– Logik
– Scharfsinn

Bedürfnisse

– Anerkennung

Irritation bei der Arbeit

– Überfluss
– dumme Fehler
– unlogische Aktionen

Irritiert andere durch

– Skepsis
– Haarspalterei
– Gefühlsverletzungen
– Mitarbeit anderer wird als selbst-
  verständlich angenommen

Fallen als Vorgesetzter

– Mangel an Ausführung nach der
  Entwurfsphase
– Übergehen von Standards
– ungeduldig mit menschlichen
  Interessen

Abb. 27: Führungsverhalten des NT-Vorgesetzten (*Krebs*, 1985)

Traditionalist – Stabilisierer – Konsolidierer

Fokus

– die Hierarchie der Organisation

Fähigkeiten

– erstellt Pläne und Regeln
– einordnungsfähig
– ausdauernd und zuverlässig

Fragen, die er stellt

– was ist meine Aufgabe?
– was ist meine Pflicht?
– warum ändern?
– warum ist dies genehmigt?
– wird es funktionieren?

Überzeugungen

– jeder muss das bekommen, was ihm zusteht
– die Organisation muss aufgrund solider Fakten funktionieren

Werte

– Vorsicht
– akkurates Arbeiten

Orientierung

– standardisierte Produkte

Selbstverständnis

– Verantwortungsbereitschaft
– Loyalität

Bedürfnisse

– Anerkennung

Unverständnis

– andere wenden nicht die Standardmethode an
– überschrittene Termine
– Verstöße gegen die Regeln

Irritiert andere durch

– Sarkasmus
– scharfe Kritik
– Unfähigkeit, Humor zu erkennen

Fallen als Vorgesetzter

– ist ungeduldig, wenn Projekte sich in die Länge ziehen
– entscheidet zu schnell
– entwickelt Vorurteile, denkt zu verkürzt
– beschäftigt sich zu sehr mit dem Tagesgeschäft
– glaubt daran, dass nur harte Arbeit der Weg zum Erfolg ist
– achtet zu wenig auf Gefühle und Bedürfnisse seiner Mitarbeiter
– achtet zu wenig auf die Beziehungsebene, sehr inhaltsorientiert

Abb. 28: Führungsverhalten des SJ-Managers (*Krebs*, 1985)

Troubleshooter – Unterhändler – Feuerwehrmann

Fokus

– die zweckdienlichen Bedürfnisse der Organisation

Fähigkeiten

– sofortige Stellungnahme (Antwort bei Problemen)
– offener und flexibler Stil
– streng-reale Basis

Fragen

– welches Bedürfnis ist gerade vorherrschend?
– wo ist die Krise?
– wie schnell können wir etwas tun?

Vorsätze/Richtlinien/Ideologie

– die Gegenwart ist wichtigster Brennpunkt
– die Organisation muss funktionieren, um laufende Bedürfnisse zu befriedigen

Werte

– Flexibilität
– Wandel/Veränderung
– Risikobereitschaft
– Action

Orientierung

– Produkte, die gegenwärtige Bedürfnisse widerspiegeln

Selbstanerkennung für

– aktive Orientierung
– Cleverness
– Zeitgefühl

Bedürfnisse

– Antwort/Erwiderung

Ärger bei der Arbeit

– Beschränkungen
– gesagt bekommen, wie die Arbeit zu tun ist
– es so zu machen, »wie es schon immer gemacht wurde«

Irritiert andere durch

– Mangel an Durchhaltevermögen
– wenig vorbereitete Vorgehensweise
– Sorglosigkeit und Eile
– Übersehen von festgelegten Prioritäten

Fallen als Vorgesetzter

– schwer einzuschätzen
– ungeduldig mit Theorie und Abstraktion
– »schießt aus der Hüfte«; zieht ohne zu zielen
– ignoriert das Vergangene und dessen Wirkung auf das Zukünftige

---

Abb. 29:   Führungsverhalten des SP-Vorgesetzten (*Krebs*, 1985)

Katalysator – Sprecher – Motivator

Fokus

– die wachsenden Bedürfnisse einer Organisation

Fähigkeiten

– kommuniziert die Normen der Organisation
– trifft Entscheidungen durch Teilnahme an der Sache
– ist persönlich, einsichtig, hat Einfühlungsvermögen und Charisma

Fragen, die er stellt

– wie beeinflusst dies die Moral des Mitarbeiters?
– durch was wird die Moral des Mitarbeiters beeinflusst?
– wer muss was wissen?
– wie sind die Auswirkungen auf die Prinzipien der Organisation?
– was ist das Wichtigste für den eigenen Mitarbeiter?

Vorsätze/Richtlinien/Ideologie

– das Potenzial des Menschen ist die Stärke der Organisation
– die Organisation muss die Talente des Mitarbeiters nutzen

Werte

– Autonomie
– Kooperation
– Harmonie
– Selbstbestimmung

Selbstanerkennung für

– hohe Energie
– die Fähigkeit, andere zu beurteilen
– außerordentliche Mitarbeiter

Bedürfnisse

– Zustimmung

Irritiert andere durch

– emotionale Standpunkte
– moralische Positionen
– Euphorie, Enthusiasmus
– schaffen von Abhängigkeiten

Fallen als Manager

– kehrt Probleme unter den Teppich
– spielt den mutmaßlichen Sieger
– die Prioritäten anderer stehen vor den eigenen
– ist zu sehr darauf bedacht, Gefallen zu finden

Abb. 30: Führungsverhalten des NF-Vorgesetzten (*Krebs*, 1985)

Bitte machen Sie jetzt zur Vertiefung der Analyse die zwei nachstehenden Übungen. Beantworten Sie dazu die Fragen schriftlich.

Übung:

1. Als ich die Auswertung meines Typus gelesen habe, was ist mir auf-
gefallen?

. . . .
. . . .
. . . .

2. Wo liegen meine Stärken? Was kann ich besonders gut?
Wo liegen meine Schwächen? Was kann ich nicht so gut?

. . . .
. . . .
. . . .

3. Was macht mir manchmal Probleme?

. . . .
. . . .
. . . .

4. Wo möchte/sollte ich mich entwickeln?

– welche Fähigkeit habe ich bisher am wenigsten genutzt?
– mit welcher Schwäche sollte ich mich auseinandersetzen?

. . . .
. . . .
. . . .

Übung:

Vergegenwärtigen Sie sich die Situation in Ihrer Abteilung.
Dazu stellen Sie sich folgende Fragen:

1. Was sind Rahmenbedingungen unserer Abteilung?

. . . .
. . . .
. . . .

2. Welche Engpässe, Probleme, Schwierigkeiten sind vorhanden?

. . . .
. . . .
. . . .

3. Was tun die einzelnen Beteiligten, um das Problem zu erzeugen?

. . . .
. . . .
. . . .

4. Was hat das Ganze mit der Persönlichkeit zu tun?

. . . .
. . . .
. . . .

weiter
auf S. 182

10. Was ist eine autonome Person?

Das vorgestellte Modell zeigt wertfrei Möglichkeiten und Grenzen auf. Ob sich jemand entsprechend seiner Möglichkeiten entwickelt oder seinen Typus **positiv** ausprägt, ist eine andere Frage. Dies hängt ab von seinem Selbst- und/oder Fremdkonzept.

Wenn es darum geht, Möglichkeiten und Ziele der Personalentwicklung aufzuzeigen, unterscheiden sich die Ansichten. Was der eine als erstrebenswert und richtig erachtet, erscheint dem anderen als irrelevant. Meist orientieren wir uns an den eigenen Fähigkeiten und Dispositionen. Wichtige Personen prägen dann auch Verhaltensnormen, die für die anderen bindend und erstrebenswert sind. So kann es sein, dass z. B. Misstrauen, Perfektionismus, übertriebene Stärke etc. als wesentliche Merkmale einer guten Führungskraft apostrophiert werden. Wir möchten mit diesem kurzen Abschnitt aufzeigen, welches Persönlichkeitsbild wir für erstrebenswert halten und welche Zielsetzungen wir in den Seminaren verfolgen.

Jeder von uns hat eine Theorie der Wirklichkeit entwickelt, einen Bezugsrahmen, durch welchen er die Realität betrachtet. Dieser Bezugsrahmen wird unter anderem bestimmt durch die positive oder negative Ausprägung des

Selbstkonzeptes

und des

Fremdkonzeptes.

Das Selbstkonzept repräsentiert das Bild, das jemand von sich hat. Dieses Bild ist abhängig von der Einstellung, die er zu sich entwickelt. So gibt es Personen, die ständig aus einer Haltung vermeintlicher Überlegenheit oder Arroganz handeln und andere abwerten oder an ihnen herumnörgeln. Natürlich kann auch das Gegenteil der Fall sein. Jemand fühlt sich anderen gegenüber schnell in Frage gestellt, minderwertig oder unterlegen.

Über das Selbstkonzept hinweg entwickeln wir Annahmen über die uns umgebende Außenwelt, d. h. wir entwickeln ein individuelles Modell, wie die anderen sind und wie die Welt funktioniert. So ist es möglich, dass jemand grundsätzlich anderen gegenüber misstrauisch ist, weil er denkt, dass die Welt nur aus Missgunst und Neid besteht. Es ist vorstellbar, dass er die anderen eher als minderwertig oder von geringerem Wert sieht und somit eine Basis oder Berechtigung hat, andere abwerten zu können. Genausogut ist es denkbar, dass jemand andere Menschen für besonders gut hält.

Aus dem Selbst- und Fremdkonzept lassen sich aufgrund der möglichen positiven und negativen Ausprägungsmöglichkeiten vier Quadranten bilden:

positives Selbstkonzept	positives Fremdkonzept
negatives Selbstkonzept	negatives Umweltkonzept

Alle unsere Handlungen kommen aus einer dieser vier Möglichkeiten. Autonomes also echtes und glaubwürdiges Verhalten resultiert regelmäßig und ausschließlich aus den positiven Anteilen des Selbst- und Fremdkonzeptes. Autonome Personen haben keine Freude daran, andere Menschen zu verletzen, indem sie sie durch ironische oder zynische Bemerkungen bloßstellen. Sie leben mit allen Anteilen ihrer Persönlichkeit und gehen mit Sonnen- und Schattenseiten so um, dass sie nicht destruktiv wirken. Sie besitzen also auch kein Bedürfnis, Aggressivität destruktiv auszuleben, sondern verstehen es, ihre Bedürfnisse (und auch das, was sie ärgert) an Ort und Stelle klar und offen, aber ohne Abwertung, zu äußern.

Da sie alle Teile, Sonnen- wie Schattenseiten positiv leben, können sie anderen gegenüber zwar tolerant sein, sich aber dennoch gut behaupten. Sie verstehen es, sich gegen verbale Attacken nicht durch rhetorische Tricks, sondern durch sachliche und unabhängige und klar positionierte Aussagen zu behaupten.

Autonome Menschen haben einen gesunden Realitätssinn und sind in der Lage, ungetrübt Vorgänge und Verhaltensweisen anderer klug zu erkennen und dann adäquat zu handeln. Sie respektieren und tolerieren ihre Mitmenschen, streben aber nicht danach, sich ihnen anzupassen. Sie können sich gut zu Gruppen einfügen, ohne von der Gruppe abhängig zu sein. Genausogut können sie alleine sein, ohne in der Rolle des einsamen Steppenwolfes auffallen zu wollen. Sie setzen sich mit ihren Mitmenschen auseinander.

Autonome Personen verlieren sich nicht in der Vergangenheit oder in Phantasien über zukünftige Pläne. Sie leben in der Gegenwart und arbeiten realistisch an der Umsetzung ihrer Pläne.

Sie neigen nicht dazu, Gefühle zu unterdrücken oder zu verbergen und können mit Freude genausogut umgehen wie mit Ärger, Schmerz, Angst oder Trauer.

Sie leben nicht allein nach Plänen und Vorstellungen der Zukunft, sondern erkennen auch die Bedeutung des Körpers. Sie lassen die Bedürfnisse des Körpers genauso zur Geltung kommen, wie die Bedürfnisse des Geistes. Sie leben in Einheit mit Körper, Seele und Geist aus der Mitte des Selbst heraus. Deshalb entwickeln sie auch eine Ausstrahlung auf andere und die Fähigkeit, charmant und liebenswert zu sein.

Nachstehende Abbildung verdeutlicht den aufgezeigten Zusammenhang (vgl. *Schlegel*, 1984).

Selbstvertrauen

autoritäre Position

- wertet andere ab, um sich aufzuwerten
- herablassend, zynisch, ironisch
- sucht die Schuld bei anderen
- weist Kritik zurück, Neigung, bei Kritik sofort zu eskalieren
- rechthaberisch, belehrend, überheblich, arrogant
- unangemessene Wutausbrüche
- überverantwortlich
- unangemessene Angst, verfolgt zu sein

autonome Position

- eigene Bedürfnisse werden ausgedrückt, Bedürfnisse anderer werden wahrgenommen und respektiert
- Unabhängigkeit von anderen
- kann sich abgrenzen wie auch charmant und liebenswert sein
- gesunder Realitätssinn
- angemessener Ausdruck von echten Gefühlen (Ärger/Wut, Freude, Trauer, Angst, Schmerz)
- Bewusstheit im Handeln
- echte Lebensenergie

Selbstabwertung

Abwertung anderer ← → Vertrauen in andere

hoffnungslose Position

- Gefühl der Sinn- und Wertlosigkeit
- resigniert und reagiert mit Gleichgültigkeit
- unangepasste Aggression
- misstrauisch und energievernichtend (es hat eh keinen Zweck)

unterwürfige Position

- Neigung, sich selbst abzuwerten, sucht die Schuld immer bei sich
- überangepasste Reaktionen (es anderen immer recht machen zu müssen, nicht »nein« sagen zu können, alles perfekt machen wollen, angestrengt erscheinen wollen, immer schnell machen müssen, keine Gefühle zeigen dürfen . . .)
- unterverantwortlich
- unsicher, zurückhaltend, schüchtern, passiv, nachgebend, entschuldigt sich
- Opferhaltung (gibt nach und schimpft bei Dritten)
- Minderwertigkeitsgefühl, unangepasste Angstreaktionen
- unangemessene Angst von anderen verlassen zu werden

Abb. 31: Einstellung zu sich selbst und anderen

Anhand der Abbildung 31 lässt sich ableiten, dass konstruktive Führung in erster Linie von Selbstvertrauen und dem Vertrauen in andere abhängt. Nur in dem autonomen Feld wird Führung zu einer wirklichen Effektivität kommen. Das heißt: **Alles, was mit Abwertung zu tun hat, ist im Führungsprozess schädlich.**

In Abbildung 32 haben wir 10 Maxime für Führungskräfte aufgestellt. Diese Maxime sind grundsätzliche Handlungsstrategien, um die autonome Position für sich und andere zu ermöglichen.

---

10 Grundsätze effektiver Führung

1. Ich achte darauf, dass jeder Mitarbeiter einen Sinn in seiner Arbeit sieht. Ich bin mir bewusst, dass es zum großen Teil von mir abhängt, ob die Mitarbeiter ihre Arbeit als sinnvoll ansehen.

2. Ich achte darauf, dass jeder Mitarbeiter *etwas* Wichtiges tut. Ich sage den Mitarbeitern, dass das, was sie tun, wertvoll ist.

3. Ich trete meinen Mitarbeitern grundsätzlich positiv gegenüber.

4. Ich sage offen und bestimmt, was ich will (viele Mitarbeiter wissen nicht, was der Vorgesetzte eigentlich will).

5. Ich gebe meinen Mitarbeitern Feedback und erarbeite mit ihnen Wege zur Verbesserung.

6. Ich bin meinen Mitarbeitern gegenüber nicht abwertend, ironisch oder zynisch.

7. Ich verkaufe meine Mitarbeiter nicht für dumm.

8. Ich traue meinen Mitarbeitern ein eigenes Urteil zu.

9. Ich frage meine Mitarbeiter, was sie bedrückt.

10. Ich behandle die Mitarbeiter in der engeren Umgebung mit höflicher Aufmerksamkeit.

Abb. 32:   Zehn Regeln effektiver Führung

Eine andere Darstellung des Zusammenhangs finden Sie in Abb. 33.

Gewinner-Typ:

- denkt an die Lösung

- hat immer einen Plan

- sieht das »Grün« in der Wüste

- sagt: lass es mich für Dich tun

- weiß auf jedes Problem eine Antwort

- sagt: es ist schwierig, aber es ist möglich

Verlierer-Typ:

- denkt an das Problem

- hat immer eine Entschuldigung

- sieht den Sand um das »Grün«

- sagt: das ist nicht mein Job

- sieht hinter jeder Antwort ein Problem

- sagt: es könnte vielleicht möglich sein, aber es ist schwierig

weiter auf S. 189 Abb. 33:   Gewinner- und Verlierer-Typ

Übung: Faktoren des Selbstwertgefühls

Aufgabe

Notizen

Was beeinflusst das Selbstwertgefühl eines Menschen?

Welches sind die typischen
Merkmale eines ausgeprägten
Selbstwertgefühls?

Übung: Selbstwertgefühl der Mitarbeiter stärken

Aufgabe

Wie kann der Vorgesetzte das
Selbstwertgefühl bei seinen Mitarbeitern verstärken?

Notizen

11. Sich selbst entwickeln oder es kommt darauf an, was man aus sich macht

Wir werden uns von Aspekten der Persönlichkeit ein wenig entfernen und Sie anleiten, über folgende Punkte nachzudenken:

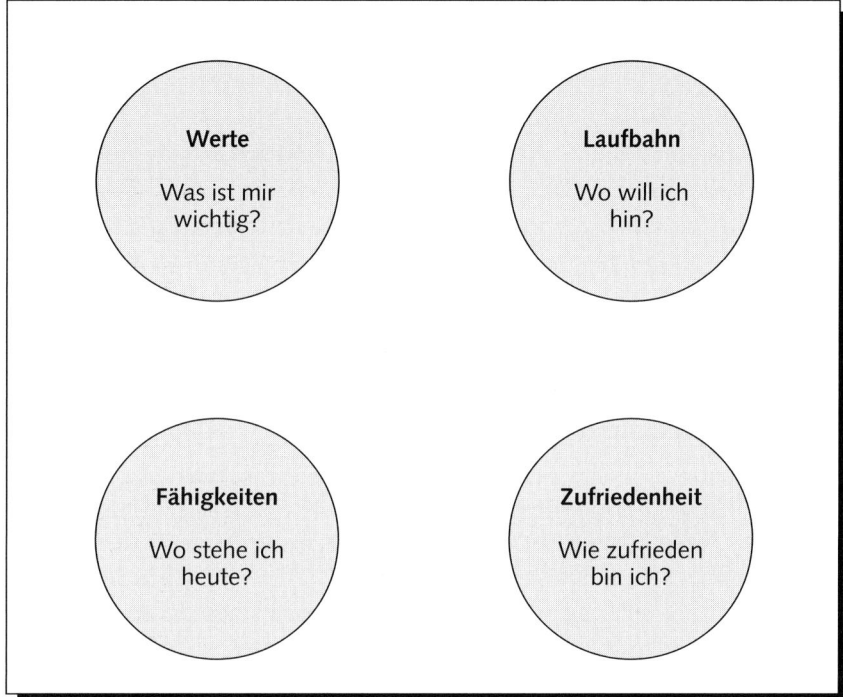

Abb. 34: Persönliche Standortbestimmung

Sie werden sich mit Ihren **persönlichen Werten** auseinandersetzen, sich fragen,
– was Ihnen insbesondere in Ihrem beruflichen Dasein wichtig ist,
– was Sie von Ihrem Beruf erwarten, wo Sie heute stehen,
– wie Sie Ihren persönlichen Erfolg definieren?

Die Auseinandersetzung mit Ihren persönlichen Werten soll Ihnen helfen, das zu verstehen, was Ihnen eigentlich wichtig ist und darüber zu reflektieren, welche Entscheidungen Sie in Ihrem beruflichen Leben fällen sollten. Wir glauben, dass eine wirkliche Ausbalanciertheit nur dann auch möglich ist, wenn die berufliche Situation eine gewisse Übereinstimmung mit persönlichen Vorstellungen und Werten hat.

Dann werden wir uns mit dem Thema **Laufbahn** beschäftigen. Das Thema Laufbahn oder Karriere war lange Zeit tabuisiert. Jeder wollte es, doch keiner durfte es so richtig zugeben. Führungskräfte, die bewusst an Karriere dachten, wurden sehr schnell mit Ellenbogenmanagern in Zusammenhang gebracht. Für eine funktionierende Organisation ist es dennoch unabdingbar, dass Mitarbeiter und Führungskräfte im Wachsen Ihrer Fähigkeiten auch unterschiedliche bzw. höhere Verantwortungsbereiche begleiten, damit sie über die Nachwuchsentwicklung für den Bestand der Organisation sorgen können. Deshalb möchten wir Sie anleiten, in diesem Teil des Buches darüber nachzudenken, welche persönlichen Entwicklungen Sie begleiten möchten.

Dazu unabdingbar notwendig ist, dass Sie Ihre Fähigkeiten und Fertigkeiten, die Sie besitzen, auf den Prüfstein stellen und sich fragen, wo Sie heute stehen. Aus diesem Abgleich können Sie Entwicklungsfelder definieren, blinde Flecken erkennen und einen Entwicklungsplan aufstellen, wie Sie diese Defizite ausgleichen möchten bzw. wie Sie Ihre schon vorhandenen Stärken besser nutzen können. Vielleicht haben Sie im ersten Teil dieses Buches erfahren, wie schwer es ist, seine Einzigartigkeit festzustellen, d. h. zu erkennen, wo die individuelle Hauptstärke, sozusagen die persönliche strategische Erfolgsposition liegt.

Diesen Prozess wollen wir hier auf einem eher Fertigkeitsniveau weiterführen, um Ihnen zu ermöglichen, auch dabei mehr Klarheit zu bekommen. Der vierte Teil wird sich mit dem Thema der Arbeitszufriedenheit beschäftigen. Niemand kann hochleistungsfähig sein, wenn er selbst unzufrieden ist. Und wir müssen uns alle Gedanken darüber machen, wo die Wurzeln für Zufriedenheit oder Unzufriedenheit liegen: bei uns selbst oder im Kontext der Arbeitssituation.

Die eigenen beruflichen Vorstellungen selbst diagnostizieren

Wir werden uns in diesem Teil an den schon angeführten, von Edgar Schein veröffentlichten **Karriereanker** halten (*E. Schein*, 1978). Dieses Instrument des Karriereankers eignet sich unserer Meinung nach hervorragend, den eigenen Standort im Zusammenhang mit der beruflichen Entwicklung zu finden. Deshalb möchten wir Sie gleich bitten, den nachstehenden Fragebogen möglichst offen und unvoreingenommen zu beantworten. Kreisen Sie dabei für jede Aussage, entsprechend des Grades des Zutreffens, eine Ziffer ein. Aus der Auswertung lassen sich erste Orientierungen über Ihre Wertvorstellungen ableiten.

Check-up 3: Erhebung der beruflichen Vorstellungen

Machen Sie sich als erstes mit dem Karriereankern vertraut. Die Karriereanker sind S. 56 ff. erläutert.

Dann bearbeiten Sie untenstehende Matrix. Vergleichen Sie die einzelnen Karriereanker jeweils paarweise. Fragen Sie sich, welcher Karriereanker eher auf Sie zutrifft. Vermerken Sie dann in dem Kästchen den jeweils stärkeren Karriereanker, indem Sie die entsprechende Ziffer eintragen. Wenn Sie also Fach- und Sachorientierung (1) und Managementfähigkeiten (2) miteinander vergleichen und für Sie Fach- und Sachorientierung stärker zutrifft, tragen Sie eine 1 in das Kästchen ein.

Vergleichen Sie dann
– Karriereanker (1) mit den Karriereankern (2)–(8)
– Karriereanker (2) mit den Karriereankern (3)–(8)
– Karriereanker (3) mit den Karriereankern (4)–(8)
– usw.

	Fach- und Sach-orientierung (1)	Management-fähigkeiten (2)	Autonomie (3)	Sicherheit (4)	Arbeit zum Wohle anderer (5)	reine Heraus-forderung (6)	Lebensstil (7)	unternehmerisches Denken (8)
Fach- und Sach-orientierung (1)	X							
Management-fähigkeiten (2)		X						
Autonomie (3)			X					
Sicherheit (4)				X				
Arbeit zum Wohle anderer (5)					X			
reine Heraus-forderung (6)						X		
Lebensstil (7)							X	
unternehmerisches Denken (8)								X

Im nächsten Schritt zählen Sie die Anzahl der Nennungen der einzelnen Karriereanker aus. Wenn also die 1 insgesamt 5-mal von Ihnen gewählt wurde, wird in der nachstehenden Auswertungstabelle unter Fach- und Sachorientierung eine 5 eingetragen. Anhand der Anzahl der Nennungen können Sie nun die Karriereanker priorisieren. Je größer die Anzahl der Nennungen, desto stärker ist der betreffende Karriereanker.

weiter auf S. 197

Anzahl der Nennungen

Fach und Sachkompetenz (1):

Managementfähigkeiten (2):

Autonomie (3):

Sicherheit (4):

Arbeit zum Wohle anderer (5):

reine Herausforderung (6):

Lebensweise (7):

Unternehmerisches Denken (8):

Welche Anforderungen beinhaltet die eigene Führungsposition?

Im nächsten Teil möchten wir Ihnen die Möglichkeit bieten, auf einem relativ konkreten Niveau die eigene Führungsarbeit zum ersten Mal in einer Selbstanalyse zu hinterfragen und diese Selbstanalyse abzugleichen mit dem Bild Ihres Vorgesetzten. Aus den Abbildungen 35–37 können Sie zukunftswichtige Managerqualifikationen ersehen (vgl. *Stiefel*, 1991).

Intellektuelle, kreative Potenziale

Geforderte Qualifikationen
Ambiguitätstoleranz

Begründung

Toleranz von
– Problemunklarheiten
– Zielunklarheiten und -konflikten
– Unklarheiten über geforderte
  Aktivitäten

Manager müssen ertragen und bewältigen, dass häufig schlechtstrukturierte, komplexe Probleme zu lösen sind, die mit zahllosen subjektiven Ungewissheiten verbunden sind.

Lernfähigkeit, -bereitschaft

Ergänzen/Verändern der derzeitigen Potenziale durch Aneignen von Wissen, Fähigkeiten und Verhaltensweisen.

Rasch veraltendes Fachwissen, neue berufliche Anforderungen durch Innovationen.

Fähigkeit zum Lösen schlechtstrukturierter Probleme

Wahrnehmen, Erkennen, Definieren und Lösen schlechtstrukturierter Probleme.

Umweltkomplexität, zunehmende Turbulenzen, ungewisse Entwicklung zentraler ökonomischer Größen.

Sensibilität für schwache Signale

Aufnehmen und Interpretieren von vagen Informationen aus dem Vorfeld von konkreten Bedrohungen/Chancen.

Verbessern der Konkurrenzfähigkeit durch rechtzeitige strategische Neuorientierung.

Kreativität für De-Novo-Designs

Konzeption neuer Arrangements von Objekten, Ressourcen, Produkten und Programmen.

Im Wettbewerb sind deutliche Vorsprünge häufig nur möglich durch merkbares Absetzen von der Konkurrenz mittels gänzlich neuer Lösungen (De-Novo-Designs).

Abb. 35:   Intellektuelle und kreative Potenziale

Soziale, teamdynamische Potenziale

**Verhaltensbeeinflussung/
Menschenführung**

Beeinflussen der Einstellungen und
des Verhaltens anderer; Interaktion
in und zwischen Gruppen

Die Mitarbeiter haben zunehmend
eigene persönliche Ziele, zudem
anspruchsvolle Führungserwartun-
gen

Teamfähigkeit

Effiziente, statusfreie Zusammenarbeit mehrerer Personen zum
Erreichen gemeinsamer Ziele

Zunehmend müssen Personen mit
unterschiedlicher fachlicher Her-
kunft zusammenarbeiten; Informa-
tionsflut

Kommunikationsfähigkeit

– Soziale Fähigkeit zum Mitteilen
  von Gedanken/Gefühlen an
  andere, zu Beziehungen in
  Gruppen
– Technische Fähigkeit zur fehler-
  losen Informationsübermittlung
– Aufdecken, Abbau von Informa-
  tions-Pathologien

Hohe Konfliktträchtigkeit der
Managerarbeit durch die Konkurrenz um knappe Ressourcen

Erfahrung im Einsatz von Experten

– Erkennen, wann anstehende
  Probleme mit fremdem Sachwis-
  sen zu lösen sind
– Experten bestimmen, einsetzen
  und eingliedern

Einsatz fremden Sachwissens notwendig durch hohe Spezialisierung
und zunehmend unerwartete,
unbekannte Aufgaben

Abb. 36:   Soziale und teamdynamische Potenziale

Wertbezogene Potenziale

Wertebewusstsein

Sichtbares Ausdrücken/Pflegen zentraler Werte der Unternehmensphilosophie; strategische Erfolgspotenziale/Innovationen

Unternehmen abhängig von interner und externer Erkennbarkeit verhaltensprägender und produktbestimmender Werte und Normen (Corporate Identity)

Konzeptionelle Gesamtsicht

– Langfristig vorausschauendes, in Alternativen und Konsequenzen strukturiertes Denken im Rahmen übergeordneter Ziele

Notwendigkeit zutreffender und distanzierter Diagnose von Stärken/Schwächen des Unternehmens, gezielter Ausbau/Abbau für optimale Ergebnisse unter jeweils gegebenen Marktkonstellationen

Zukunftsorientierung

Positive Einstellung gegenüber Veränderungen von Objekten, Personen, Situationen, Zielen; breitere Wahrnehmungsperspektive, Offenheit gegenüber neuen Ideen, Konzeptionen, Strukturen; Bereitschaft für neue Erfahrungen

Schneller Wandel, wachsende Bedrohung durch Wettbewerb; eine erfolgreiche Bewältigung der Zukunft ist eher wahrscheinlich, wenn sie als Chance begriffen wird

---

Abb. 37:   Wertbezogene Potenziale

Und nun zu unserem Fragebogen.

Check-up 4: Erhebung der Führungsqualifikation

Anleitung

Gehen Sie bitte folgendermaßen vor:
Schritt 1: Bewerten Sie zunächst die Fähigkeitserfordernisse Ihrer Arbeitsstelle (Bedeutung für die Stelle) mit einer Skala von 1 = unwichtig bis 7 = sehr wichtig.

In einem nächsten Schritt bewerten Sie nun Ihre Fähigkeiten am Arbeitsplatz (Qualität der Ausführung) von 1 = meine geringste Fähigkeit im Vergleich mit anderen Gebieten bis 7 = eine meiner herausragendsten Fähigkeiten. Je offener und ehrlicher Sie vorgehen, um so besser werden für Sie die Aussagen sein, die Sie aus dem Fragebogen entnehmen können. Eine weitere Möglichkeit besteht darin, diesen Fragebogen dem eigenen Vorgesetzten zu geben und ihn, entsprechend der Vorgaben, ebenso diesen Fragebogen ausfüllen zu lassen. Aus den Ergebnissen lassen sich in jedem Falle wertvolle Erkenntnisse für die eigene Führungsarbeit ableiten.

Strategische, unternehmerische Orientierung

	Bedeutung für die Stelle	Qualität der Ausführung
– bringt schöpferische und neue Ideen, hinterfragt das Vorhandene	. . . .	. . . .
	. . . .	. . . .
	. . . .	. . . .
– ergreift bei Problemen von sich aus die Initiative	. . . .	. . . .
	. . . .	. . . .
	. . . .	. . . .
– unterstützt seinen Vorgesetzten durch Anregungen und Lösungen	. . . .	. . . .
	. . . .	. . . .
	. . . .	. . . .
– legt Wert darauf, dass die Mitarbeiter über die Ziele und Absichten der Firma gut informiert sind	. . . .	. . . .
	. . . .	. . . .
– denkt und handelt unternehmerisch	. . . .	. . . .
	. . . .	. . . .
	. . . .	. . . .

– ist unerbittlich, wenn es um die Erreichung
der Ziele geht

– erreicht auch unter schwierigen Bedingungen seine Ziele

– versteht es, die Ziele und Strategien unseres Arbeitsbereiches an die Mitarbeiter zu
vermitteln

– redet nicht nur über Strategien, setzt sie
um

– fordert seine Mitarbeiter

– versteht es, die strategischen Ziele so zu
vermitteln, dass sie eine hohe motivationale
Wirkung haben

Zielsetzung und Organisation

	Bedeutung für die Stelle	Qualität der Ausführung

– vermittelt die Ziele an die Mitarbeiter

– spricht regelmäßig mit seinen Mitarbeitern

– beobachtet die Fortschritte in dem Prozess
der Zielerreichung

– die Ziele, die erreicht werden sollen, sind
gemeinsam vereinbart

– hat die eigene Arbeit und die Bereiche gut
organisiert

– hat effektive, organisatorische Strukturen   . . . .
                                                 . . . .
                                                 . . . .

Delegation

	Bedeutung für die Stelle	Qualität der Ausführung

– die Kompetenzen sind klar definiert und   . . . .
  klar abgestimmt   . . . .
                                                 . . . .

– wenn neue Aufgaben delegiert werden, ...
  wird sorgfältig darauf geachtet, wieviel   . . . .
  Verantwortung auf den Mitarbeiter über-   . . . .
  tragen werden kann

– benutzt das Delegieren als Strategie für die   . . . .
  (Leistungs-)Entwicklung der Mitarbeiter   . . . .
                                                 . . . .

– der Delegationsstil ist dem Entwicklungs-   . . . .
  stand angepasst (z. B. gibt mehr Unterstüt-   . . . .
  zung, wenn wenig oder kein Wissen bzw.   . . . .
  Fertigkeit zur Ausübung einer gewissen
  Aufgabe vorhanden ist)

– versteht es, die Mitarbeiter zu Leistungs-   . . . .
  verbesserungen zu motivieren   . . . .
                                                 . . . .

– achtet darauf, dass die Mitarbeiter ihre   . . . .
  Stärken entwickeln und nützen   . . . .
                                                 . . . .

– hilft Mitarbeitern, unabhängig und selbst-   . . . .
  ständig zu werden   . . . .
                                                 . . . .

– fördert aktiv die Lernbereitschaft der   . . . .
  Mitarbeiter   . . . .
                                                 . . . .

Leistungsbewertung

	Bedeutung für die Stelle	Qualität der Ausführung

– die Beurteilung der Leistung orientiert
sich in erster Linie an den Ergebnissen der
Arbeit

– die Beurteilung der Leistung ist objektiv
und wird nicht durch das persönliche Verhältnis zum Vorgesetzten beeinflusst

Kommunikation und Feedback

	Bedeutung für die Stelle	Qualität der Ausführung

– meldet auch kritische Dinge offen zurück

– gibt seinen Mitarbeitern regelmäßig
Rückmeldung

– versteht es, das Feedback für den
Mitarbeiter zu formulieren

– zeigt den Mitarbeitern regelmäßig die
Punkte auf, an denen Verbesserungen
erarbeitet werden sollten

– hört gut zu

Anerkennung

	Bedeutung für die Stelle	Qualität der Ausführung

– gibt für gute Leistungen Anerkennung

– bemerkt es, wenn sich Leistungen
verbessern

– hilft zu verstehen, weshalb eine Leistung
wichtig ist

– die Anerkennung ist ehrlich   . . . .

. . . .

. . . .

Arbeitszufriedenheit

	Bedeutung für die Stelle	Qualität der Ausführung

– nimmt negative Äußerungen zum Arbeits-
klima ernst und leitet Verbesserungen ein   . . . .

. . . .

– Misstrauen, Schuldigensuche und Macht-
kämpfe haben keinen Platz   . . . .

. . . .

– hat ein gutes Team, in dem sich die
Einzelnen wohl fühlen   . . . .

. . . .

– die Einzelnen können sich in ihrem Arbeitsbereich gut entfalten   . . . .

. . . .

– legt einen hohen Wert auf die Arbeits-
zufriedenheit seiner Mitarbeiter   . . . .

. . . .

– versteht es, ein positives Arbeitsklima
zu gestalten   . . . .

. . . .

Zwischenmenschliche Beziehungen

	Bedeutung für die Stelle	Qualität der Ausführung

– setzt sich mit menschlichen Problemen
und Konflikten auseinander   . . . .

. . . .

– wirkt als Vorbild   . . . .

. . . .

– verfügt über ein gutes Einfühlungsvermögen   . . . .

. . . .

– die Beziehungen der Mitarbeiter zum
Vorgesetzten sind gut   . . . .

. . . .

– achtet andere Menschen in ihrem Wert ....

– hat politisches Gespür für die Arbeit in der ....
   Organisation

– kann sich auf allen Ebenen der Organisa- ....
   tion gut darstellen

Auswertung

Zuerst analysieren Sie die Faktoren mit hoher Bedeutung. Insbesondere dort, wo es in der Qualität geringe Ausprägungen gibt, werden Entwicklungsfelder für Sie liegen. Dann vergleichen Sie Ihre Einschätzung mit der Ihres Vorgesetzten. Ideal wäre es, wenn Sie zusammen alle relevanten Felder durchsprechen könnten.

weiter
auf S. 203

Check-up 5: Führungsverhaltensanalyse – Ermittlung des Feedbacks der Mitarbeiter zum eigenen Führungsverhalten

Dieser Teil Ihres Trainingsprogramms ist mit der spannendste. Geben Sie bitte jedem Ihrer Mitarbeiter einen Fragebogen:

Führungsverhaltensanalyse (FVA) – Fremdeinschätzung.

Bitten Sie Ihre Mitarbeiter, möglichst offen zu antworten.

Den **Fragebogen Führungsverhaltensanalyse (FVA) – Selbsteinschätzung –** beantworten Sie bitte selbst.

Die Fragen der FVA orientieren sich an den Kriterien im Check-up 4. So bekommen Sie sowohl von Mitarbeitern als auch von Ihrem Vorgesetzten Feedback. Mit Hilfe des diesem Buch beigefügten Auswertungsprogramms (Diskette) können Sie nun mit einem PC die Einschätzungen auswerten. Falls Ihre Mitarbeiter Bedenken wegen der Anonymität haben, lassen Sie die Auswertung durch einen Mitarbeiter oder eine andere, neutrale Person durchführen. Es ist wichtig, dass zu diesem Zeitpunkt der einzelne Mitarbeiter mit seiner Einschätzung anonym bleibt. Dies begünstigt die Offenheit der Antworten.

Die Auswertung besteht aus einer **Gesamtauswertung** und einer **Feinauswertung**.

Aus den Abb. 38 und 39 können Sie ein Beispiel einer Auswertung ersehen.

Führungsverhaltensanalayse

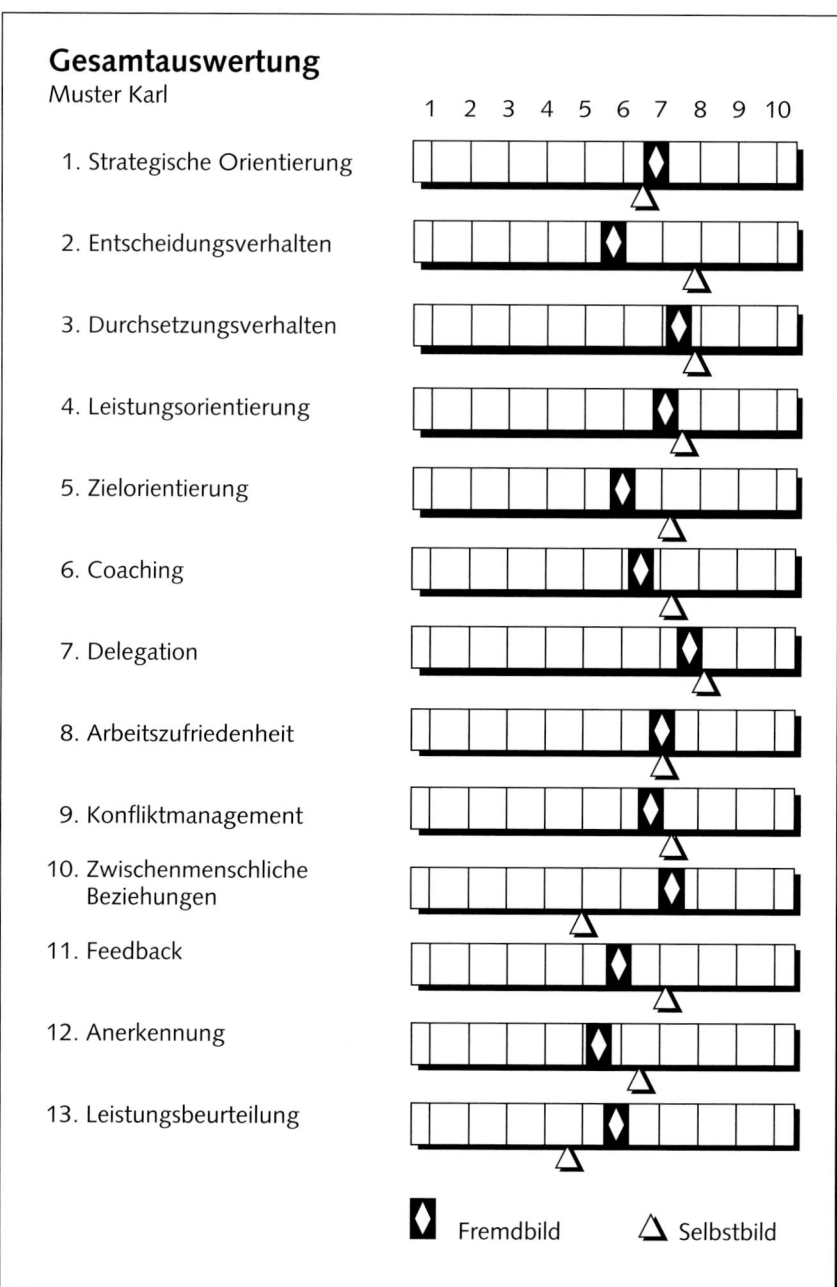

Abb. 38:   Beispiel einer FVA-Gesamtauswertung

Feinauswertung
Muster Karl

		Fremdbild	Selbstbild	Differenz	Minimum	Maximum	Standard Abweichung
1.	**Strategische Orientierung**						
1.1	Unternehmerische Orientierung	7.7	7.0	– 0.7	2	10	2.0
1.2	Kommunikation der Ziele	6.9	5.5	– 1.4	2	10	2.0
1.3	Motivation	5.9	6.7	0.8	1	10	2.4
2.	**Entscheidungsverhalten**						
2.1	Quantitative und qualitative Aspekte	6.3	6.0	– 0.3	3	10	2.0
2.2	Grad der Beteiligung	5.1	9.5	4.4	1	10	2.8
3.	**Durchsetzungsverhalten**						
3.1	Einbindung der Mitarbeiter bei durchzusetzenden Maßnahmen	6.1	6.7	0.6	1	10	2.6
3.2	Intensität der Durchsetzungsfähigkeit	8.8	9.0	0.2	7	10	0.7
3.3	Kontrollprozess	7.4	7.7	0.3	4	10	1.4
4.	**Leistungsorientierung**						
4.1	Orientierung auf Leistung	8.1	8.7	0.6	2	10	1.8
4.2	Orientierung auf Leistungsverbesserung	6.1	6.0	– 0.1	2	10	2.0
5.	**Zielorientierung**						
5.1	Unterstützung bei der Zielerreichung	6.5	8.0	1.5	3	10	2.2
5.2	Konkretisierung der Ziele	6.8	8.0	1.2	1	10	2.4
5.3	Partnerschaftliche Grundhaltung	6.6	8.0	1.4	1	10	2.2
5.4	Beobachtung des Zielerreichungsgrades	5.1	4.5	– 0.6	1	10	2.6
6.	**Coaching**						
6.1	Entwicklungsorientierung	7.0	7.0	0.0	3	10	1.8
6.2	Intensität der unterstützenden Grundhaltung	6.0	6.7	0.7	1	10	2.9
7.	**Delegation**						
7.1	Klarheit und Echtheit der Kompetenzen	8.2	8.5	0.3	4	10	1.8
7.2	Entwicklungsorientierte Delegation	7.2	7.7	0.5	4	10	1.9

		Fremdbild	Selbstbild	Differenz	Minimum	Maximum	Standard Abweichung
8.	Arbeitszufriedenheit						
8.1	Zufriedenheit mit der Arbeit	7.9	7.5	– 0.4	5	10	1.0
8.2	Zufriedenheit mit dem Vorgesetzten	7.2	6.0	– 1.2	3	10	2.2
8.3	Stellenwert der Arbeitszufriedenheit	6.6	6.7	0.1	1	10	2.6
	Arbeits- und Gruppenklima	6.6	8.3	1.7	3	10	2.1
9.	Konfliktmanagement						
9.1	Erkennen von Konflikten	6.5	7.5	1.0	2	10	2.5
9.2	Lösung von Konflikten	7.1	8.0	0.9	1	10	1.7
9.3	Konfliktentstehung	6.5	6.0	0.5	1	10	2.5
10.	Zwischenmenschliche Beziehung						
10.1	Persönlichkeit des Vorgesetzten	6.6	4.5	– 2.1	1	10	2.3
10.2	Subjektiver Stellenwert der Personalführung	7.4	2.5	– 4.9	2	10	2.3
10.3	Beziehung zu den Mitarbeitern	7.4	7.7	0.3	2	10	2.0
11.	Feedback						
11.1	Offenheit des Feedbacks	7.1	8.0	0.9	2	10	2.2
11.2	Entwicklungsorientierung des Feedbacks	6.0	8.5	2.5	1	10	2.4
11.3	Intensität des Feedbacks	4.2	5.0	0.8	1	10	2.5
12.	Anerkennung						
12.1	Ausmaß der Anerkennung	4.8	5.5	0.7	1	10	2.4
12.2	Spontaneität der Anerkennung	4.1	4.0	– 0.1	1	10	2.6
12.3	Sensibilität für gute Leistung	6.2	7.7	1.5	2	10	2.7
12.4	Ehrlichkeit der Anerkennung	6.5	8.0	1.5	2	10	2.1
13.	Leistungsbeurteilung						
13.1	Objektivität	7.5	8.0	0.5	3	10	2.3
13.2	Leistungsbewertungsgespräche	5.0	1.0	– 4.0	1	10	3.0
13.3	Klarheit der Kriterien	5.0	5.0	0.0	1	10	2.6

Abb. 39:   Beispiel einer FVA-Feinauswertung

Zu den einzelnen Werten sollen folgende Erläuterungen helfen:

1. Bei den Werten der Gesamtauswertung handelt es sich um die Mittelwerte der einzelnen Antworten (Selbstauswertung) und um die Mittelwerte der einzelnen Antworten aller Feedbackgeber.
2. Bei der Feinauswertung werden ebenfalls die Mittelwerte der einzelnen Antworten pro Unterdimension dargestellt.
Der Maximum/Minimum-Wert ist der kleinste/größte Wert, der bei einer der betroffenen Fragen abgegeben wurde.
Die Standardabweichung bewegt sich in dem Bereich, in dem sich ca. 70 % aller abgegebenen Antworten bewegen (für die Fremdeinschätzungen). Um diesen Bereich zu ermitteln, muss der Wert der Standardabweichung zum Mittelwert hinzugezählt und abgezogen werden.

Beispiel: Mittelwert   7.2
          Standardabweichung   1.2

          Bereich, in dem
          sich 70 % der Werte
          befinden

          7.2 – 1.2 =   6.0
          7.2 + 1.2 =   8.4

Die Standardabweichung ist somit eine Information über die Streuung der Werte. Je größer die Standardabweichung ist, um so mehr haben die Werte des Feedbacks gestreut.

Im Anhang II des Buches finden Sie die Zuordnung der Fragen zu den einzelnen Dimensionen (z. B. Strategische Orientierung). Anhand dieser Fragen können Sie ersehen, wie die einzelne Dimension bzw. Unterdimension präzisiert werden kann.

Gespräch mit den Mitarbeitern

Führen Sie nach der Auswertung der FVA ein Gespräch mit Ihrem Mitarbeiter. Sorgen Sie dafür, dass Sie das Gespräch in einer entspannten Atmosphäre durchführen können.

Im ersten Teil des Gespräches ist es wichtig, nochmals den Gesamtzusammenhang aufzuzeigen:
Es geht um die Entwicklung einer Feedback-Kultur, d. h. um eine konstruktive Offenheit, Vertrauen und hohe Zielübereinstimmung.

Danach geht es an die Auswertung des Führungsfeedbacks:

1. Zeigen Sie zuerst Ihre Ergebnisse auf (Gesamtübersicht). Sie können innerhalb Ihrer Darstellung auf folgende Konstellationen eingehen:
   – hohe Übereinstimmung Selbst- und Fremdbild und hohe Ausprägung bei den Werten

1	2	3	4	5	6	7	8	9	10
							0		

Bei dieser Konstellation zeigt sich offensichtlich eine Stärke Ihres Führungsverhaltens.

   – hohe Übereinstimmung des Selbst- und Fremdbildes und niedrige Ausprägung bei den Werten.

1	2	3	4	5	6	7	8	9	10
			0						

Diese Dimension ist in Ihrem Führungsverhalten nicht so stark ausgeprägt und bietet grundsätzlich Ansatzpunkte zur Verbesserung.

   – geringe Übereinstimmung bei hohen Werten in der Selbsteinschätzung

1	2	3	4	5	6	7	8	9	10
							0		

In diesem Falle nehmen Sie Ihr Verhalten als Stärke wahr, während es von den Mitarbeitern als eher weniger ausgeprägt wahrgenommen wird. Die Ursachen können sein, dass:
   – Ihr Selbstverständnis Ihres Führungsverhaltens (so wie Sie sein möchten) bei den Mitarbeitern in dieser Form nicht wahrgenommen wird. Hierbei handelt es sich um ein Kommunikationsproblem.
   – Ihr gezeigtes Führungsverhalten von Ihrem gewollten Führungsverhalten abweicht. Hier ist es wichtig, die Wahrnehmungen der Mit-

arbeiter möglichst an konkreten Situationen zu klären und nochmals das gewünschte Selbstverständnis zu verdeutlichen.

– geringe Übereinstimmung bei hohen Werten in der Fremdeinschätzung

1	2	3	4	5	6	7	8	9	10
				0					

In dieser Situation werden Sie anders wahrgenommen, als Sie selbst denken. Auch hier ist es wichtig, über die Abweichung zu sprechen. Es gibt in aller Regel keinen Veränderungsbedarf für Sie.

2. Im zweiten Schritt gehen Sie auf Abweichungen in der Detailübersicht ein. Die Detailübersicht präzisiert die Hauptdimensionen und zeigt konkretere Ansatzpunkte auf.
   Wichtig ist es auch in diesem Teil, dass Sie sich nicht rechtfertigen, sondern mit Ihren Mitarbeitern die Ergebnisse konkretisieren. Dann wissen Sie, welche Wahrnehmungen und Wünsche hinter den einzelnen Ergebnissen stecken. Keinesfalls ist mit diesem Gespräch verbunden, dass Sie alle Wünsche erfüllen müssen oder können.

3. Im dritten Schritt der Auswertung stellen Sie bitte Ihrem Team folgende Frage:
   Angenommen, Sie hätten bezüglich meines Führungsverhaltens einen Wunsch frei, wie würden Sie ihn formulieren?

Abhängig von den aufgetretenen Abweichungen wird es unterschiedlichen Gesprächsbedarf geben. Sie sollten sich zu diesem Thema in jedem Falle **mindestens** zweimal für ca. 1 Std. treffen. An diesen Treffen können Sie auch für sich sehen, wie gut es Ihnen heute gelingt, Coaching/Beratungsgespräche zu führen und in einem Gespräch einen Zopf zu spinnen, um an die eigentliche Ursache zu kommen (vgl. das dritte Kapitel dieses Buches).

weiter
auf S. 210

Durch Arbeitszufriedenheit zu einem hohen Leistungsstandard

Wir denken, dass Arbeitszufriedenheit eine große Voraussetzung für effektives Arbeiten ist. Arbeitszufriedenheit ist nicht allein eine reaktive Einstellung, sondern Arbeitszufriedenheit hängt auch mit der eigenen Persönlichkeit zusammen. Das heißt, jeder muss sich darüber klar werden, inwieweit die eigene Arbeitszufriedenheit oder auch Unzufriedenheit mit Faktoren der eigenen Persönlichkeit zu tun hat. Arbeitszufriedenheit bedeutet auch Verantwortung, selbst etwas zu unternehmen. Bearbeiten Sie zunächst den folgenden Check-up.

Check-up 6: Analyse der eigenen Arbeitszufriedenheit

Bearbeiten Sie diesen Fragebogen zuerst allein. Dann sprechen Sie mit Ihrem Lernpartner darüber.

1. Wie schätzen Sie heute Ihre eigene Arbeitszufriedenheit ein

   unzufrieden _____ zufrieden

2. Beschreiben Sie die Situationen, die zu Unzufriedenheit bei Ihnen am Arbeitsplatz geführt haben.

3. Beschreiben sie eine oder mehrere Situationen, die zu Arbeitszufriedenheit geführt haben.

4. Welche Änderungen müssten Sie in Angriff nehmen, um zu einer höheren Zufriedenheit zu gelangen? Denken Sie insbesondere daran, das anzugehen, was **Sie** beeinflussen können.

weiter auf S. 228

Dritter Teil

Leistungsfähigkeit durch Coaching

12. Was heißt Coaching?

Während andere Entwicklungsaktivitäten eines Vorgesetzten punktuell stattfinden und einen definierten Anfang und ein festgelegtes Ende haben – beispielsweise das Gespräch mit einem Mitarbeiter, bevor er zu einem Workshop geht – ist Coaching ein ständig ablaufender Prozess und wird zum Stil des entwicklungsorientiert führenden Vorgesetzten schlechthin.

Bezüglich der Coaching-Definition gibt es sehr unterschiedliche Auffassungen, so dass man nicht davon ausgehen kann, dass Fachleute und Führungskräfte exakt dasselbe unter diesem Begriff verstehen. Dabei reicht die Verständnispalette von therapeutischer Einzelberatung über die Einleitung persönlicher Entwicklungsprozesse bis zum Durchpeitschen von Zielen.

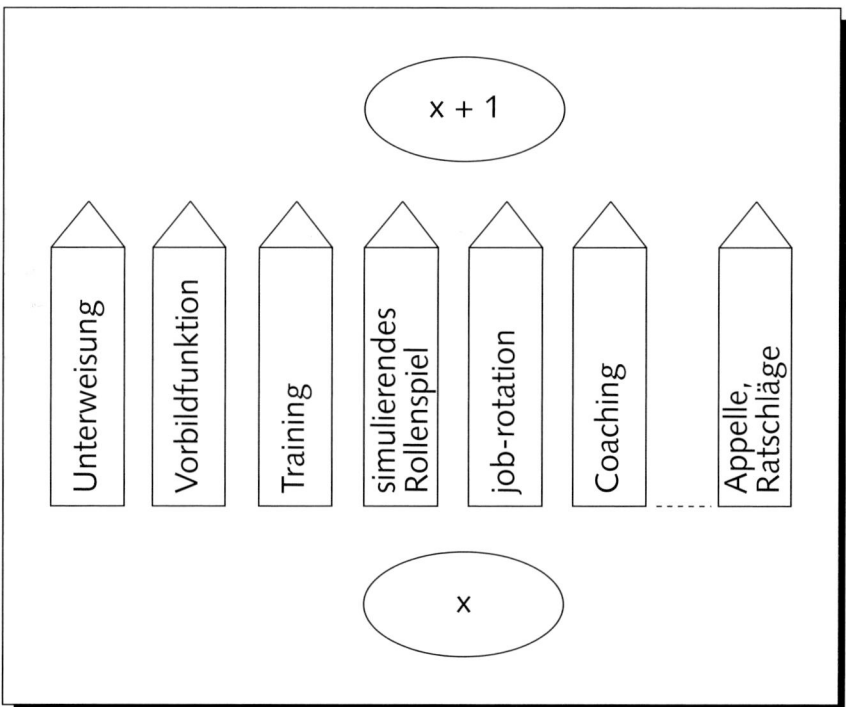

Abb. 40:   Die Entwicklungsinstrumente des Vorgesetzten

Coaching ist nach unserem Verständnis eine von vielen Entwicklungshandlungen, die ein Vorgesetzter im Rahmen seiner Entwicklungsarbeit einsetzt. Wie in Abbildung 40 dargestellt, kann ein Vorgesetzter, wenn er eine Entwicklung von x auf x+1 einleiten möchte, verschiedene Entwicklungsinterventionen in Abhängigkeit vom Entwicklungsziel einsetzen.

In diesem Kontext der Entwicklungsinterventionen lässt sich Coaching durch folgende Charakteristika definieren:

– durch Coaching entsteht immer **Entwicklung in der Person**
– es geht um die Verbesserung von Leistung und Verhalten, mit dem Ziel, **Arbeitsergebnisse zu verbessern**
– es ist im Prozess eine Zweierbeziehung Vorgesetzter/Mitarbeiter
– der **Vorgesetzte wird initiativ**
– es geht um den **Einstellungs- und Verhaltensbereich**.

Coaching beinhaltet damit alle in einer Zweierbeziehung vom Vorgesetzten bewusst intendierten Maßnahmen im Einstellungs- und Verhaltensbereich, die durch die Entwicklung in der Person zu einer Verbesserung der Arbeitsergebnisse führen.

Im Unterschied zu den anderen Entwicklungsmaßnahmen fokussiert Coaching den Einstellungs- und Verhaltensbereich, um über stetig aufbauende Schritte zu einer dauerhaften Leistungsverbesserung zu kommen.

Coaching ist somit eine Art aufgabenbezogene Kurzzeit-Therapie. Alle Maßnahmen und Vorgehensweisen, die in dem Coaching-Prozess ergriffen werden, gehen so weit an die Person, wie dies zur Aufgabenbewältigung notwendig ist. Dies beinhaltet, dass Coaching nicht allein Einweisung oder Unterweisung ist, sondern das für die Bewältigung des Engpasses notwendige psychologische Wissen und Einfühlungsvermögen beim Vorgesetzten voraussetzt.

Will man Coaching charakterisieren und insbesondere den Unterschied zu anderen Entwicklungsmaßnahmen des Vorgesetzten herausarbeiten, so lassen sich fünf Unterscheidungsmerkmale ableiten (vgl. Abbildung 41).

Strategische Orientierung

Coaching ist strategisch orientiert. Es werden nicht alle Leistungsverbesserungen, die denkbar sind, angestrebt. Vielmehr muss sich der Vorgesetzte darüber klar werden, wo in seinem Arbeitsbereich die Engpässe sind und welche Entwicklungsmaßnahmen in Gang gesetzt werden müssen, um eine möglichst hohe Effizienz und quantitative und qualitative Gesamtleistungen seines Arbeitsbereiches zu erreichen.

Vergleicht man diese Grundeinstellung mit Entwicklungen im Bereich des Leistungssports, so kann man Coaching mit dem Trainingsstil zur Leistungserhöhung eines Tennisspielers vergleichen. Eine Möglichkeit, erfolgreich Tennis zu spielen, ist es, sämtliche Spieltechniken zur Höchst-

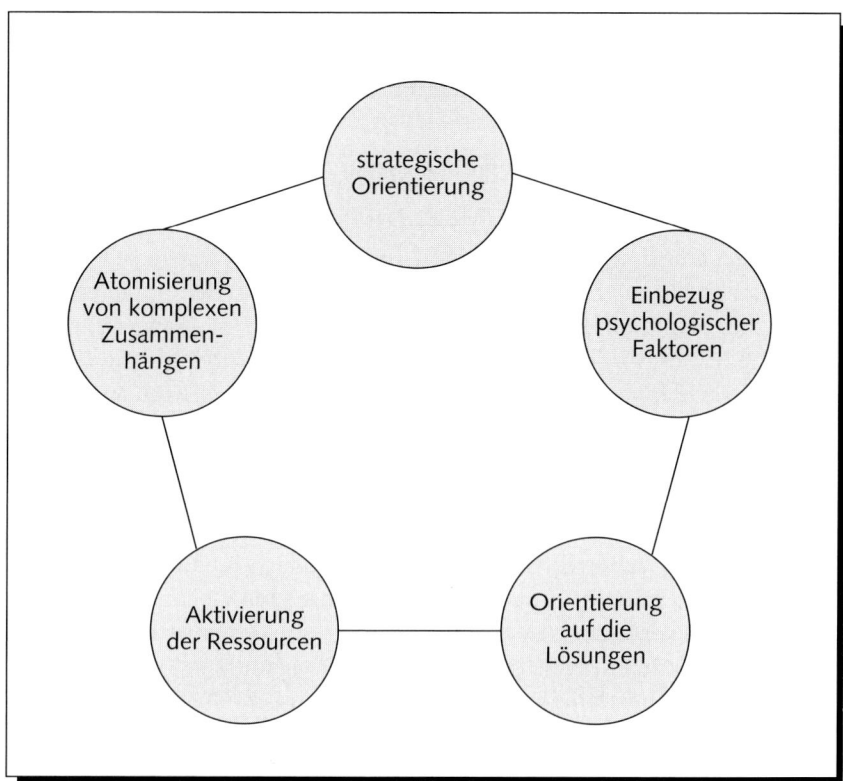

Abb. 41: Grundsätze im Coaching-Prozess

form zu trainieren. In der Realität wird das in den seltensten Fällen möglich sein, da Menschen unterschiedliche Talente haben und unterschiedliche Dinge unterschiedlich gut bewältigen können.

Die andere strategische Vorgehensweise ist nun – was *Boris Becker* eindrücklich bewiesen hat – bestimmte strategisch bedeutsame Fertigkeiten sehr intensiv zu trainieren und dafür andere strategisch weniger wichtige Fertigkeiten auch mit weniger Aufwand zu trainieren. Beim Tennis ließe sich somit die Hypothese aufstellen, dass ein Tennisspieler, der jeden Aufschlag durchbringt, eine relativ große Wahrscheinlichkeit hat, auch das Spiel zu gewinnen.

Übertragen auf die Arbeitswelt des Managers bedeutet dies, dass er sich fragen muss, was in seinem Arbeitsbereich die entscheidenden Engpässe sind und was diese Engpässe mit den Fähigkeiten und Kenntnissen und der Motivation seiner Mitarbeiter zu tun haben und welche dieser Engpässe mit vertretbarem Aufwand beseitigt werden können, um somit den ganzen Arbeitsbereich zu einer höheren Leistungsfähigkeit zu entwickeln.

Zweitens bedeutet strategische Orientierung im Coaching, dass Coaching stets ein Anlass ist, die strategischen Absichten eines Unternehmens in das Denken und Handeln der Mitarbeiter zu übertragen. Es geht somit um die Fragen:

– welche strategischen Elemente müssen umgesetzt werden?

– mit welchen Maßnahmen erreichen wir eine Verbesserung?

Es werden natürliche Anlässe genutzt, um die strategische Marschrichtung der Organisation zu unterstützen und die notwendigen Mentalitätsveränderungen bei den Führungskräften und Mitarbeitern in Gang zu setzen. Coaching ist kurzzeitorientiert und kein zeitaufwendiger langwieriger Prozess. Das beinhaltet natürlich, dass die Instrumente und Interventionen im Coaching-Prozess effektiv und für eine Veränderung wirksam sind.

Atomisierung

Viele von Vorgesetzten intendierte Leistungs- oder Verhaltensänderungen sind deshalb nicht realisierbar, weil die Vorgesetzten viel zu große Veränderungsschritte erwarten. Coaching orientiert sich deshalb an kleinen und machbaren Veränderungen, die allerdings im Gesamtkontext der beabsichtigten Entwicklungsrichtung gesehen werden müssen. So wie im Sport Bewegungsstudien gemacht werden und sich ein Trainer oder Coach fragt, wie es zu erklären ist, dass ein Sportler bei gleichem Leistungsstand das eine Mal die Latte bei 2,30 m reißt und das andere Mal diese Latte überspringt, so kann der Vorgesetzte sich fragen, wie es kommt, dass ein Mitarbeiter bei Präsentationen immer wieder Misserfolge hat. Dieser Mitarbeiter wird nicht die gesamte Präsentation schlecht durchführen, sondern er wird an ganz bestimmten, definierten und auch oft wiederkehrenden Punkten einen Fehler machen und somit den Misserfolg quasi selbst herbeiführen.

Für unseren Coaching-Prozess heißt das, dass der Vorgesetzte neben einer genauen Beobachtungsgabe und Diagnosefähigkeit über Techniken und Instrumente verfügen muss, die es ihm ermöglichen, den Prozess quasi zu atomisieren, ihn in kleine Einzelteile zu zerlegen, um somit die für den Misserfolg oder für die Abweichung relevanten Verhaltensweisen herausfinden.

Einbezug psychologischer Faktoren

Zur Verdeutlichung kann auch hier wieder ein Vergleich mit dem Sport herangezogen werden, wo neben dem physiologischen Leistungsstand des einzelnen Sportlers auch dessen individuelle und mentale Selbsteinschätzung eine entscheidende Rolle spielt.

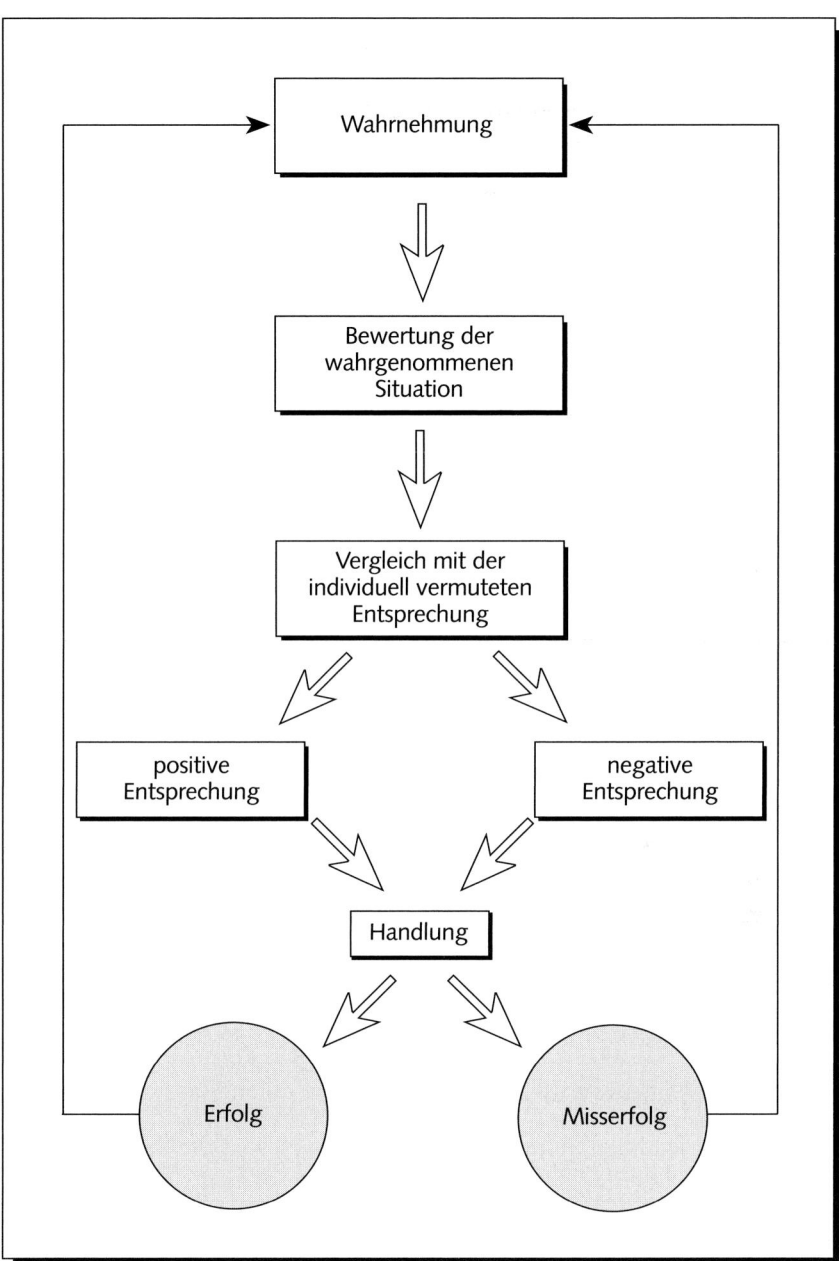

Abb. 42:   Der Erfolgs-/Misserfolgskreislauf

Dies ist der dritte, wesentliche Faktor. Der Vorgesetzte muss abschätzen können, welche Anteile in der Abweichung auf psychologische oder mentale Prozesse zurückzuführen sind. Dabei spielen oft die in Abbildung 35 dargestellten Phänomene eine gewichtige Rolle. Dies soll im Folgenden anhand eines Beispiels erläutert werden.

Nehmen Sie an, ein Mitarbeiter soll anlässlich eines Projekts eine Präsentation übernehmen. Als erstes wird er die Situation wahrnehmen. Er wird womöglich andere Präsentationen hören und sehen, die vor seinem Vortrag stattfinden, und er wird diese Präsentationen bewerten. Dann wird er zu einem positiven oder negativen Ergebnis kommen. Der nächste Schritt ist, dass wir diese bewerteten Wahrnehmungen mit unserer individuellen Entsprechung vergleichen. D. h., dieser Mitarbeiter wird sich irgendwann fragen, wie weit er dem vorgezeigten Leistungsniveau entsprechen kann, und er wird für sich zu einer entweder positiven oder negativen Entsprechung kommen. Diese Selbstbewertung hat in aller Regel einen großen Einfluss auf die nachfolgende Handlung des Mitarbeiters, die letztlich erfolgreich oder nicht erfolgreich sein wird.

Man hat festgestellt, dass Erfolge und positive individuelle Entsprechung einerseits und Misserfolge und negative individuelle Entsprechung andererseits einen großen Zusammenhang aufweisen. Die vom Individuum vermutete positive Entsprechung einer Herausforderung hat offensichtlich mit höherer Wahrscheinlichkeit einen Erfolg zur Konsequenz, als die vom Individuum vermutete negative Entsprechung einer Herausforderung. Erfolgreiche Menschen denken positiver über sich. Das ist die Quintessenz aus dieser Darstellung.

Coaching hieße nun, dass der Vorgesetzte solche psychologischen Phänomene und Prozesse mit in seine Entwicklungsarbeit einbezieht und sehr stark darauf achtet, welche Engpässe auch auf psychologische Phänomene zurückzuführen sind.

Orientierung auf die Lösung

Viele Probleme bleiben nur deshalb erhalten, weil sich die Beteiligten auf das Problem fixieren und erklären, warum das Problem da ist. Hintergrund des Coachingvorgehens ist es, den Blick auf Lösungen, auf mögliche Optionen zu lenken und daran zu arbeiten, die Unterschiede zur Lösung herauszuarbeiten und überwindbar zu machen.

Eine wichtige Erkenntnis dabei ist, dass sich die meisten Probleme aus der Lösung definieren. Wenn alle Menschen dieser Welt depressiv wären und stets traurig und niedergeschlagen ihr Dasein fristen würden, hätte womöglich niemand ein Problem. Es könnte sogar so sein, dass zunächst der- oder diejenige, die nicht von der Depression heimgesucht sind, als krankhaft oder abartig gesehen würden. Erst wenn es für einige erstrebenswert wäre, zumindest für einige Momente ihres Daseins fröhlich und ausgelassen zu sein, würde für die anderen ein Problem entstehen.

Ein anderer Zusammenhang ist, dass – so banal das klingt – zwischen der Lösung und der Nichtlösung ein Unterschied besteht. Erst das bewusste Fokussieren auf die Lösung lässt diesen Unterschied zu Tage treten und bearbeitbar machen. So geht die Strategie von Coaching immer darauf, die Lösung darzustellen und sichtbar zu machen und den daraus sichtbar werdenden Unterschied zu atomisieren, in kleine Schritte aufzuteilen und damit bewältigbar zu machen.

Orientierung auf die Ressourcen

Dahinter steckt der Glaube, dass in dem betreffenden System in aller Regel auch genügend Ressourcen für die Verbesserung der Situation liegen und dass die Fähigkeiten aktiviert werden müssen, die aus der Situation herausführen. Stellen Sie sich vor, ein Coach würde nicht an die Ressourcen und an die Fähigkeiten seines Athleten glauben. Womöglich würde er diesen abwerten und schlecht machen. Wie soll aus dieser Situation eine Höchstleistung entstehen, insbesondere wenn Sie sich nochmals den Zusammenhang auf Abbildung 42 deutlich machen.

Und jetzt denken Sie an Ihre Arbeitssituation und fragen sich, wie sehr Sie an die Fähigkeiten Ihrer Mitarbeiter glauben und was Sie unternehmen, dass die Ressourcen tatsächlich zur Entfaltung kommen können.

13. Wie lässt sich Coaching in einen Führungszyklus einordnen?

Aus der untenstehenden Auflistung können Sie den Führungszyklus und die Einordnung des Coaching in diesem Führungszyklus ersehen. Es lassen sich folgende Abschnitte des Führungsverhaltens ableiten:

1. Erwartungen definieren und Ziele vereinbaren
2. Delegation
3. Die Situation überwachen
4. Coaching
5. Leistungsbemessung

Im Folgenden möchten wir nun auf die einzelnen Führungshandlungsbereiche eingehen und aufzeigen, wie diese Bereiche ausgestaltet sein müssen, damit ein Coaching-Prozess überhaupt funktionieren kann.

Erwartungen definieren und Ziele vereinbaren

Welcher Vorgesetzte hat noch nichts gehört über die Notwendigkeit, Ziele mit seinem Mitarbeiter zu vereinbaren. Es gibt eine Menge Literatur, die sich damit beschäftigt. MBO, Management By Objectives, ist heute eine weltweit anerkannte wichtige Managementtechnik. Warum vermeiden trotzdem noch so viele Vorgesetzte Zielsetzungsprogramme? Ein Grund liegt womöglich darin, dass diese Zielsetzungsprogramme verbürokratisiert wurden und lediglich einen Papierkrieg verursacht haben, aber niemals das eingelöst haben, was lebende Ziele erreichen können.

Zielvereinbarung richtig verstanden, geht über eine reine Bürokratie weit hinaus. Ziele sind nicht einfach ein quantitativer Zahlendiktionsprozess. Ziele sind vielmehr etwas Qualitatives. Es geht darum, über einen erwünschten und zu erreichenden Zustand, Motivationen und Energien bei Mitarbeitern und Vorgesetzten zur Zielerreichung freizulegen. So kann man davon ausgehen, dass wenn ein Zielfindungs- und ein Zielvereinbarungsprozess zwischen Vorgesetzen und Mitarbeitern kooperativ und partnerschaftlich abläuft, die Problematik des Coachings überhaupt nicht auftritt, da zu erwartende Abweichungen zuvor in dem Zielvereinbarungsprozess mit eingebaut werden. Die Ziele werden auf einer realistischen und authentischen Basis formuliert.

Zum anderen werden Ziele oft falsch formuliert. Man umschreibt irgendwelche Maßnahmen. Wenn z. B. ein Personalentwicklungsmitarbeiter den Auftrag bekommt, in einem Fertigungsbereich Mitarbeiterzirkel einzuführen, ist das nicht eigentlich ein Ziel. Das dahintersteckende Ziel könnte etwa lauten, die Fehlzeiten in diesem Bereich zu senken. Erst wenn das Ziel als zu erreichender Zustand formuliert wird, werden beim Mitarbeiter Energien zur Zielerreichung freigelegt und die Sinnhaftigkeit der Maßnahmen verdeutlicht.

So lassen sich die Anforderungen an Ziele wie folgt zusammenfassen:

Ein brauchbares Ziel ...

- betont Ergebnisse, nicht Handlungen, Aktivitäten
- ist, soweit möglich, messbar
- fordert heraus, ist aber erreichbar
- steht zu anderen Zielen der Organisation der Abteilung in Beziehung
- ist von allen Partnern akzeptiert
- wird von Zeit zu Zeit überprüft und ggf. revidiert.

Delegation

Wenn die Richtung klar festgelegt ist, die Ziele bestimmt sind und die Vorgehensweise für die Ausführung der Ziele feststeht, beginnt der Prozess der Delegation. Delegation beinhaltet die Festlegung des Verantwortungsgrades für jede Hauptaufgabe, die ausgeführt werden soll. Die Mitarbeiter sind dabei für einige Aufgaben voll verantwortlich, für andere nur teilweise. Der Verantwortungsgrad und die Festlegung desselben durch den Vorgesetzten und Mitarbeiter ist das Kernstück des Delegationsprozesses.

Das fundamentale Problem bei der Delegation ist die genaue Einschätzung und Wahrnehmung der Kenntnisse, Fähigkeiten, Motivation und des Selbstvertrauens des Mitarbeiters. Diese sind Voraussetzung, um eine Aufgabe auszuführen. Zum Beispiel kann ein Vorgesetzter zu viel Verantwortung auf einen Mitarbeiter übertragen. Wenn dies passiert, ist der Misserfolg wahrscheinlich vorbestimmt. Auf der anderen Seite kann ein Manager zu wenig delegieren, obwohl der Mitarbeiter in der Lage wäre, die Aufgabe ohne Unterstützung und Betreuung auszuführen. Effektive Delegation als Verbindung von zu erledigender Aufgabe und dem erforderlichen Qualitätsniveau heißt genau zu erkennen, inwieweit der Mitarbeiter in der Lage ist, die Aufgabe zu erfüllen und wie sorgfältig die Beobachtung und Steuerung des Prozesses durch den Vorgesetzten zu erfolgen hat.

Eine Hilfe für diese Einschätzung kann das Führungsmodell von *Hersey/ Blanchard* (*Hersey, Blanchard*, 1977) sein.
Hersey/Blanchard haben ein Modell entwickelt, in dem die Effektivität des Führens abhängt von der Übereinstimmung von Führungsstil und Entwicklungsgrad des betreffenden Mitarbeiters (vgl. Abbildung 43).

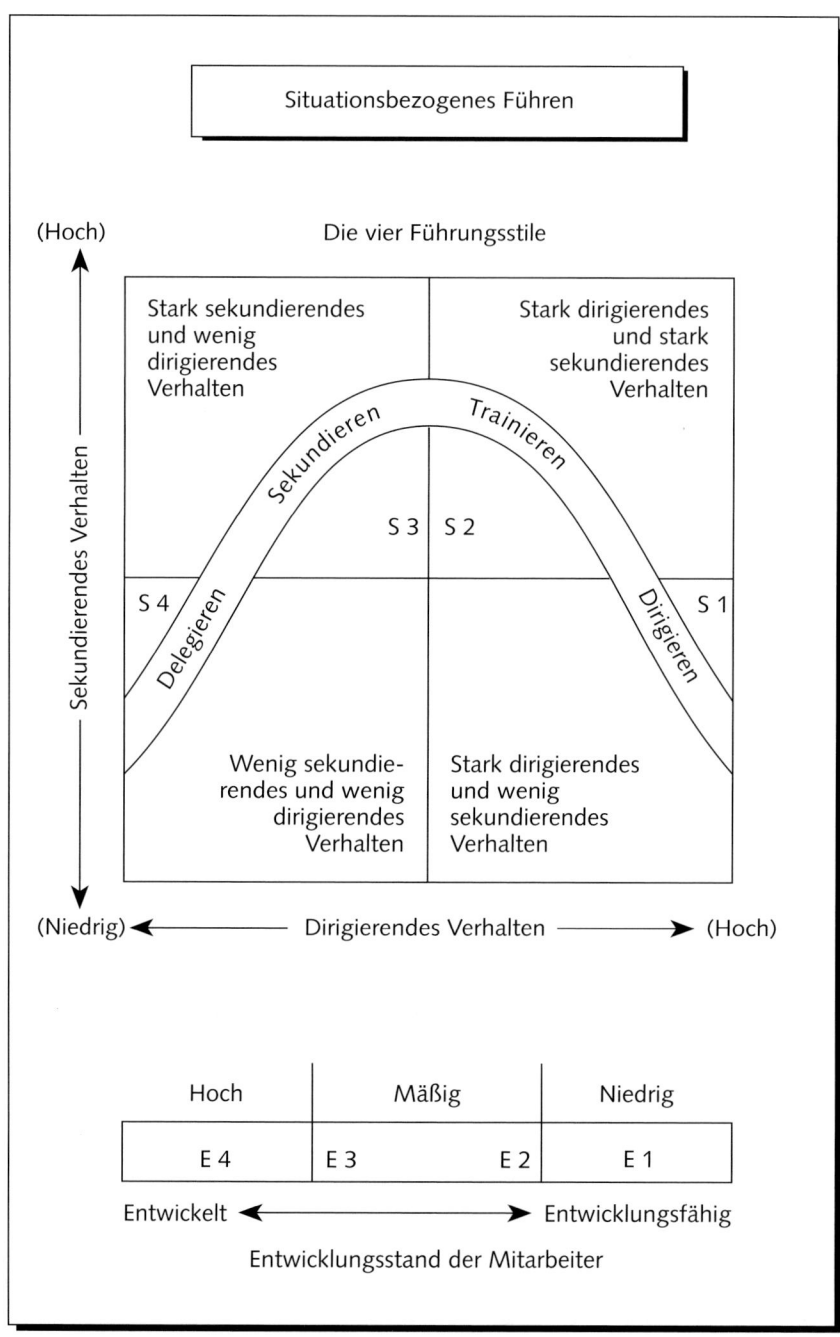

Abb. 43:   Situationsbezogenes Führen (*Hersey / Blanchard*, 1986)

Die vier möglichen Führungsstile werden wie folgt umschrieben:

Die vier fundamentalen Führungsstile sind:

Stil 1: Lenken

Der Leiter gibt präzise Anweisungen
und beaufsichtigt gewissenhaft
die Durchführung der Aufgabe.

Stil 2: Anleiten

Der Leiter lenkt und überwacht auch weiterhin
gewissenhaft die Durchführung der Aufgabe,
bespricht aber seine Entscheidungen mit den
Mitarbeitern, bittet sie um Vorschläge und
unterstützt ihre Fortschritte.

Stil 3: Unterstützen

Der Leiter fördert und unterstützt die
Mitarbeiter bei der Durchführung der Aufgabe
und teilt die Verantwortung für die zu
fällenden Entscheidungen mit ihnen.

Stil 4: Delegieren

Der Leiter überträgt den Mitarbeitern
die Verantwortung für die zu fällenden
Entscheidungen und die zu lösenden
Probleme.

Abb. 44: Die vier fundamentalen Führungsstile (*Hersey/Blanchard*, 1986)

Die vier Entwicklungsstufen sind:

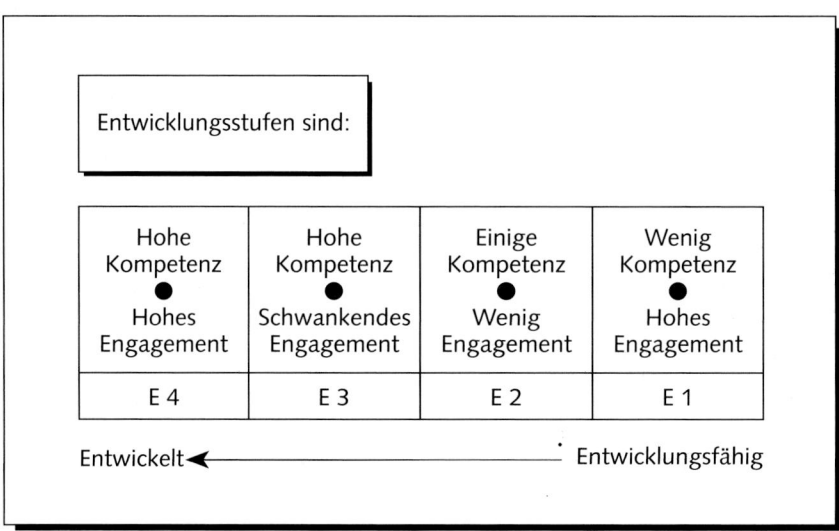

Entwicklungsstufen sind:

Hohe Kompetenz ● Hohes Engagement	Hohe Kompetenz ● Schwankendes Engagement	Einige Kompetenz ● Wenig Engagement	Wenig Kompetenz ● Hohes Engagement
E 4	E 3	E 2	E 1

Entwickelt ◄─────────────────── Entwicklungsfähig

Abb. 45: Die vier Entwicklungsstufen (*Hersey/Blanchard*, 1986)

Der grundsätzliche Zusammenhang ist: Ein E1 Mitarbeiter ist zwar engagiert, aber nicht unbedingt kompetent. Deshalb muss er unterwiesen und instruiert werden. Er muss sowohl über die Aufgabe und das Ziel als auch über den Lösungsweg unterwiesen werden. Ein E2 Mitarbeiter, der weder ausreichend kompetent noch ausreichend engagiert ist, muss mit dem Stil Trainieren geführt werden. Intensives positives Feedback und Unterstützung, wie auch weiterhin Unterweisung sind wichtige Handlungen. Mehr und mehr gewinnt das Training vor Fertigkeiten Gewicht. Ein E3 Mitarbeiter ist zwar kompetent aber ungleichmäßig engagiert und braucht deshalb Unterstützung und Vertrauen, um kalkulierbare Risiken übernehmen zu können und sich neue Aufgaben und Herausforderungen zuzutrauen. Ein E4 Mitarbeiter ist sowohl kompetent als auch engagiert, so dass der Leiter ihm weder Struktur noch Hilfestellungen zu geben braucht.

Diese Betrachtung zeigt eindrücklich, dass Delegation kein Alles-oder-Nichts-Vorgehen ist, sondern abhängig vom Entwicklungsgrad des Mitarbeiters stufenweise durchgeführt werden muss. Dabei können folgende Stufen angenommen werden:

1. Stufe: Der Mitarbeiter kann eine einzelne, sorgfältig durchstrukturierte Aufgabe ausführen. Kenntnisse und Fertigkeiten sind begrenzt vorhanden.

2. Stufe: Zusätzlich zur Ausführung der oben genannten Aufgabe hat der Mitarbeiter sich über mögliche Erweiterungsfelder und Strukturierungsmöglichkeiten selbst Gedanken zu machen. Der Mitarbeiter beherrscht die Teilaufgabe und lernt, bezüglich weiterer möglicher Ziele, mitzudenken.

3. Stufe: Der Mitarbeiter beherrscht einen Aufgabenbereich von der Planung über die Problemlösung bis zur Überprüfung. Er braucht Supervision durch den Vorgesetzten und wird jetzt angeleitet, die Gesamtverantwortung zu übernehmen. Durch Entwicklung des Selbstvertrauens kann der Mitarbeiter nun ermuntert werden, kalkulierbare Risiken einzugehen.

4. Stufe: Der Mitarbeiter ist fähig, einen Aufgabenbereich komplett und ohne Hilfe und Überwachung auszuführen.

Bei der Delegation gilt es deshalb folgende Grundsätze zu beachten:

1. Bei jeder Aufgabe, die Sie delegieren wollen, prüfen Sie zuerst den Entwicklungsstand des Mitarbeiters (Kenntnisse, Fertigkeiten, Zutrauen und Motivation).
2. Vergewissern Sie sich, dass Sie die Aufgabe, die Sie delegieren, selbst verstehen.
3. Unterteilen Sie die Aufgabe in Segmente entsprechend dem Vier-Stufen-Modell.
4. Erklären Sie, was getan werden soll, wie es getan werden soll (abhängig vom Entwicklungsgrad des Mitarbeiters), warum es getan werden soll, wann die Aufgabe fertig sein soll und mit wem der Mitarbeiter Kontakt aufnehmen soll.
5. Gewinnen Sie das Verantwortungsgefühl des Mitarbeiters, indem Sie ihn zur Beteiligung ermutigen.
6. Geben Sie dem Mitarbeiter Zutrauen und Unterstützung während des ganzen Prozesses.
7. Zeigen Sie dem Mitarbeiter auch im Prozess Erfolgspunkte und wichtige Schwellen auf.
8. Überprüfen Sie gemeinsam die Arbeit. Bestärken Sie korrekt durchgeführte Aufgaben oder Aufgabenteile.

Letzten Endes stellt das Delegieren eine einfache Art und Weise dar, die Mitarbeiter in ihrer Entwicklung durch entsprechende Gestaltung der Aufgabenbereiche zu unterstützen. Abgesehen davon, dass der Mitarbeiter von dieser Unterstützung im eigenen Aufgabengebiet profitiert, helfen Sie sich mit Delegation selbst. Und obwohl Delegation Zeit braucht, werden Sie auf lange Sicht Zeit erübrigen können, um die Dinge zu tun, die Sie in Ihrer eigenen Karriere voranbringen (vgl. hierzu *Hersey/Blanchard,* 1986).

Wenn Sie dieses Modell vor Augen haben, so können Sie sehr gut sehen, welche Führungsfehler gemacht werden und mit welchen einfachen Prinzipien eigentlich Entwicklungen in Gang gesetzt werden können. So wird ja oft ein Mitarbeiter, der wenig motiviert und auch wenig befähigt ist, nach dem Führungsstil Delegation geführt, d. h., er hat wenig Kontakt zu seinem Vorgesetzten; er bekommt relativ große Aufgabenbereiche delegiert; er bekommt wenig Unterstützung und muss damit auch an dieser Aufgabe scheitern. Nach dem Motto ›Geben wir ihm noch eine Chance‹ werden hier fatale Führungsfehler gemacht. Genaugenommen müsste der Mitarbeiter sehr positiv und sehr eng geführt werden, d. h., der Vorgesetzte müsste mit ihm Ziele und Erwartungen ganz exakt durchsprechen. Er setzt kleine, erreichbare Ziele und erarbeitet zusammen mit dem Mitarbeiter Wege zu ihrer Erreichung. Wenn Erfolge sofort anerkannt werden, ist der Gesamterfolg programmiert.

Umgekehrt werden oft Mitarbeiter, die eine sehr hohe Entwicklungsstufe erreicht haben, die also durchaus mit dem Führungsstil Delegation geführt werden können, mit einem sehr dirigistischen und kontrollierenden Führungsstil geführt. Der Vorgesetzte möchte über alles Bescheid wissen, die Richtung wird sehr exakt festgelegt, es ist keine Öffnung da. Dies ist eine taugliche Methode, vorhandene Kreativität und Initiative zu unterdrücken.

Die Situation überwachen

Kontrolle ist von der Bedeutung für viele von uns mit einem sehr negativen Beigeschmack versehen. Allzu oft haben wir damit negative Erfahrungen gemacht. So ist ja Kontrolle auch eine gute Möglichkeit, einen Mitarbeiter in eine Gegenreaktion und in den Widerstand zu bringen. Trotz alledem ist es unbestritten, dass der Vorgesetzte über seinen Arbeitsbereich gewissermaßen Bescheid wissen muss, zum einen, um bei auftretenden Schwierigkeiten oder sich ankündigenden Schwierigkeiten rechtzeitig eingreifen zu können, zum anderen, um Unterstützung für seine Mitarbeiter zu bieten. Dies ist sicherlich ein sehr schwieriges Feld der Führung, da eine gewisse Überwachung stattfinden muss, diese Überwachung aber von dem Mitarbeiter nicht gleichgesetzt werden darf mit Kontrolle.

Ein wichtiger Weg, diese Anforderungen zu erreichen, liegt sicherlich darin, den Stil der Überwachung, gewissermaßen also auch den Stil der Kontrolle, mit dem Mitarbeiter offen zu besprechen und klar die Erwartungen, Ziele und gegenseitigen Bedürfnisse klarzulegen und zu vereinbaren.

Coaching

Die vierte Phase im Führungszyklus ist das Coaching, das Hauptgegenstand dieser Abhandlung ist. Coaching ist sowohl proaktiv als auch reaktiv. Es geht also darum, Abweichungen zu diagnostizieren, mögliche zukünftige Entwicklungen zu antizipieren und Entwicklungen in Gang zu setzen. Dies alles fokussiert den Bereich der Einstellungs- und Verhaltensänderung. Natürlich kann Coaching stets überführen zu Trainingsmaßnahmen, zu Unterweisungen und zum simulativen Rollenspiel. Insofern können die Entwicklungsmaßnahmen eben nur im Modell künstlich getrennt werden. In der Realität sind sämtliche Führungshandlungen miteinander verknüpft.

Leistungsbemessung

Die Leistungsbemessung stellt nun den Abschluss dieses Führungszyklusses dar. Hierbei geht es um die Bilanzierung der in einer Periode erbrachten Leistungen, aber auch um die Einschätzungen des zukünftigen Potenzials und der zukünftigen Entwicklung. Wenn die anderen Handlungsbereiche des Führens intensiv und vollständig bearbeitet wurden, dürfte diese Leistungsbemessung, die ja in aller Regel mit einem Beurteilungsgespräch verbunden ist, nicht zu Überraschungen und zu negativen Entwicklungen führen. Je intensiver und der Entwicklung angemessen der Kontakt zwischen Vorgesetzten und Mitarbeiter war, um so gerechter und valider kann am Ende einer Periode eine Leistungsbemessung sein. Diese kann eine Grundlage für eine motivierende zukünftige Zusammenarbeit darstellen.

14. Ablauf des Coachings

Zum Ablauf des Coachings vergleichen Sie bitte die Leitkarte (Abbildung 46).

Der Coaching-Vorgang gliedert sich grundsätzlich in 5 Phasen:

1. Darstellung der Ausgangssituation und Beschreibung des Erfolgspunktes
2. Erreichung von Zielkongruenz
3. Klärung der Situation
4. Suche nach Lösungen über Ausnahmen, hypothetische Lösungen, Analyse bisheriger Versuche und über die hypothetische Verschlechterung
5. Formulierung von Aufgaben

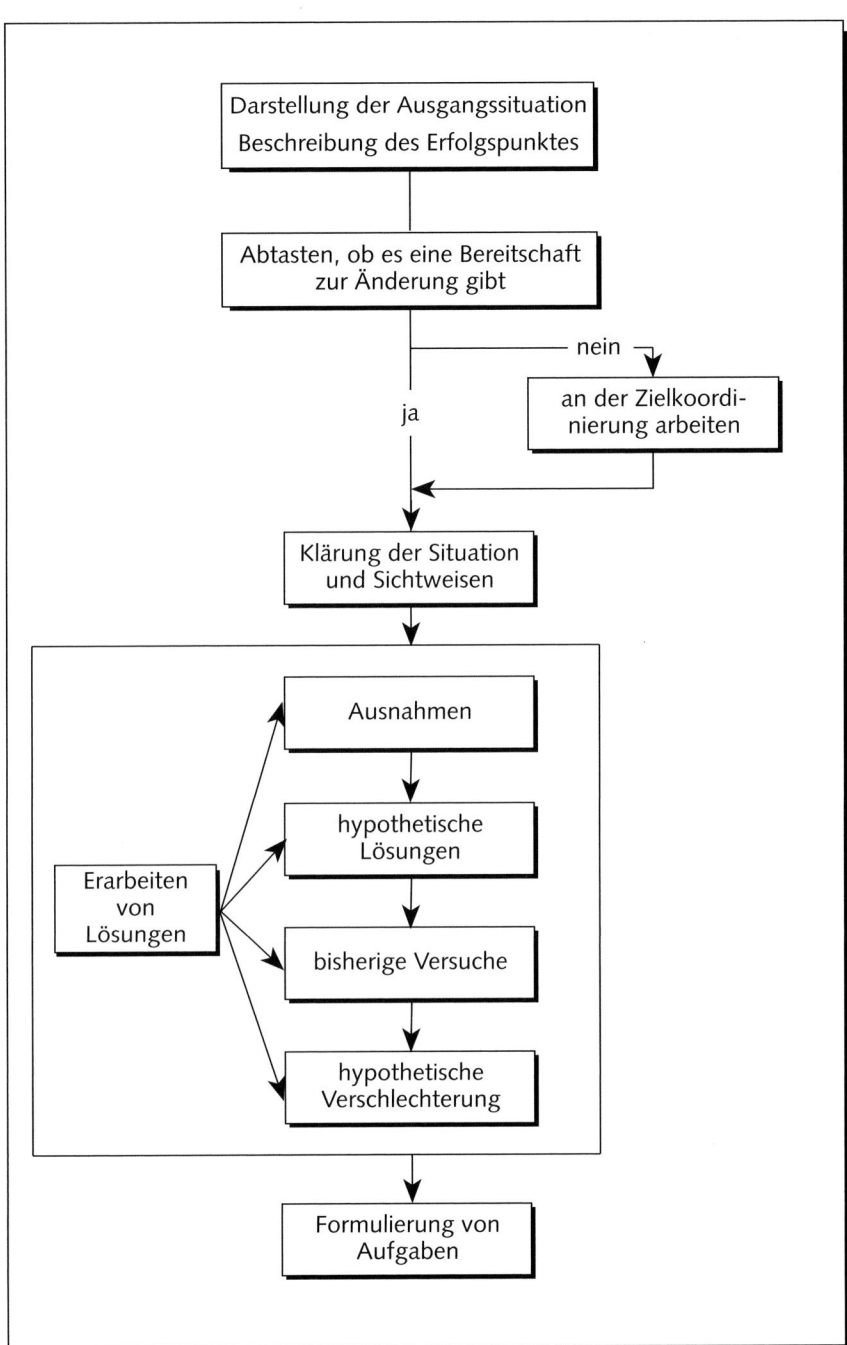

Abb. 46:   Leitkarte Coaching

Darstellung der Ausgangssituation und Beschreibung des Erfolgspunktes

Der entscheidende Punkt bei jeder Entwicklungsmaßnahme ist, sich selbst Klarheit darüber zu verschaffen, wie das Problem aussähe, wenn es gelöst wäre. Wenn es gelingt, exakt und konkret den Erfolgspunkt zu beschreiben, ist eine wesentliche Voraussetzung für die Lösung des Problems erreicht.

Es geht um die Beantwortung von Fragen wie:

– Was möchte ich eigentlich erreichen?
– Was sind meine Ziele?
– Welche Veränderung soll angestrebt werden?
– Woran könnte man bemerken, dass die Veränderung stattgefunden hat?

Für die Klärung der Situation vor dem Coaching-Prozess und zur Definition des Erfolgspunktes sind die Fragen aus Abbildung 39 hilfreich. Sie sollen dem Vorgesetzten helfen, mit Hilfe der Reflexion Klarheit über den Erfolgspunkt und über bereits vorhandene Daten zu gewinnen.

Fragen zur Klärung der Situation vor dem Coaching-Prozess

1. Beschreibung der Situation

   - wie lässt sich die Situation beschreiben?
   - worin äußert sich die Abweichung?
   - welches Problem möchten Sie beseitigen?
   - wie zeigt sich das Problem heute?
   - wann können Sie ein Beispiel machen?
   - wo tritt das Problem auf?
   - wann tritt das Problem nicht auf?
   - hat es schon einmal funktioniert, wann?

2. Lösungsnotwendigkeit

   - warum ist es ein Problem?
   - wer ist an der Lösung des Problems interessiert?

3. Beteiligte

   - wer ist alles an dem Problem beteiligt?
   - wie verhalten sich die einzelnen Beteiligten?

4. Geschichte, Entwicklung des Problems

   - wie hat sich das Ganze entwickelt?

5. Sichtweisen

   - wie sieht der andere das Problem?
   - wie erklären Sie sich die Situation?
   - wie glauben Sie, erklären sich die anderen das Problem?

6. Eigene Anteile

   - wo würden Sie Ihren eigenen Anteil sehen?

7. Lösungen

   - welche Lösungen haben Sie schon versucht?
   - mit welchem Erfolg?
   - was haben Sie konkret versucht?
   - was meinen Sie konkret damit?

8. Erfolgspunkt

   - wie würden Sie den Erfolgspunkt beschreiben?
   - wie wird sich der andere verhalten, wenn das Problem gelöst ist?
   - woran wird man es merken?

9. Erreichung Erfolgspunkt

   - in welchen 4 Schritten kann der Erfolgspunkt erreicht werden?

10. Erwartete Kooperation

    - angenommen, Sie sprechen das Problem an,
      wie wird der andere reagieren?
    - was könnten Sie tun, um seine Kooperation zu erreichen?

Abb. 47:   Fragen zur Klärung der Situation vor dem Coaching-Prozess

Erreichung der Zielkongruenz

Der zweite Schwerpunkt im Coaching-Vorgehen ist die Klärung der Zielkongruenz. Es geht um die Frage, inwieweit Übereinstimmung bezüglich der Sinnhaftigkeit und Notwendigkeit dieses Ziels besteht. Wenn keine Zielkongruenz besteht, macht es keinen Sinn, sich den weiteren Coaching-Schritten zuzuwenden, da der Mitarbeiter nur Gegenreaktionen zeigen würde. Wenn sich die Zielkoordinierung als nicht einfach herausstellt, schlagen wir zwei Vorgehensweisen vor:

Der erste Weg ist die hypothetische Übereinstimmung. Es wird hierbei versucht, den anderen dazu anzuleiten, sich die gelöste Situation – also die erreichte Zielkongruenz – vorzustellen. Damit lassen sich dann die Unterschiede, die einer Lösung entgegenstehen, ableiten und gegebenenfalls auflösen. In diesem Zusammenhang spielt die hypothetische Frage eine große Rolle (*Simon*, 1988; *De Shazer*, 1989). Wir werden in einem späteren Abschnitt auf dieses Instrument gesondert eingehen.

Die Frage der hypothetischen Übereinstimmung lautet:

Angenommen, Sie würden das Ziel akzeptieren, was hätte sich geändert?

Der zweite Weg zur Zielkongruenz besteht darin, die hypothetische Nicht-Übereinstimmung durchzuspielen mit der Eingangsfrage:

Angenommen, Sie akzeptieren das Ziel nicht, wie würde sich das ganze weiterentwickeln?

Natürlich sind diese Fragen nur Eingangsfragen. Die dadurch zu Tage tretenden Unterschiede müssen präzisiert und damit bewältigbar gemacht werden.

Eine Gewährung für die Zielkoordinierung gibt es natürlich auch für diese Vorgehensweise nicht. Es ist durchaus möglich, dass die Zielkoordinierung nicht erreicht wird. In diesem Falle schlagen wir vor, das Gespräch zu beenden und dem Mitarbeiter eine Aufgabe zu übertragen. Sinn, Zweck und Formulierung der Aufgaben legen wir in einem späteren Abschnitt dar. Ziel ist es, den Vorgang nicht zu beenden, sondern für die Zwischenzeit einen Keim zu säen, der wachsen und gedeihen soll, in der Hoffnung, bei einem nächsten Gespräch eine Zielkoordinierung oder zumindest einen Kompromiss zu erreichen.

Bei starker und konstanter Zieldivergenz ist die Voraussetzung für Coaching nicht mehr gegeben. Der Vorgesetzte muss andere Interventionen suchen, um die angestrebte Entwicklung in Gang zu setzen.

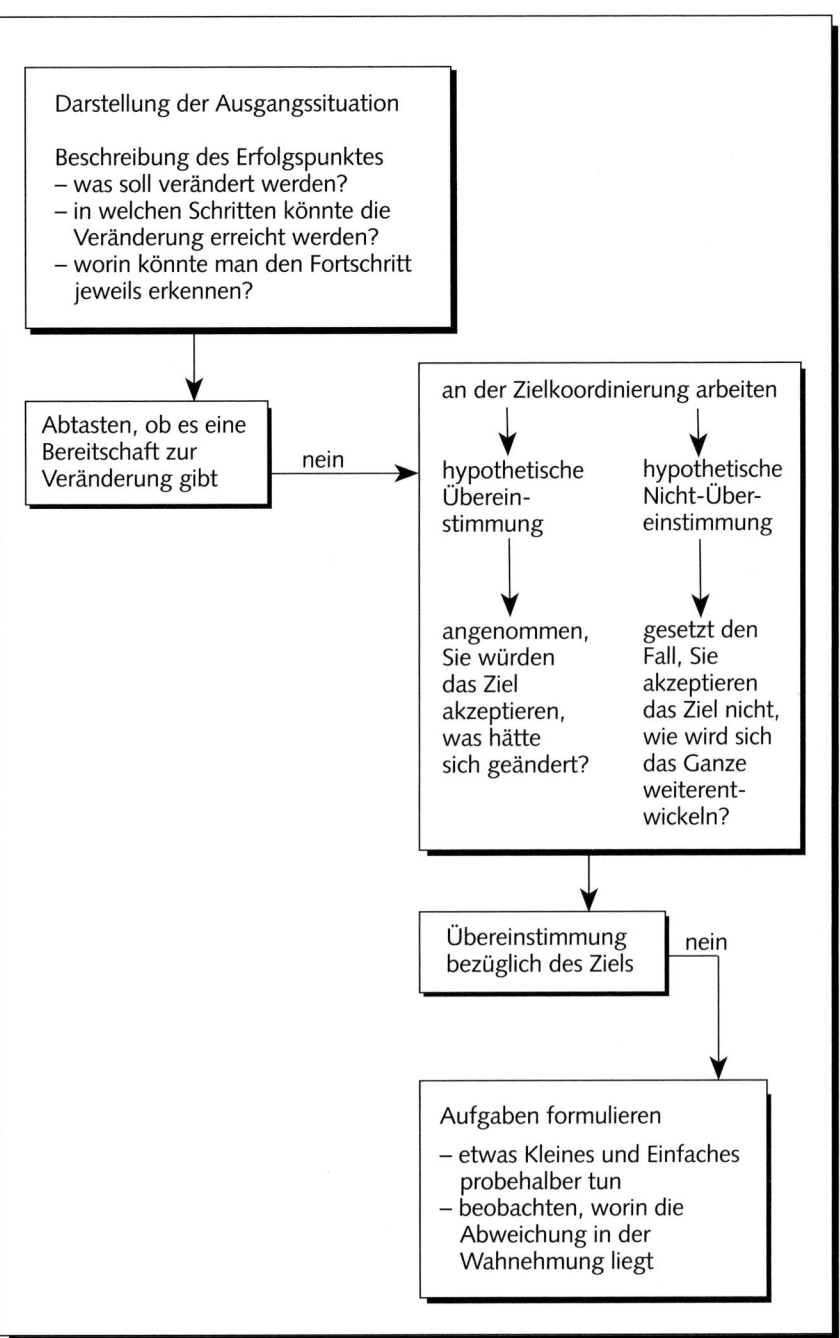

Abb. 48: Möglichkeiten zur Entwicklung von Zielkongruenz

Klärung der Situation

Da der Coaching-Prozess keine langwierige Angelegenheit sein soll, sondern sich eher in 5-Minuten-Handlungen abspielt, hat sich der Vorgesetze in der Klärung auf ein Minimum zu beschränken. Sinnvoll ist es, lieber gleich zu Lösungen überzugehen und die notwendigen Klärungsfragen nachzuschieben. Der Vollständigkeit halber listen wir die einzelnen Klärungsfragen auf, die Sie aus der Abbildung 49 ersehen können.

Auch hier kann an jede gegebene Antwort wieder der Fragezyklus zur Klärung eines Ereignisses (vgl. Abbildung 50) eingeklinkt werden (der natürlich nicht immer vollständig lehrbuchmäßig durchgegangen werden muss, in aller Regel kommt man mit den Konkretisierungsfragen sehr weit).

Klärung der Situation

– was ist passiert?
– wer ist beteiligt?
– wo gab es entscheidende Eskalationspunkte?
– wie sieht die Geschichte der Abweichung aus?
– welche Effekte und Reaktionen hat die Situation hervorgerufen?
– welche Auswirkungen auf Beziehungen wurden sichtbar?

Abb. 49:   Klärung der Situation

Lösungsentwicklung

Coaching fokussiert auf Ressourcen und auf Lösungen. Deshalb wird auch in diesem Entwicklungsvorgehen sehr schnell auf mögliche Lösungen und Optionen hingeführt und dies über vier Wege (vgl. *de Shazer*, 1989):

– Suche nach **Ausnahmen** mit den Fragen:
  Wann/wo tritt das Problem auf?
  Wann/wo tritt das Problem nicht auf?
  Hat es schon irgendwann funktioniert?

– Suche nach **hypothetischen Lösungen:**
  Angenommen das Problem hätte sich gelöst, was hätte sich geändert, was würden die Beteiligten anders machen?

– **Analyse bisheriger Versuche** mit der Frage:
  Was haben Sie bislang unternommen, um das Problem zu lösen?

– **Hypothetische Verschlechterung** mit der Frage:
   Was müssten Sie tun, wenn Sie das Problem verschlimmern wollten?

Aus diesen Fragen, jeweils wieder ergänzt durch den Fragezyklus zur Klärung von Ereignissen, lässt sich nun Folgendes herausschälen:

Aus den Ausnahmen: Was hat schon mal funktioniert und könnte verstärkt werden?

Aus den hypothetischen Lösungen: Was könnte funktionieren und könnte probiert werden?

Aus den bisherigen Versuchen: Was wurde schon ohne Erfolg probiert und was sollte anders gemacht werden?

Aus der hypothetischen Verschlechterung: Was sollte umgekehrt gemacht werden?

Jetzt wird deutlich, welches pragmatische Vorgehen eigentlich hinter Coaching steckt. Ausgangspunkt ist, dass bei Schwierigkeiten jeder Mitarbeiter mit unterschiedlichem Erfolg etwas zur Lösung des Problems unternimmt. Beide, Erfolg und Misserfolg, eignen sich zur Analyse. Aus den Erfolgen lässt sich zurückverfolgen, was zur Problemlösung diente. Aus den bisherigen Versuchen können untaugliche Versuche herausgefiltert und oft gerade in ihrer Umkehrung zu einem Erfolg gebracht werden. Nicht zuletzt kann die hypothetische Lösung auf Lösungen verweisen, ohne dass Versuche oder Ausnahmen vorliegen.

Die Kunst liegt darin, aus diesen oft groben Lösungsansätzen über die Frageformen, handhabbare, greifbare und umsetzbare Lösungsmöglichkeiten zu entwickeln und zu erreichen, dass der Mitarbeiter diese Lösung auch angeht.

Aufgaben formulieren

Wie schon bei der Zielkoordinierung aufgezeigt, ist das Coachingvorgehen dadurch gekennzeichnet, dass es nicht zweistündige Mitarbeitergespräche sind, sondern eher kurzzeitige Handlungen mit dem Ziel, sehr schnell zum Lösungspunkt zu kommen. Um die Zwischenzeit bis zum nächsten Gespräch produktiv zu nützen, kann der Vorgesetzte dem Mitarbeiter eine Aufgabe stellen, die bezweckt, das Thema bei dem Mitarbeiter bewusst zu halten und darüber hinaus Energien für taugliche Versuche zu mobilisieren.

Aufgaben werden in drei Richtungen formuliert. Sie stellen keineswegs einen dienstlichen Auftrag dar, sondern erreichen, dass der Gesprächsinhalt und die Ziele auch in den Zwischenphasen bewusst bleiben. Aufgaben

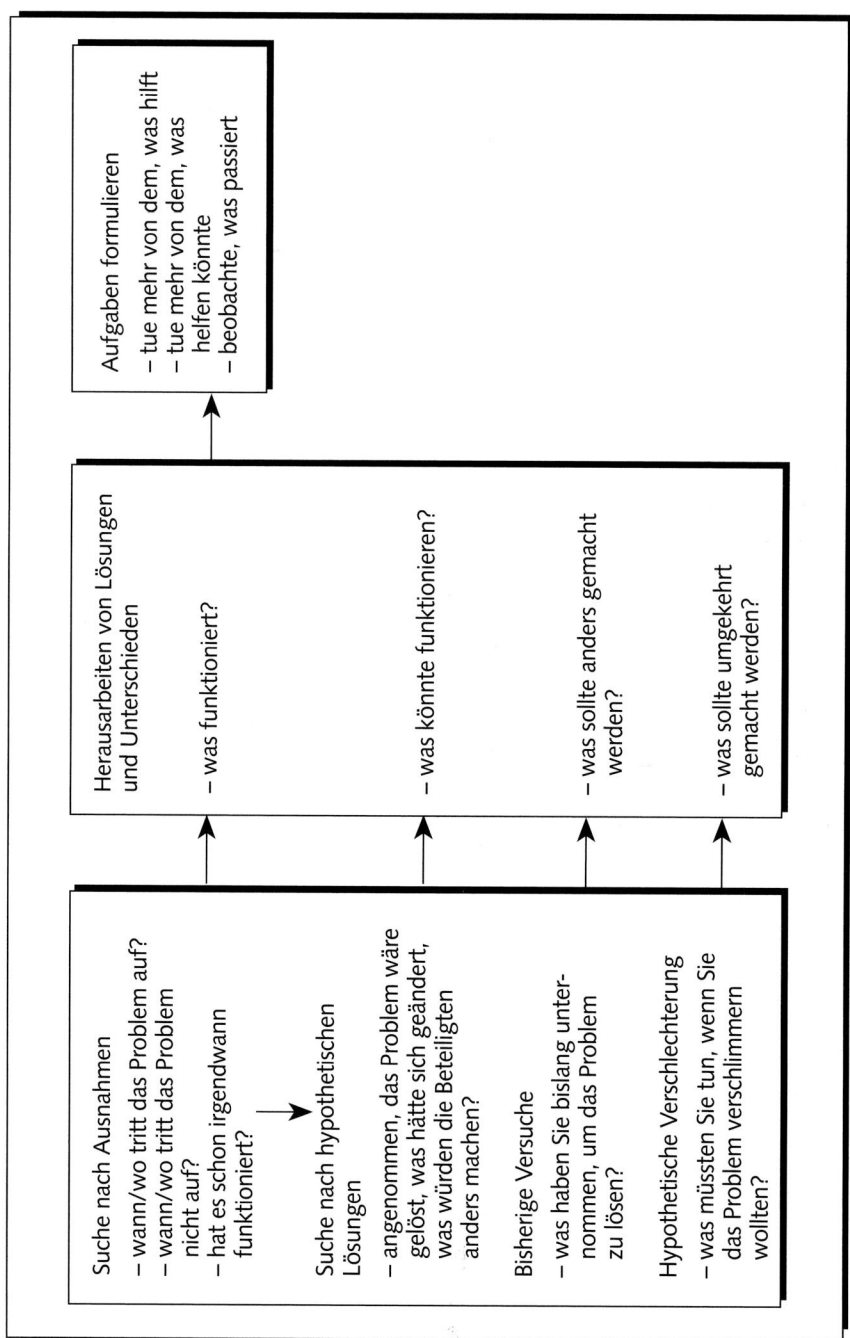

Abb. 50:   Lösungsentwicklung und Aufgabenformulierung

sollen helfen, begonnene Entwicklungen voranzutreiben (vgl. Abbildung 50).

In der nachfolgenden Abbildung 51 haben wir das Coaching-Vorgehen nochmals ganzheitlich dargestellt.

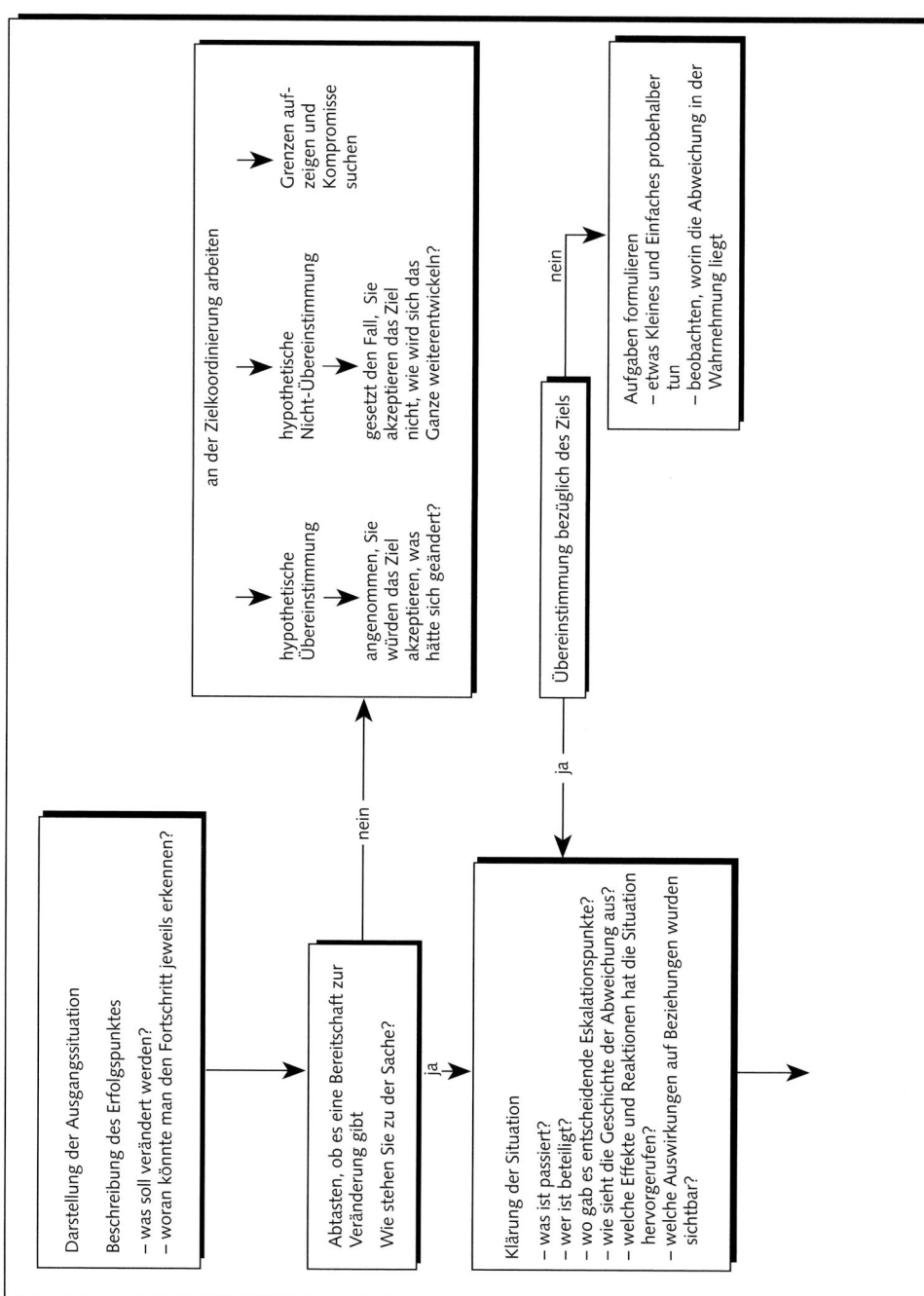

Abb. 51:   Leitkarte Coaching

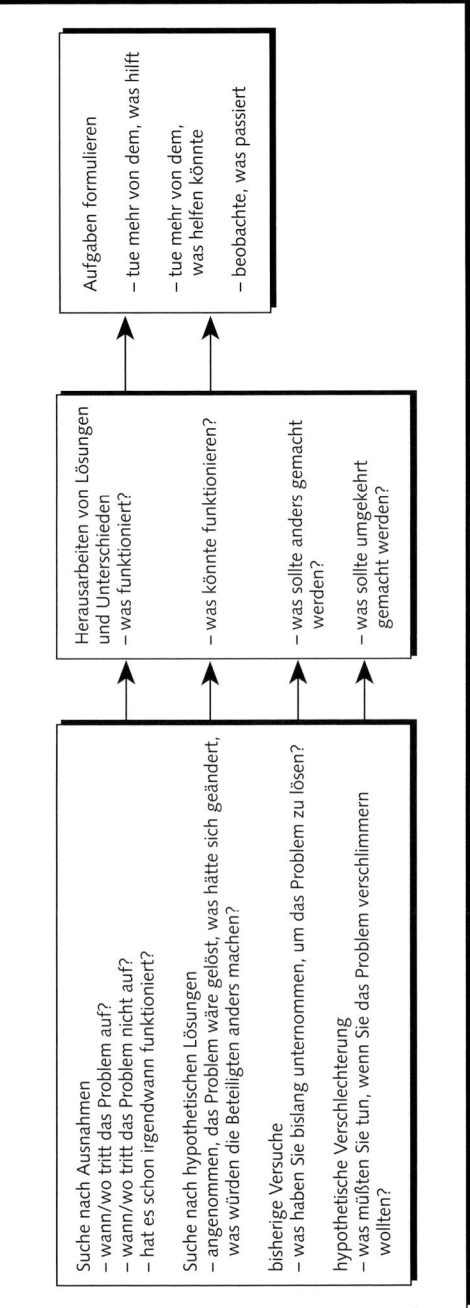

Suche nach Ausnahmen
– wann/wo tritt das Problem auf?
– wann/wo tritt das Problem nicht auf?
– hat es schon irgendwann funktioniert?

Suche nach hypothetischen Lösungen
– angenommen, das Problem wäre gelöst, was hätte sich geändert, was würden die Beteiligten anders machen?

bisherige Versuche
– was haben Sie bislang unternommen, um das Problem zu lösen?

hypothetische Verschlechterung
– was müßten Sie tun, wenn Sie das Problem verschlimmern wollten?

Herausarbeiten von Lösungen und Unterschieden
– was funktioniert?
– was könnte funktionieren?
– was sollte anders gemacht werden?
– was sollte umgekehrt gemacht werden?

Aufgaben formulieren
– tue mehr von dem, was hilft
– tue mehr von dem, was helfen könnte
– beobachte, was passiert

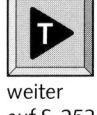

weiter
auf S. 253

239

14. Wichtige Parameter, die den Coaching-Prozess beeinflussen

Symmetrie

Eine symmetrische Reaktion ist eine Gegenreaktion einer Person. Da es beim Coaching-Prozess um Änderung von Verhalten geht, ist die Gefahr einer Gegenreaktion besonders groß. Diese Tendenz ist bei Verhaltensänderungen im Coaching-Prozess, in dem oft auch Unzulänglichkeit thematisiert wird, besonders groß. Der Umgang mit Gegenreaktionen hat zwei Komponenten.

Einmal geht es darum, dass der Vorgesetzte Gegenreaktionen bemerkt – auch wenn sie häufig nur zurückhaltend ablaufen –, zum anderen, dass er über ein geeignetes Instrumentarium verfügt, mit diesen Widerständen umzugehen. Wichtig ist es, die eigene Sensibilität zu stärken und kommunikatives Handwerkszeug zu erwerben. Dieses ist die Voraussetzung, um Gegenreaktionen in kongruente, komplementäre Verhaltensweisen zu überführen. Mögliche Formen, Gegenreaktionen hervorzurufen, sind:

- dem anderen eine Wirklichkeit erzeugen zu wollen (die Tendenz vieler Menschen, andere davon zu überzeugen, dass sie schon wissen, wie die Welt funktioniert und warum es dieses oder jenes Problem gibt)
- Ratschläge zu geben (insbesondere unerwünschte)
- Kontrolle auszuüben (was ja eigentlich der Führungskontext des Vorgesetzten bereits beinhaltet)
- abzuwerten (diese Form der Kommunikation verhilft stets, die Situation zu vergiften)

Will man Gegenreaktionen/Symmetrie vermeiden, so gilt es einerseits, die o. g. Punkte zu vermeiden. Auf der anderen Seite helfen folgende Kommunikationsformen:

- hypothetische Frage (Angenommen, wir diskutieren so weiter wie bisher, wie wird das enden?)
- die Metafrage (Lassen Sie uns einen Moment anhalten und darüber reden, wie wir miteinander umgehen)
- die Selbstoffenbarung (Möchten Sie hören, wie es mir jetzt in dieser Situation geht?)

Oft wird versucht, den anderen durch Appelle und Ratschläge zu einem bestimmten Verhalten zu veranlassen. Vergleichbar ist dies mit der Situation, in der man jemanden eine Tür zustellt, durch die er gehen soll. Erst wenn die eine Person den Weg frei macht, also ablässt von Appellen und Ratschlägen, kann die andere Person die gewünschte Richtung einschlagen. Legt z. B. ein Mitarbeiter bezüglich einer Veränderung eine pessimistische Haltung an den Tag, so wird der Vorgesetzte beträchtlichen Widerstand wecken, wenn er durchblicken lässt, dass er die Sache selbst optimistisch sieht. Obwohl eine positive Absicht hinter all den Bemühungen des Vorgesetzten steckt, läuft sie doch der pessimistischen Einstellung des Mitarbeiters zuwider, und es ist offensichtlich, dass sie die Kooperation des Mitarbeiters hemmt und den Erfolg der Veränderung aufhält. Erst wenn der Mitarbeiter aufhört, sich gegen die optimistischen Bemühungen des Vorgesetzten zu stemmen, kann er anfangen, in die gewünschte Richtung zu gehen. Hilfreich und wichtig ist, seitens des Vorgesetzten die Sichtweisen und Erklärungen des Mitarbeiters zunächst einmal zu akzeptieren, sie für berechtigt darzustellen und dann zu versuchen, durch eine Umdeutung neue Möglichkeiten und Optionen aufzuzeigen.

Der Bauer und das Kalb

Der Bauer, der kein Geld mehr hat,
Der brächte gern sein Kalb zur Stadt.

Doch schau, wie dieses Tier sich sträubt
Und widerspenstig stehen bleibt

Der liebenswürdige Bauersmann
Bietet umsonst ihm Kräuter an.

Vergebens druckt er es und schiebt
Das bleibt stehn, wie's ihm beliebt.

Und ganz vergeblich ebenfalls
Sucht er es fortzuziehn am Hals

Jetzt schau, wie er's mit Disteln sticht!
Das Kalb schreit: »Bäh!« Doch geht es nicht.

Er nimmt das Kalb bei Schweif und Ohr,
Doch bleibt es störrisch wie zuvor.

Mit Drohen und Belehren
Sucht er es zu bekehren.

Doch schon im nächsten Augenblick
Möcht' es durchaus zum Stall zurück.

Da denkt er, es mit Schlägen
Zum gehen zu bewegen.

Allein trotz allem Schlagen
Muss er das Kalb noch tragen.

Weil das ihm aber lästig ist,
Besinnt er sich auf eine List.

Er hängt die Glocke um, schreit: »Muh!«
Da glaubt das Kalb, er sei die Kuh

Probleme werden konstruiert

Wichtig für den Vorgesetzten im Coaching-Prozess ist, dass er sich eine gewisse emotionale Distanz bewahrt. Trotz noch so berechtigten Ärgers darf er nicht die Rolle des Beraters verlassen. Jeglicher Verlust dieser Distanz macht es unmöglich, einen positiven Coaching-Prozess in Gang zu bringen. Das Bemühen, eine veränderte Sichtweise einzunehmen, hilft, Distanz zu wahren, d. h.:

– daran zu denken, dass es für die meisten Beteiligen in einem System von Interesse ist, ein gutes Miteinander aller Beteiligten zu schaffen und zu wissen, dass der größte Teil das Beste anstrebt. Nur aus diesem Wunsch, das Beste zu tun, resultieren die vielen Konflikte und Probleme.

Die erwünschte Sichtweise ist also, sich zu fragen, wie diese Situation konstruiert werden kann. Was die einzelnen Beteiligten tun müssten, um eine solche Konstellation, wie sie nun eben vorliegt, entstehen zu lassen.

Obschon das Hauptinteresse im Coaching-Prozess sowohl der Lösung des Problems gilt als auch der Frage, was getan werden muss, um die Lösung zu erreichen, ist die Beschreibung des Problems gerade aufgrund des zuvor erläuterten Zusammenhanges sehr wichtig. Es geht darum, sehr detailliert zu hinterfragen und zu untersuchen, wie es zur Entstehung einer solchen Situation kommt. Hierbei helfen sicherlich die Fragen zur Klärung eines Ereignisses und die in der Leitkarte bezüglich der Beschreibung des Problems aufgeführten Fragen. Konstruieren wir ein Beispiel:

In einem größeren Betrieb denken die Mitarbeiter der Personalentwicklung darüber nach, wie man einem doch recht großen Teil von Führungskräften helfen könnte, wieder Freude an der Arbeit zu erlangen. Oder andersherum gefragt: Wie kann man erreichen, dass diese Führungskräfte, die sich in einer Art inneren Kündigung auf ihre Freizeitaktivitäten zurückgezogen haben, ihre Erfahrung und ihre Tatkraft der erforderlichen betrieblichen Leistungserbringung wieder zur Verfügung stellen. Auf der einen Seite könnte man lamentieren und sich darüber beklagen, wie Menschen doch Freiheiten ausnutzen und dass das Fehlen von Existenzangst und Druck den Menschen dazu verführen, in eine Art Leistungsverweigerung zurückzufallen.

Eine Alternative (für sich) besteht darin, sich zu fragen, wie man diesen Zustand ganz bewusst erzeugen könnte, um über die künstliche Konstruktion zu Lösungen zu kommen. Was konstruiert werden kann, kann auch verändert werden.

Bisherige Versuche

Hier lautet die Frage, wie es doch immer wieder gelingt, dass alltägliches und unerwünschtes Verhalten trotz Unzufriedenheit und allen Änderungs-bemühungen aufrecht erhalten werden kann (*Weakland, Fisch, Segal,* 1987). Wenn man Vorgesetzte fragt, was sie schon alles getan haben, um eine bestimmte Veränderung herbeizuführen, so können diese in aller Regel sehr viele Vorgehensweisen nennen und Aktivitäten aufzählen, die sie er-griffen haben, um ein Problem zu beseitigen. Auf der anderen Seite bemüht sich natürlich auch jeder, der bei sich ein Problem entdeckt, etwas zu dessen Beseitigung zu tun. Offensichtlich muss an diesen Lösungsversuchen etwas falsch sein, wenn sie doch keinen Erfolg zeigen. Vielleicht ist sogar irgend etwas an diesen Lösungsversuchen oder an der Art und Weise, wie sie durch-geführt werden, für die Verschärfung des Problems verantwortlich.

Nehmen wir ein Beispiel:

Ein Verkäufer, der jahrelang erfolgreich tätig war, bekommt zu einem be-stimmten Zeitpunkt Schwierigkeiten. Er kann die ihm auferlegten Zielzah-len nicht mehr erreichen, und sein Vorgesetzter beschließt, mit ihm ein Ge-spräch zu führen. Nachdem dieses Gespräch geführt wurde und trotz inten-siver Analyse des Problems keine Besserung eintritt, führt der Vorgesetzte mit dem Mitarbeiter ein weiteres Gespräch. Möglicherweise wird er mit ihm vereinbaren, alle Kunden, die es zu besuchen gilt, mit ihm gemeinsam durchzusprechen. Vielleicht neigt er sogar dazu, die Besuche bei den Kun-den zu kontrollieren. Wenn nun weiterhin kein Erfolg eintritt, ist die Wahrscheinlichkeit groß, dass der Vorgesetzte seine Kontrolle verstärkt und nun mehrmals in der Woche mit seinem Mitarbeiter ein Gespräch über dessen Vorgehensweise im Verkauf führt. Erreicht er auch damit keine Veränderung, dann hilft nur noch eine weitere Verschärfung der Kontrolle, eine Abmahnung etc.

An diesem Beispiel wird deutlich, dass wir im Verhaltensbereich sehr ger-ne dazu neigen, an einmal praktizierten Lösungsversuchen festzuhalten und glauben, dass allein die Intensivierung dieser Lösungsversuche die Lö-sung bringt. Manchmal mag das helfen, in aller Regel ist es aber so, dass eine einmal gefundene Lösungsmöglichkeit durch ihre mehrfache Intensi-vierung eigentlich nur ins Gegenteil umschlägt. Denn vom logischen Standpunkt her gesehen ist sie eine falsche Lösung.

Stellen Sie sich vor, Sie bleiben mit Ihrem Wagen auf der Autobahn liegen. Der Wagen läuft nicht mehr. Sie vermuten Benzinmangel als Ursache, neh-men Ihren Reservekanister und füllen fünf Liter Benzin in den Tank. Nach-dem der Wagen jetzt aber immer noch nicht anspringt, denken Sie sich, das wird wahrscheinlich immer noch am Benzin liegen, und Sie besorgen sich weitere 20 Liter Benzin, die Sie in den Tank geben. Wenn das nichts hilft, so machen Sie den Tank ganz voll. Letztlich könnten Sie das ganze Benzin über Ihren Wagen leeren, in der Hoffnung, er würde dann anspringen. Im technischen Bereich würde kein Mensch so handeln. Er würde sehr schnell davon ablassen, die Ursache im mangelnden Benzin zu suchen. Im Verhaltensbereich tun wir das oft nicht. Deshalb sind die bisherigen Versuche in einem Coaching-Prozess eine wichtige Quelle neuer Ideen, wenn es darum geht, Veränderungen herbeizuführen. Vieles wurde unternommen, oft hat das nur zur Stabilisierung des bisherigen Verhaltens geführt. Möglicherweise würde es helfen, genau das Gegenteil von dem zu tun, was bisher getan wurde. Fragen zur Analyse der bisher unternommenen Versuche können sein:

- Was haben Sie bisher schon ausprobiert, um das Problem zu lösen?
- Was haben Sie bisher schon ausprobiert, um mit der Sache besser zurecht zu kommen?
- ... und mit welchem Erfolg?

Ausnahmen

Eine ganz wichtige Quelle für mögliche Lösungen im Coaching-Prozess sind Ausnahmen (*De Shazer*, 1989). D. h. daran zu glauben,

- dass es irgendwann schon einmal funktioniert hat;
- dass irgendwann z. B. Zielkongruenz zwischen Vorgesetztem und Mitarbeiter da war;
- dass irgendwann ein Mitarbeiter Erfolg hatte im Verkauf;
- dass irgendwann ein Mitarbeiter eine Präsentation positiv gestaltet hat;
- dass irgendwann ein Mitarbeiter eine Aufgabe positiv bewältigt hat.

Wichtig ist nun zu fragen, wie es gelang, diese Ausnahme herbeizuführen und außerdem zu erkennen, dass der betreffende Mitarbeiter durchaus die Ressourcen für den Erfolg hatte.

Es gilt herauszufinden, was zu tun ist, damit das Problem nicht auftritt, wie also von Beginn an eine Lösung konstruiert werden könnte.

Dabei sind folgende Fragen hilfreich:

- Wann ist das Problem aufgetreten?
- Wann nicht?
- Wo ist es aufgetreten?
- Wo nicht?
- Wie unterscheidet sich nun das Auftreten der Problemsituation von der, wo das Problem nicht auftritt?

– Was machen Sie konkret anders, welche Wirkung und welchen Effekt hat das?
– Welchen Gegeneffekt hat das, etc.?

Hier wird auch wieder deutlich, dass bei jedem genannten Phänomen und Ereignis die Fragen zur Klärung eines Ereignisses helfen können, aus diffusen und groben Beschreibungen greifbare und handhabbare Hinweise abzuleiten, die die Lösung des Problems unterstützen können.

Hypothetische Lösung

Falls es keine Ausnahme gibt, so gibt es jedoch immer die Möglichkeit, diese Ausnahme hypothetisch zu erzeugen:

– Angenommen, das Problem wäre gelöst,
   wie hätten Sie sich wahrscheinlich verhalten,
   wie hätten die anderen sich verhalten,
   wer hätte was unternommen,
   was wäre anders?

Das ist die Ausgangsfrage, die zu dieser hypothetischen Lösung hinführt. Die Wirkungsweise und den Effekt der hypothetischen Frage haben wir an anderer Stelle aufgezeigt.

Hier geht es nun darum zu klären, dass auch eine hypothetische Lösung einen Unterschied (*Simon*, 1987) zur jetzigen Situation aufzeigt. In der Dekonstruktion dieses Unterschiedes, d. h. in der Konkretisierung dieses Unterschieds, liegen Ansatzpunkte für mögliche Lösungen, die in konkrete Handlungen übergeführt werden können. Die hypothetische Lösung ist quasi eine Ersatzlösung, die der Vorgesetzte dann anbietet, wenn es keine Ausnahmen zu der zu beseitigenden Problemsituation gibt.

Aufgaben im Coaching-Prozess

Wie bereits mehrfach ausgeführt, orientiert sich der Coaching-Prozess an natürlichen Anlässen und ist stets auch kurzzeitig orientiert. Es geht also mehr um Fünf-Minuten-Handlungen als um halbtägige Mitarbeitergespräche. Dabei ist die Frequenz der Coaching-Handlungen hoch, d. h., der Vorgesetzte hat eigentlich immer die intendierten Entwicklungsrichtungen im Kopf und nutzt jede Situation, um die Veränderungen in die gewünschte Richtung zu unterstützen.

Um nun in einem Gespräch begonnene Entwicklungsprozesse auszubauen, also den Grundstein für die Zwischenzeit bis zum nächsten Gespräch zu legen, eignen sich so genannte Aufgaben.

Aufgaben haben zum Ziel, die Veränderung zu unterstützen, Kontrolle und Bewusstheit zu gewinnen, Muster und bisherige erfolgreiche Lösungswege zu durchbrechen, Ressourcen zu aktivieren.

Aufgaben können sein: Beobachtungsaufgaben, Gedankenexperimente oder solche, die eine Ausführung einer bestimmten Tätigkeit beinhalten. Dabei lassen sich ganz bestimmte Formen ableiten:

Die einfachste Form der Aufgabenstellung ist die **Beobachtungsaufgabe**. Es soll in der Zukunft beobachtet werden, wie sich die Situation entwickelt oder was in Zukunft verändert werden sollte oder was beibehalten werden kann usw.

Beobachtungsaufgaben werden vom Vorgesetzten angestellt, wenn der oder die Mitarbeiter bezüglich der intendierten Veränderung Gegenreaktionen zeigen oder wenn wenig Energie für die Durchführung der Veränderung vorhanden zu sein scheint.

Zum anderen haben Beobachtungsaufgaben das Ziel, Bewusstheit zu gewinnen. Zum Beispiel kann eine Aufgabe lauten, darauf zu achten, was passiert, wenn die Ausnahme vorkommt.

Ein Beispiel:

Ein Mitarbeiter hat das Problem, sehr lange und sehr ausschweifend bestimmte Sachverhalte darzustellen. So lange und so ausschweifend, dass die anderen Mitarbeiter auf der einen Seite mit ihm nicht sehr gerne Kontakt haben, weil jegliche Situation zu einer Erzählstunde ausartet. Auf der anderen Seite arbeitet dieser Mitarbeiter aufgrund seiner Verhaltensweise nicht sehr effektiv. Eine mögliche Aufgabe kann für diesen Mitarbeiter darin liegen, einmal zu beobachten, wie lange er reden muss, bis die anderen abschalten. Damit wird seine Verhaltensweise nicht verteufelt, sondern als gegeben hingenommen und vom Vorgesetzten nicht gewertet. Sie werden versuchen, zusammen Wege zu finden, um in der Situation besser zurechtzukommen.

Eine weitere Kategorie der Beobachtungsaufgaben sind jene, die zum Ziel haben, **Unsicherheit** zu verringern. Dies ist der Fall, wenn z. B. der Mitarbeiter nicht sicher ist, was er tun muss, um das Problem zu beseitigen.

Bei diesen Situationen geht es darum herauszufinden, was an den Situationen anders ist, wenn die Ausnahme vorkommt. Es gilt, genau den Punkt zu lokalisieren, wann die Unsicherheit eintritt und welche inneren Prozesse dann ablaufen.

Neben den Beobachtungsaufgaben gibt es die so genannten **Tun-Aufgaben**, bei denen der Mitarbeiter mit bestimmten Aufgaben betraut wird.

Die Aufgabe darf nicht als dienstliche Aufgabe formuliert werden, sondern stellt eine Fortsetzung des von beiden Seiten kooperativ geführten Gesprächs dar mit dem Ziel, neue Wege zu beschreiten, Verhaltensmuster zu durchbrechen und Selbstsicherheit zu gewinnen.

16. Die Instrumente im Coaching-Prozess

Geht man davon aus, dass jeder Vorgesetzte das Interesse hat, Entwicklungen in seinem Arbeitsbereich hin zu besseren Ergebnissen in Gang zu setzen, so stellt sich die Frage, welche Interventionen im Allgemeinen verwendet werden und mit welchem Erfolg diese Absichten im Allgemeinen gekrönt sind. Wie Sie aus der Abbildung 52 sehen können, gibt es zwei verbreitete Vorgehensweisen zur Erreichung von Veränderung.

Die eine Vorgehensweise ist, Appelle zu senden oder Ratschläge bzw. Anordnungen geben. Dies erzeugt in aller Regel Gegenreaktionen und führt nicht zum gewünschten Erfolg.

Eine andere Alternative, mit erwünschten Veränderungen umzugehen, ist, das Problem für den anderen zu lösen oder gar nicht zu handeln. Aber das mindert Verantwortung und führt in aller Regel ebenfalls nicht zum Erfolg. Will man Veränderungen auslösen, eignen sich die offenen Fragen, um Reflexion auszulösen.

Appelle und Ratschläge gehen in aller Regel an den Interessen und Bedürfnissen der betreffenden Person vorbei. Nachdem diese Interessen und Bedürfnisse nicht erfüllt werden, bleibt der Person nur die Möglichkeit, mit einer Gegenreaktion zu antworten. Will man jedoch dauerhafte Veränderungen herbeiführen, so ist es sehr wichtig, gerade auf das Denken der anderen Person, auf ihre Interessen, ihre Bedürfnisse einzugehen. Sie sollten dazu angeleitet werden, in Abgleich mit diesen Bedürfnissen für sie gangbare Wege zu finden und auch umzusetzen.

Aus dieser Erkenntnis heraus erweisen sich im Coaching-Vorgehen insbesondere drei Fragetypen von enormer Bedeutung. Es sind dies

1. die hypothetische Frage
2. die konkretisierende Frage
3. die Klärungsfrage.

Diese Fragetypen sollen zunächst dargestellt werden, um im Folgenden abzuleiten, warum diese gerade in Veränderungsprozessen sehr hilfreich sind.

Die hypothetische Frage

Aus der Abbildung 53 können Sie erkennen, wie die hypothetische Frage formuliert wird. Nehmen wir dazu ein Beispiel:

Gesetzt den Fall, im Arbeitsbereich gäbe es einen Hauptabteilungsleiter, der aus den Reihen der Gruppenleiter einen Mitarbeiter zum Abteilungslei-

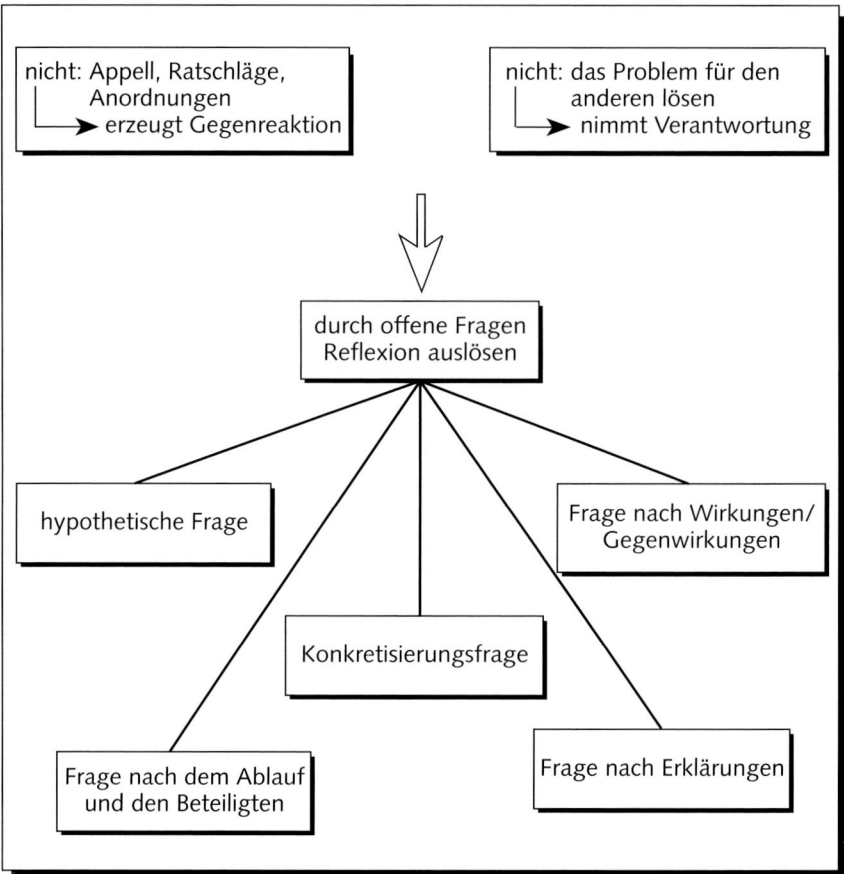

Abb. 52:   Instrumente im Coaching-Prozess

ter befördern möchte. Bei den anderen Kollegen dieses Gruppenleiters gäbe es ebenfalls sehr talentierte Personen, die sich auch Hoffnungen auf diese Abteilungsleiterposition machen. Aus diesem Kontext heraus lassen sich zwei wesentliche Coaching-Ansätze ableiten.

– Was muss bei einem Mitarbeiter in Gang gesetzt werden, damit er die Abteilungsleiterposition ausfüllen kann?
– Was muss bei den Gruppenleiterkollegen in Gang gesetzt werden, um die Situation konstruktiv bewältigen zu können?

Eine in diesem Zusammenhang mögliche Ausgangsfrage an den Gruppenleiter A wäre:

Stellen Sie sich vor, Sie hätten die Abteilungsleiterposition eingenommen und würden diese Position auch erfolgreich ausfüllen, welche Entwicklungen wären passiert, wer hätte was gemacht, was hätte sich verändert?

Die Ausgangsfrage an die Gruppenleiter B und C würde lauten:

Angenommen, Herr A hätte die Abteilungsleiterposition bei uns eingenommen und Sie wären konstruktiv mit der Situation umgegangen. Was hätte sich verändert, was hätten Sie gemacht, welche Entwicklungen wären in Gang gesetzt worden?

Diese beiden Beispiele verdeutlichen die Intention der hypothetischen Frage. Mit der hypothetischen Frage wird unser Interesse und unser Denken auf eine Lösung gerichtet. Der Gegenüber wird quasi angeleitet, sich eine Lösung vorzustellen, sich eine Lösung zu visualisieren. Damit geschehen zweierlei Dinge. Zum einen wird der Fokus auf die Lösbarkeit einer Situation gerichtet, zum anderen wird durch die Visualisierung einer Lösung die Wahrscheinlichkeit ihres Eintretens erhöht.

Die hypothetische Frage zieht. Wenn wir uns gedanklich mit einer Lösung auseinandersetzen und durchspielen, welche Veränderungen Voraussetzung sind für diese Lösungen und wie diese Veränderungen erreicht werden können, ist die Wahrscheinlichkeit sehr viel höher, dass die Lösung praktiziert wird.

Aus dieser skizzierten Lösung können nun Unterschiede zur heutigen Situation abgeleitet werden, die, wenn sie konkret gemacht sind, aus einer heute hemmenden und zu überwindenden Position herausgebracht werden können. D. h., wenn es irgendeine Möglichkeit gibt, die hemmenden Unterschiede zu beseitigen, so gibt es auch keinen Grund mehr, die Lösung heute nicht anzustreben oder als nicht realistisch anzusehen.

Hypothetische Fragen bestehen aus 3 Teilen

1. Einleitung
   - angenommen, . . .
   - gesetzt den Fall, . . .
   - was wäre, wenn . . .

2. Zielbeschreibung
   . . . wäre gelöst
   . . . wir hätten Übereinstimmung

3. Konsequenz
   . . . was hätte sich geändert?
   . . . was würde was anders machen?
   . . . was wäre passiert?

Abb. 53:   Die 3 Teile der hypothetischen Frage

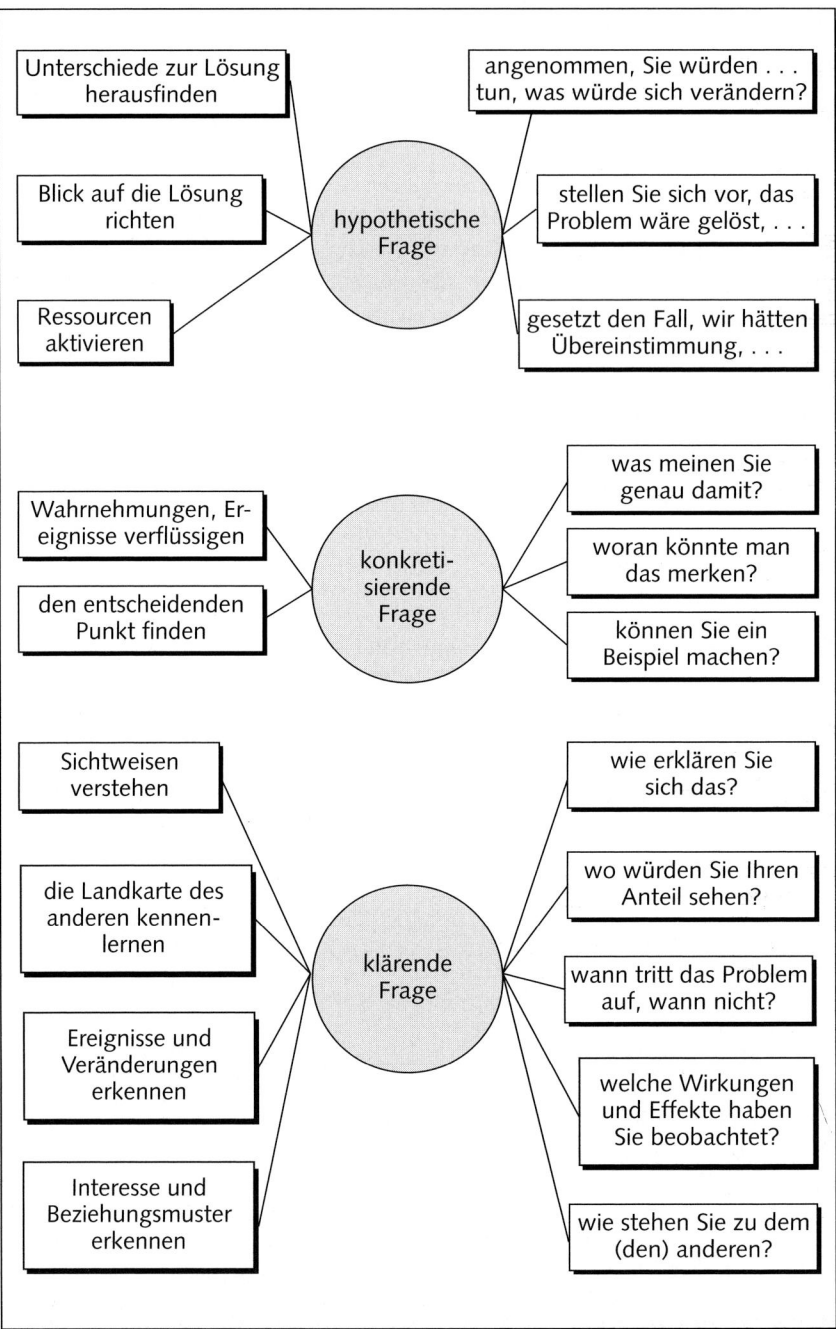

Abb. 54:   Intention und Formulierung von offenen Fragen

Konkretisierungsfrage

In der Regel reden wir sehr allgemein, d. h. Probleme werden auch deshalb nicht gelöst, weil die Unterschiede zur Problemlösung nicht konkret auf eine Handlungsebene gebracht werden, sondern eher in einem sehr allgemeinen Zustand verbleiben (z. B. der Mitarbeiter X ist nicht kooperativ).

Dafür helfen die Konkretisierungsfragen die zugeschriebenen Verhaltensweisen, Ereignisse und Vorstellungen zu verflüssigen und auf eine konkret umsetzbare Handlungsebene zu bringen.

Beispiele für Konkretisierungsfragen sind:

Wie zeigt sich das Verhalten?

Was tut der andere genau?

Woran merken Sie es?

Was tun Sie, wenn ...?

Ab wann sagen Sie, jemand ist ...?

Mit diesen zwei Fragetypen kann nun das einfachste Coaching-Verhalten dargestellt werden.

– Mit der hypothetischen Frage wird der zu erreichende Lösungszustand beschrieben und daraus abgeleitet, welche Konsequenzen erfüllt sein müssen, um diese Lösung zu erreichen.

– Aus den Konsequenzen lassen sich Unterschiede ableiten und konkretisieren, die überwunden werden müssen, um den Lösungszustand zu erreichen.

– Mit der hypothetischen Frage werden Lösungsvorgehensweisen durchgespielt und auf ihre Machbarkeit überprüft.

Klärende Frage

Klärende Fragen haben zum Ziel, Sichtweisen zu verstehen. Also Zusammenhänge und Hintergründe und Zustandekommen von Ereignissen sichtbar zu machen oder Interessen und Beziehungsmuster zu erkennen. Beispiele hierfür sind:

– Wann tritt das Problem auf?
– Wann tritt es nicht auf?
– Welche Wirkungen und Effekte haben Sie beobachtet?
– Wie erklären Sie sich das?
– Wo würden Sie Ihren eigenen Anteil sehen?
– Wie stehen Sie zu dem oder den anderen?

Diese hier aufgezeigten Fragen und Fragetypen werden im Folgenden einmal dem Coaching-Prozess und seinen einzelnen Phasen zugeordnet, so dass eine Leitkarte mit instrumentellen Hinweisen entsteht. Zum anderen lässt sich aus diesen Fragen der Fragezyklus zur Klärung eines Ereignisses entwickeln. Dieser Fragezyklus kann für einen Vorgesetzten in vielen Situationen eine Hilfe sein. Es ist eine Aneinanderreihung von logisch aufeinanderfolgenden Fragen sowohl zur Klärung von Ereignissen, zur Klärung von Aussagen als auch zur Hinführung zu Optionen und Möglichkeiten. Diesen bereits mehrfach erwähnten Fragezyklus zur Klärung eines Ereignisses stellt Abbildung 55 dar.

1. Aussagen verflüssigen

   – wie zeigt sich das Verhalten?
   – was tut der andere?
   – woran merken Sie es?
   – was tun Sie, wenn ...?
   – ab wann sagen Sie, jemand ist ...?

2. In den Kontext stellen

   – wann, wo, wie oft tritt das Problem auf?
   – wann, wo, wie oft tritt das Problem nicht auf?
   – welche Unterschiede werden sichtbar?
   – wer ist beteiligt?
   – wer hat welche Interessen?

3. Wirkungen und gegenseitige Bedingung

   – welchen Effekt hat dieses Verhalten?
   – was passiert, wenn er/sie das tut?
   – wie haben Sie das geschafft?

4. Beziehung/Beziehungsveränderung

   – wie stehen Sie zueinander?
   – was hat sich geändert?
   – wie erklären Sie sich das?

5. Erklärungen
   – wie hatten Sie sich die Situation erklärt?
   – was hatten Sie sich gedacht?
   – wie denken Sie, haben sich die anderen die Situation erklärt?

6. Lösungsentwicklung durch hypothetische Fragen

   – angenommen, Sie würden ...?
   – angenommen, das Problem wäre gelöst
   – gesetzt den Fall, Sie könnten ...?
   – was würde passieren ...?
   – (positive und negative Konsequenzen und Möglichkeiten durchspielen)

Abb. 55: Standard-Fragezyklus zur Klärung eines Ereignisses

weiter auf S. 260

Übung: Hypothetische Fragen formulieren

Die Übung müssen Sie unbedingt zu zweit/dritt durchführen. Die Fragetechniken lassen sich nicht durch Lesen erlernen. Sie bedürfen einer intensiven Übung und Anwendung. Gehen Sie bitte folgendermaßen vor:

1. Jeder spricht über einen Wunschtraum, also ein Vorhaben. Jeder von uns hat solche unrealisierten Wunschträume. Es muss aber ein echter, auch potenziell realisierbarer Wunsch sein.

   Jetzt interviewen Sie sich gegenseitig (nacheinander). Verwenden Sie als Einstieg und immer wieder, wenn es um eine Lösung geht, die hypothetische Frage. An die Antwort schließen Sie jeweils zur Konkretisierung und Klärung den Fragezyklus zur Klärung eines Ereignisses an. Auch wenn es künstlich erscheint: Stellen Sie als Interviewer **nur** Fragen.

weiter
auf S. 266

Sie können diese Übung an verschiedenen anderen Fragestellungen wiederholen. Wenn Sie merken, dass die Fragen ziehen, sind Sie auf dem richtigen Weg.

16. Wieviel Berater kann ein Vorgesetzter sein?

Die Situation des Vorgesetzten ist dadurch gekennzeichnet, dass er (vgl. Abbildung 56) eine soziale Kontrollfunktion hat. Er setzt also Limitierungen, in denen er festlegt, was mindestens getan werden muss oder was nicht getan werden darf. Die Entwicklungen verdeutlichen mehr und mehr, dass der Vorgesetzte in Zukunft auch eine Beratungsfunktion wahrnehmen muss. Er sucht mit seinen Mitarbeitern Entwicklungen in Gang zu bringen, indem er sie unterstützt und indem er ihnen hilft, Leistungsentwicklungen zu realisieren.

Der Vorgesetzte muss sich stets bewusst sein, dass seine Rolle beide Parameter ausmachen. Als Vorgesetzter kann er sich nicht z. B. auf eine reine Beratungsrolle, wo er in Neutralität und Unabhängigkeit für die Entwicklung seiner Mitarbeiter sorgt, zurückziehen (vgl. Abbildung 56).

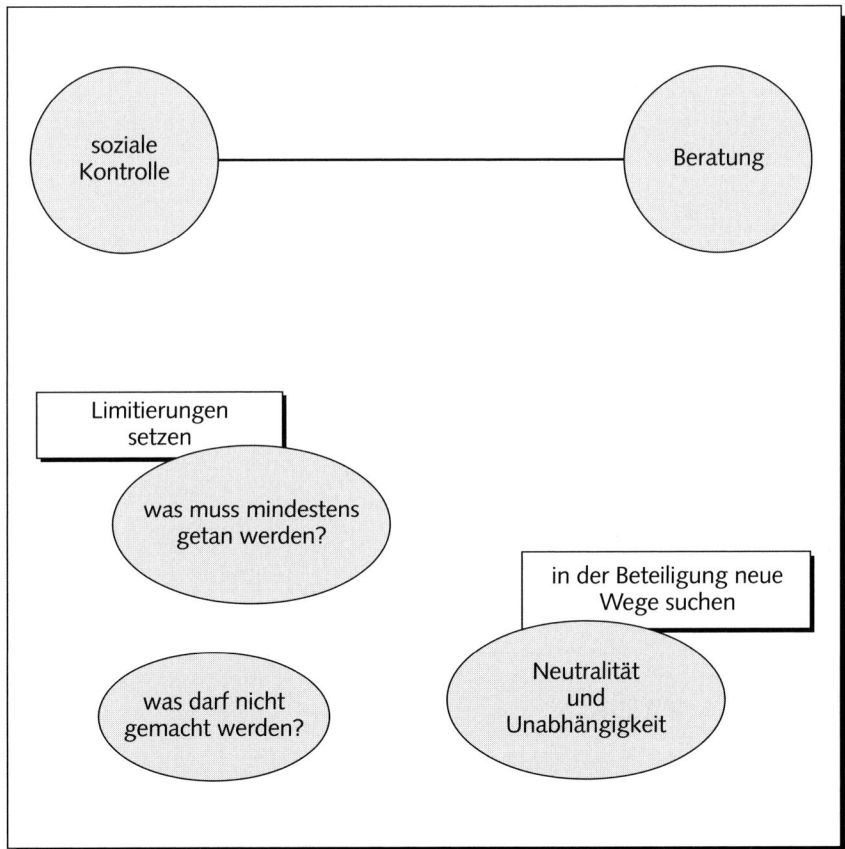

Abb. 56:   Wieviel Berater kann der Vorgesetzte sein?

Diese Kontextsituation hat natürlich auf den Coaching-Prozess einen sehr wichtigen und massiven Einfluss. So ist gerade die Beziehung zwischen Vorgesetztem und Mitarbeiter, wenn sie nicht von Vertrauen und gegenseitiger Akzeptanz getragen ist, der Parameter, der eigentlich ein Coaching-Vorgehen unmöglich macht. Anhand folgender Abbildung möchten wir Ihnen aufzeigen, in welchen Feldern es eigentlich erst möglich wird, Coaching zu einem fruchtbaren Prozess zu machen.

17. Einsatzpunkte des Coaching-Vorgehens

Kombiniert man die beiden Parameter Vertrauen und Zielkongruenz, so entstehen insgesamt vier Felder, mit deren Hilfe verschiedene Interventionsmöglichkeiten des Vorgesetzten aufgezeigt werden können. Grundsätzlich setzt dieses Modell voraus, dass der Vorgesetzte in erster Linie Entwicklungen in Gang setzen möchte, die auf mehr Autonomie des Mitarbeiters zielen. Alle gewählten Interventionen haben eigentlich eine positive Leistungsentwicklung des Mitarbeiters zum Ziel.

Abb. 57:   Einsatzpunkte des Coaching-Vorgehens

Im Folgenden sollen die vier Felder dargestellt werden:

Im ersten Feld ist die Situation dadurch gekennzeichnet, dass zwischen Vorgesetztem und Mitarbeiter ein mehr oder weniger hohes Vertrauen besteht. Eine Zielkongruenz liegt nicht vor. Dem Vorgesetzten ist es bislang nicht gelungen, den Sinn und das Erstrebenswerte dieses Ziels dem Mitarbeiter zu verdeutlichen.

Die eine Möglichkeit besteht darin, an der Zielkongruenz zu arbeiten, über Sinn und Zweck des Ziels zu sprechen und der Zielkongruenz entgegenstehende Faktoren auszuräumen. Falls dies dem Vorgesetzten nicht gelingt, bleiben ihm zwei Möglichkeiten, entweder

– Anreize zu schaffen oder
– die Konfrontation zu suchen.

Dabei ist gerade in diesem Feld die Möglichkeit der Konfrontation sicherlich am aussichtsreichsten, da die Beziehung eine tragfähige Basis hat und eine Konfrontation nicht allein im Beziehungsabbruch endet. Konfrontation heißt in diesem Zusammenhang nicht, den Mitarbeiter anzugreifen, sondern ihm vorhandene Widersprüche aufzuzeigen.

Im Feld zwei ist die Situation so gestaltet, dass weder Vertrauen noch Zielkongruenz besteht. Auch hier heißt die erste Devise, zunächst am Vertrauen und dann an der Zielkongruenz zu arbeiten und beide Parameter zu entwickeln. Falls dies dem Vorgesetzten nicht gelingt, bestehen auch hier zwei alternative Möglichkeiten:

1. Manipulation, das hieße, den Mitarbeiter durch inszenierte Situationen oder Vorgehensweisen dazu zu bringen, die Entwicklung zu vollziehen.

2. Einsatz von Macht, d. h., durch Machtmittel zu erreichen, dass ein ganz bestimmtes Ziel erreicht wird.

Dieses Feld ist ein sehr problematisches, da zum einen Manipulation und Einsatz von Macht eher Vorgehensweisen sind, die den Werten eines entwickelten Vorgesetzten nicht entsprechen. Trotz alledem ist die Situation vorstellbar, dass als einzige Möglichkeiten der Zielerreichung die Manipulation oder der Einsatz von Macht übrigbleiben. Dies halten wir dann für legitim, wenn die anderen Maßnahmen nicht gefruchtet haben und wenn das Ziel der Manipulationen und des Machteinsatzes jeweils eine positive Verbesserung ist und nicht etwa eine Strategie der beabsichtigten oder unbeabsichtigten Degeneration eines Mitarbeiters.

Feld drei ist dadurch gekennzeichnet, dass zwar eine Zielkongruenz besteht, Vertrauen aber nicht in ausreichendem Maße vorliegt.

In diesem Feld ist es wichtig, dass wechselseitig sowohl der Vorgesetzte als auch der Mitarbeiter am gegenseitigen Vertrauen arbeiten. Es geht darum, kalkulierbar und einschätzbar zu sein, die Bedürfnisse und Ziele klar zu artikulieren.

Wenn sich das Vertrauen nur mühsam oder gar nicht entwickelt, bleiben die beiden Handlungsmöglichkeiten, auf Unterweisung oder auf Eigeninitiative seitens des Mitarbeiters zu setzen.

Im Feld vier letztlich herrscht eine hohe Zielkongruenz zwischen Vorgesetztem und Mitarbeiter und ebenso ein relativ hohes Vertrauen. Das ist das eigentliche Feld des Coaching als Entwicklungsmaßnahme. Hier ist der Boden tragfähig, um notwendige Einstellungs- und Verhaltensänderungen in eine positive Richtung zu beeinflussen.

Zusammenfassend lässt sich aus diesem Modell ableiten, dass nicht in jeder Situation Coaching möglich ist. Es gibt zwei Möglichkeiten. Die eine Möglichkeit besteht darin, dass der Vorgesetzte intensiv an der Entwicklung des Parameters Vertrauen arbeitet und stets auf die Frage der Zielkongruenz achtet. Die zweite Möglichkeit lautet, falls eine Entwicklung dieser beiden Parameter nicht möglich ist oder erscheint, muss auf andere Maßnahmen zur Einleitung von Verbesserungen zurückgegriffen werden.

Check-up 7: Bestandsaufnahme des Coaching-Bedarfes

1. Führen Sie als erstes eine Bestandsaufnahme des Coaching-Bedarfes in Ihrem Arbeitsbereich durch. Erarbeiten Sie für jeden Mitarbeiter eine Bilanz der Stärken und der Entwicklungsnotwendigkeiten.

Mitarbeiter	Stärken	Entwicklungs-notwendigkeiten

2. Entscheiden Sie jetzt, welche Entwicklungen Sie in dem nächsten halben Jahr anstoßen müssen. Skizzieren Sie daraus Ihr erstes Coachingfeld. Zur Präzisierung der Situation beantworten Sie die Fragen zur Klärung der Situation vor dem Coaching-Prozess (Seite 167). Sodann gehen Sie die Leitkarte zum Coaching-Prozess durch und entwickeln Ihre Vorgehensstrategie.

3. Sprechen Sie die geplanten Maßnahmen mit Ihrem Lernpartner durch.

weiter auf S. 269

4. Beginnen Sie!

Vierter Teil

Strategisch Führen und Veränderungen einleiten

18. Strategisches Management

An die Fähigkeit der Vorgesetzten, strategisch zu denken und zu handeln, werden immer höhere Anforderungen gestellt. Je mehr Unternehmen dazu übergehen, abgegrenzte Unternehmens- und Funktionsbereiche zu gründen, desto häufiger genügt es für einen Vorgesetzten nicht mehr, bewahrend zu sein. Sein Denken und Handeln muss strategisch ausgerichtet sein.

Er muss sowohl in der strategischen Ausrichtung wie in der Beeinflussung der Mentalität seiner Mitarbeiter notwendige Veränderungen einleiten. Es muss ihm gelingen, die strategischen Ziele zu definieren, sie in wirkungsvolle und auch für die Zielerreichung geeignete Maßnahmen herabzubrechen und gleichsam die Mitarbeiter dazu aktivieren, diese Ziele erreichen zu wollen. Abbildung 58 mag dieses Bild verdeutlichen.

Insbesondere der Grad der Beteiligung der Mitarbeiter ist ein entscheidender Faktor, wenn die Herausforderungen in Zukunft bewältigt werden sollen.

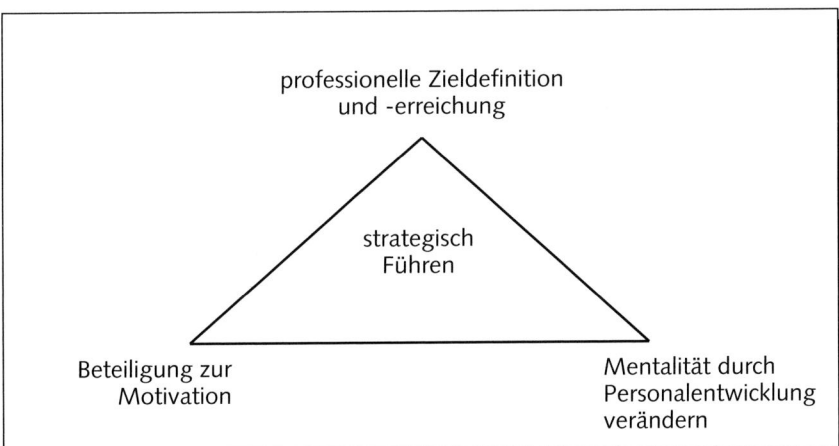

Abb. 58: Strategisch Führen

Strategisches Denken und Handeln lässt sich auf zwei Hauptparameter eingrenzen (vgl. Abbildung 59):

1. Die Matterhörner identifizieren.

2. Alle Kräfte auf die Erreichung der strategischen Positionierung richten.

Zunächst heißt strategisches Denken, die vorhandenen Ressourcen optimal für die Zielerreichung zu nutzen.

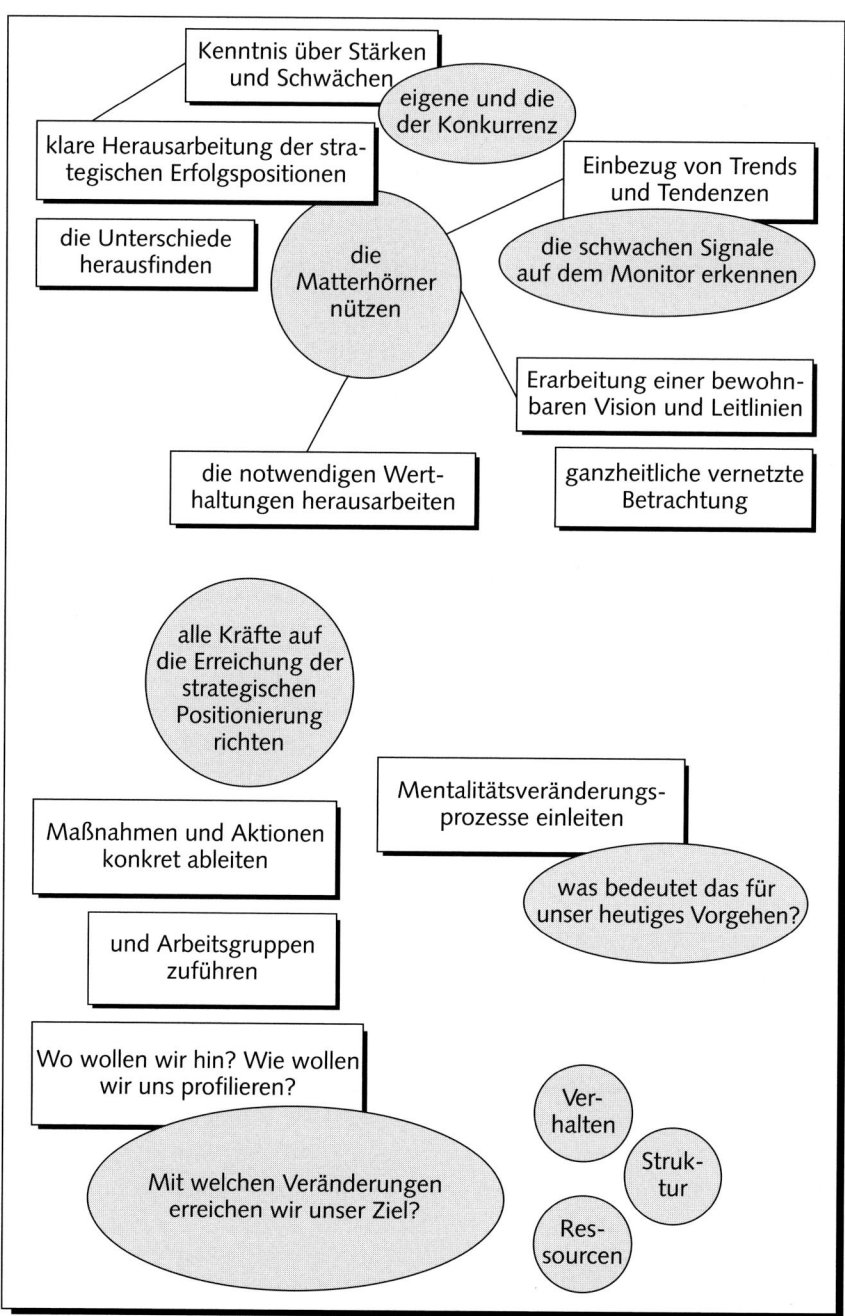

Abb 59:   Was heißt strategisches Management?

Als erstes sind relevante Trends und Entwicklungen zu identifizieren. Entwicklungen, die möglichst eng mit dem Markt in Zusammenhang gebracht werden können. Auf der einen Seite müssen möglichst schwache Signale erkannt werden, auf der anderen Seite dürfen diese Trends nicht zu abstrakt sein. Hier sind die Kenner der externen und internen Märkte gefragt.

Als nächstes ist es wichtig, sich über die Stärken und Schwächen des eigenen Bereiches klar zu werden. Aus der Verbindung dieser beiden ersten Analysen wird schnell klar, worin die Chancen und Risiken liegen.

Entscheidende Vorteile entstehen, wenn Stärken am Markt honoriert werden. Risiken sind dort vorhanden, wo eine Schwäche mit einer potenziellen negativen Marktreaktion zusammentrifft. So kann Liefertreue eine Erfolgsposition sein, wenn der Markt dieses Verhalten hoch bewertet. Der umgekehrte Fall würde dann ein Risiko darstellen.

Der zweite wesentliche Teil des strategischen Denkens besteht darin, alle Kräfte auf die identifizierte strategische Positionierung am Markt auszurichten. Es müssen geeignete Maßnahmen gefunden werden, um diese Positionierung zu erreichen. Die Mentalität der Mitarbeiter ist in die beabsichtigte Stoßrichtung auszurichten.

Zusammenfassend geht es um folgende Fragen:

– Welche Entwicklungen zeigen sich?
– Wo wollen wir hin?
– Wie wollen wir uns positionieren?
– Wo sind unsere Matterhörner?
  Wo ist unsere größte Stärke?
  Wo können wir größten Nutzen bieten?
– Mit welchen Maßnahmen erreichen wir unsere strategische Positionierung?

weiter
auf S. 274

Abbildung 60 verdeutlicht mit acht Grundsätzen nochmals die Hauptpfeiler des strategischen Denkens (vgl. *Pümpin*, 1980).

Acht strategische Grundsätze als Grundlage aller erfolgreichen Strategien

1. Konzentration der Kräfte
   Dies ist wohl der wichtigste strategische Grundsatz. Er war bereits im Altertum bestens bekannt. Für die Unternehmung können daraus folgende Verhaltensregeln abgeleitet werden:
   – Konzentration der Kräfte auf ausgewählte Produkt-/Marktkombinationen und auf aufzubauende Erfolgspotenziale
   – Konzentration der eigenen Mittel auf Bereiche, in welchen die wichtigsten Konkurrenzen schwach sind.

   Die Bedeutung des Grundsatzes der Kräftekonzentration geht auch aus einer Untersuchung von *Eastlack* hervor, nach welcher eine Hans-Dampf-in-allen-Gassen-Strategie zu ausgesprochen negativen Ergebnissen führt.

2. Aufbau von/auf Stärken / Vermeiden von Schwächen
   Die Strategie sollte immer auf Stärken der Unternehmung aufbauen.

3. Ausnutzung von Umwelt- und Marktchancen
   Die militärische Strategie fordert die Ausnützung topographischer und meteorologischer Gegebenheiten. Analog dazu gilt es in der Unternehmensstrategie, die in Umwelt und Markt sich bietenden Chancen konsequent auszunutzen.

4. Geschickte Innovation
   Die Geschichte zeigt, dass bedeutende Erfolge – sowohl auf dem Schlachtfeld als auch im Markt – immer wieder auf Innovationen zurückzuführen sind. Deshalb sollte eine erfolgversprechende Strategie immer ein innovatives Element enthalten.

5. Ausnutzen von Synergiepotenzialen
   Untersuchungen zeigen, dass die Erfolgswahrscheinlichkeit von Strategien größer ist, wenn bereits gegebene Voraussetzungen der Unternehmung optimal ausgenutzt werden.

6. Abstimmung von Zielen und Mitteln, Risikoabschätzung
   Ziele und Mittel sind bei erfolgreichen Strategien sorgfältig aufeinander abgestimmt. Die mit der Strategie verbundenen Risiken sollten sorgfältig erfasst werden.

7. Einfachheit
   Die Strategie sollte auf einem klaren, leicht verständlichen Grundkonzept aufbauen. Nur so kann der Inhalt der Strategie auf breiter Basis bekanntgemacht werden.

8. Beharrlichkeit
   Die Gefahr ist immer wieder sehr groß, dass einmal getroffene Entscheidungen unter dem Eindruck kurzfristiger Einflüsse wieder in Frage gestellt und umgeworfen werden. Langfristig erfolgswirksame Aktionen können jedoch nur dann realisiert werden, wenn sie mit einer gewissen Beharrlichkeit verfolgt werden. Gerade weil es in der Natur des Menschen liegt, sich von kurzfristigen Einflüssen beherrschen zu lassen, sollte dem Aspekt der Beharrlichkeit große Aufmerksamkeit geschenkt werden.

Abb. 60: Strategische Grundsätze (vgl. *Pümpin*, 1980)

Abbildung 61 verdeutlicht, was es beim Umgang mit Strategie und Vision zu beachten gibt.

Umgang mit Strategie und Vision

- Viele beschäftigen sich nicht gerne mit Strategie und Vision, weil Erfolge nicht sofort sichtbar sind (wir denken lieber an morgen als an übermorgen).
- Strategisches Denken erfordert die Ablösung vom Konkreten zum Abstrakten. Viele sind nicht gewohnt, in diesen Kategorien zu denken.
- Strategische (Neu-)Ausrichtungen beinhalten immer auch Veränderungen in der Mentalität und im Verhalten der Mitarbeiter. Dies erzeugt oft Widerstand, da viele Mitarbeiter mit einem gewissen Trägheitsmoment reagieren, wenn sie aus dem Gleichgewicht gebracht werden.
- Die strategischen Ziele müssen kommuniziert werden.
- Strategische Aussagen werden oft als Rohmaterial kommuniziert und müssen von den mittleren Führungskräften für die Mitarbeiter verständlich gemacht und in Teilziele aufgegliedert werden.
- Die strategischen Ziele müssen mit Prioritäten versehen werden (Dringlichkeit, Wichtigkeit, Tendenz).
- Entstehende Zielkonflikte müssen von den Führungskräften erkannt und in sinnhaftes Verhalten verwandelt werden. Dazu müssen die Führungskräfte erkennen, was das eigentliche unternehmerische Ziel ist, das hinter dem Zielkonflikt steht.
- Strategisches Denken erfordert, dass die Führungskräfte mit unvollkommenen Situationen umgehen können.

Abb. 61: Umgang mit Strategie

Substrategien aufbauen und zum Leben bringen

Viele Führungskräfte schrecken zurück, wenn sie das Wort Strategie hören. Strategie wird als praxisfremd und theoretisch empfunden. Viele haben auch die Erfahrung gemacht, dass die mit strategischen Papieren gefüllten Ordner zwar umfangreich waren, nie aber zu einer wirklichen Veränderung geführt haben. Dabei ist strategisches Denken etwas höchst Pragmatisches.

Eine formulierte Strategie sollte nie zwei Schreibmaschinenseiten überschreiten. Gute Unternehmer formulieren ihre Strategie meist in einigen wenigen Sätzen. Darauf wollen wir hinaus.

weiter auf S.277 In Zukunft müssen sich mittlere Führungskräfte sehr viel mehr um die strategische Ausrichtung ihres Arbeitsbereiches kümmern. Voraussetzung dafür ist die Kenntnis der gesamtunternehmerischen Absichten. Sie müssen in der Lage sein, für den eigenen Arbeitsbereich Relevantes abzuleiten und die eigene Strategie entsprechend abzuändern. Die Anforderungen an die strategieumsetzende Führungskraft finden Sie in der Abbildung 62.

Mit Sachverstand und Sensibilität

Anforderungen an eine strategieumsetzende Führungskraft

Nachdem sich immer mehr die Erkenntnis durchsetzt, dass die Mitarbeiter und ihre Bereitschaft, Leistung und Engagement zu erbringen, wesentliche Erfolgsfaktoren im Unternehmen darstellen, verändern sich auch die an Führungskräfte gestellten Anforderungen.

Es wird mehr und mehr erkannt, dass Führungskräfte, die nach wie vor zu einer eher autoritären Führungseinstellung neigen, dem Unternehmen eher schaden als helfen. Allein die Vermeidung der autoritären Einstellung genügt nicht. Es kommen eine Menge neuer Anforderungen auf eine Führungskraft zu:

1. Wissen und Verständnis für unternehmensstrategische Fragen

   Jeder Vorgesetzte muss über die strategischen Erfolgspositionen und die angestrebten Veränderungen informiert sein. Er muss hinter den Erwartungen stehen (können) und in der Lage sein, diese Anforderungen in seinem Arbeitsgebiet umzusetzen.

2. Mündliche und schriftliche Kommunikationsfähigkeiten zur adressatengerechten Umsetzung der strategisch relevanten Sachverhalte

   Der Vorgesetzte muss in der Lage sein, Aussagen der Geschäftsführung weitergeben zu können.
   Dazu muss er bei den einzelnen Ziel- und Adressatengruppen adäquate Kommunikationsformen einsetzen. Die auf hohem Abstraktionsniveau formulierten Vorstellungen werden von ihm in Alltagshandlungen umgesetzt. Dazu muss er sowohl in Einzel- als auch in Gruppensituationen interaktionelle Prozesse gestalten können.

3. Mentale Anpassung an die Unternehmenskultur

   Der Vorgesetzte muss ein Träger der angestrebten Sollkultur sein. Er muss die zukünftige Qualität des Unternehmens in seinem Verhalten und Handeln so verinnerlichen, dass er für andere, die noch nicht so weit sind, zu einem Vorbild werden und entsprechende Veränderungsprozesse in Gang setzen kann. Zum anderen hat der Vorgesetzte Einfühlungsvermögen für die Einstellung der Mitarbeiter. Er diagnostiziert mögliche Einstellungen und geht entschlossen an deren Veränderung. Er sucht sich nicht den leichten Weg der resignierenden Akzeptanz, sondern versteht es, durch positive Konfrontation sich um Integration bemühend Bereitschaft und Energie für die Veränderung zu wecken.

4. Persönlichkeit als Entwickler und Veränderer

   Die Persönlichkeit des strategieumsetzenden Vorgesetzten wird zu Messlatte, ob er die Bereitschaft und Begeisterung, sich mit ihm in Veränderungsprozesse einzulassen, bei Mitarbeitern im Unternehmen wecken kann. Dazu muss er sich seiner Stärken und Schwächen bewusst sein. Er muss sich mit seiner Schattenseite auseinandersetzen und erkennen, welche Konsequenzen durch unangemessenes Verhalten in seinem Arbeitsbereich entstehen kann.

Abb. 62:　Anforderungen an eine strategieumsetzende Führungskraft

Eine Strategie zu finden ist eine Sache, sie einzuführen ist eine andere. *Bennis/Nanus* (1986) haben vier Einführungsschwellen definiert, die wir nachstehend aufzeigen möchten.

1. Mit einer Vision Aufmerksamkeit erzielen
   – einen Fokus, einen Brennpunkt schaffen
   – wissen, was man will und nicht die Zeit der Mitarbeiter verschwenden
   – Visionen lösen Zuversicht aus und geben Sinn und die notwendige Motivation

2. Sinn vermitteln durch Kommunikation
   – Fähigkeit, ein überzeugendes Bild eines wünschenswerten Zustands zu vermitteln
   – mit Bildern, Metaphern Ziele und Werte vermitteln
   – jede Organisation braucht einen Sinngehalt, dieser Sinngehalt muss übermittelt werden

3. Eine Position einnehmen und damit Vertrauen erwerben
   – einen Standpunkt beziehen, zu wissen, was richtig und notwendig ist; damit kann Vertrauen erworben werden
   – die Organisation muss eine Identität haben

4. Entfaltung der Persönlichkeit durch ein positives Selbstwertgefühl
   – eigene Stärken erkennen und Schwächen kompensieren
   – sich für seine eigene Entwicklung verantwortlich zu fühlen; Unzulänglichkeiten beheben, bevor sie gefährlich werden
   – Übereinstimmung zwischen Anforderung und Fähigkeiten
   – Fähigkeit, Menschen so zu akzeptieren, wie sie sind
   – an Beziehungen und Probleme gegenwartsbezogen und nicht vergangenheitsorientiert heranzugehen
   – höfliche Aufmerksamkeit für die Menschen in der näheren Umgebung
   – anderen vertrauen zu können, selbst wenn das Risiko groß erscheint
   – Fähigkeit, ohne ständige Zustimmung und Anerkennung seitens anderer auszukommen
   – positive Erwartung bezüglich des Ausgangs eines Ereignisses

20. Beispiel einer Strategiefindung

Im Folgenden möchten wir Ihnen den Ablauf eines Prozesses zur Strategie-findung aufzeigen. Die einzelnen Schritte werden teilweise durch authen-tische Beispiele illustriert.

Wichtig ist uns hier nochmals: Es geht nicht um die hochabstrahierte Stra-tegie einer Unternehmung, sondern um die Entwicklung einer Mikrostrate-gie eines Arbeitsbereiches innerhalb einer Organisation.

1. Rahmenbedingungen der Situation

Im ersten Schritt müssen die Rahmenbedingungen der Situation erhoben werden. Es geht um die Beschreibung der möglichen Einflussfaktoren, um anstehende Veränderungen und Entwicklungen.

In den nachfolgenden Abbildungen möchten wir Ihnen am Beispiel einer Softwarefirma mögliche Ausgestaltungen dieser Vorgehensweisen aufzei-gen.

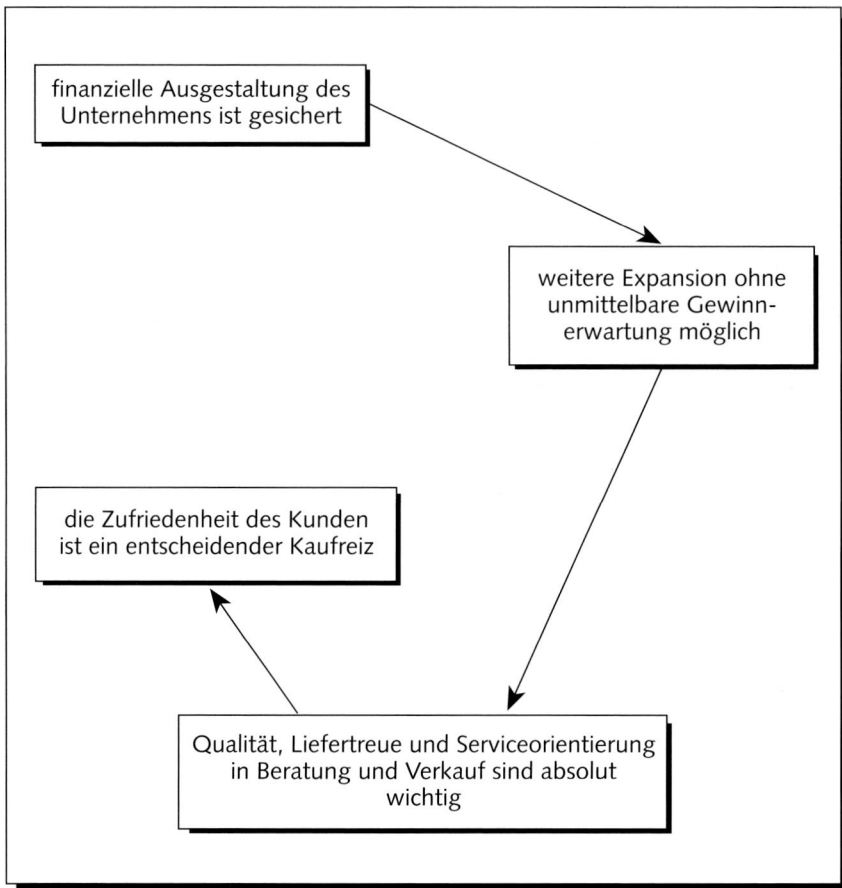

Abb. 63:   Rahmenbedingungen

2. Trends und Entwicklungen am Markt (intern und extern)

In diesem Teil werden so genannte Szenarien erarbeitet. Szenarien sind Darstellungen möglicher zukünftiger Entwicklungen. Wichtig hierbei ist, dass diese Szenarien in ihrer Vernetzung dargestellt werden. Die einzelnen Elemente wirken aufeinander. So können, wie in Abbildung 63 sichtbar, die von verschiedenen Elementen ausgehenden Kräfte mit Pfeilen dargestellt werden. Diese Analyse (vernetzte Wirkanalyse) zeigt sehr schnell, dass die einzelnen Faktoren nicht losgelöst voneinander betrachtet werden dürfen, vielmehr ist es wichtig, die gegenseitige Verbindung zu beachten.

Aus Abbildung 64 lassen sich die einzelnen Verbindungen ersehen.

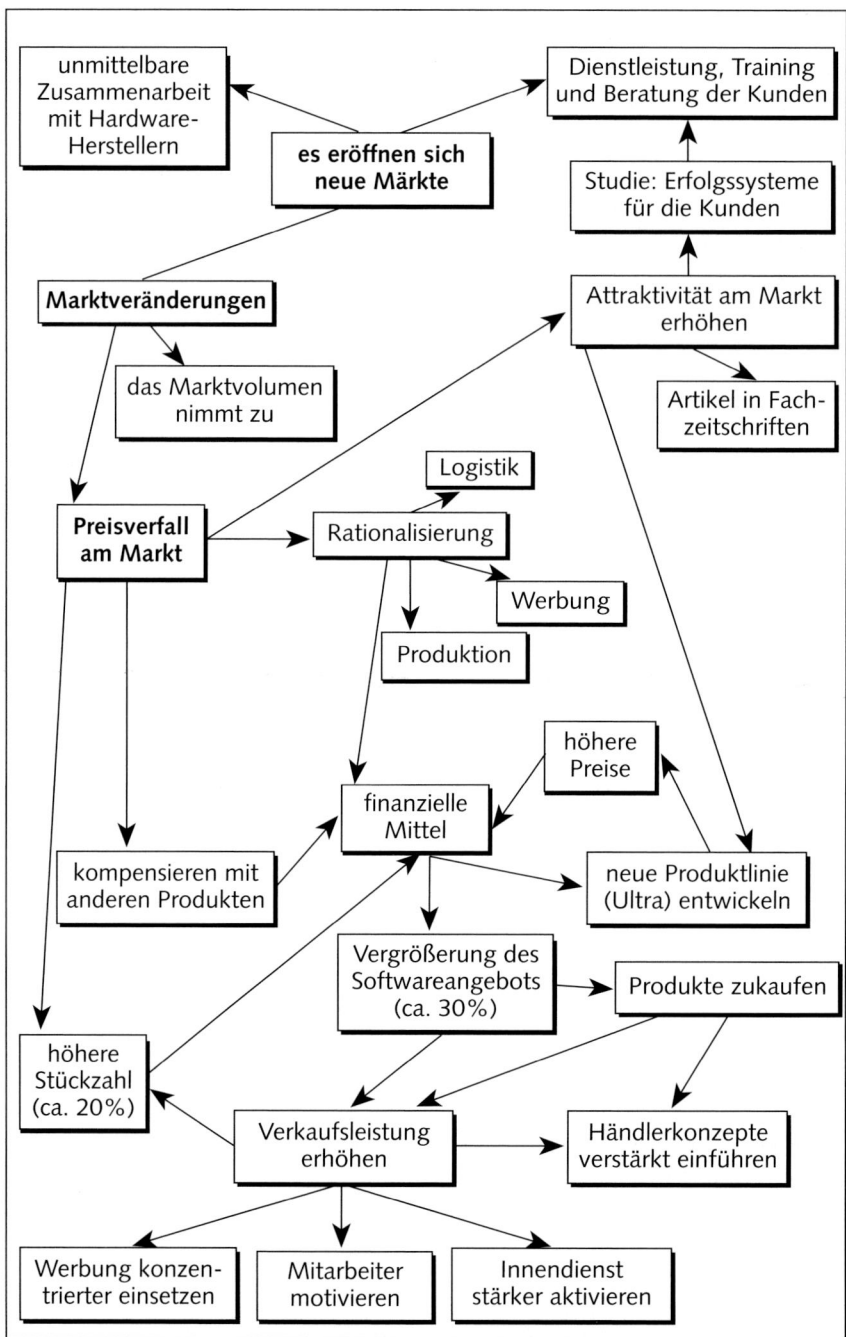

Abb. 64:   Vernetzung der problembestimmenden Faktoren

Die wichtigsten Erfolgsfaktoren	Wichtigkeit für den Kunden	Wettbewerbs-vergleich besser (+5) → schlechter (−5) als das Beste
1. hervorragende Qualität der Software	10	0
2. Termintreue und Pünktlichkeit	7	−3
3. niedrige Preise	5	+3
4. serviceorientierte Mitarbeiter	5	0
5. breites Produktprogramm	7	−2
6. Lieferfähigkeit	8	−2
7. Beratung von Kunden	5	1
8. kompetente Behandlung von Reklamationen	7	−3
9. wirkungsvolle Werbung	8	−1
10. gutes Image durch PR	9	3

Überträgt man die Werte in nachstehende Matrix, ergibt sich folgendes Bild:

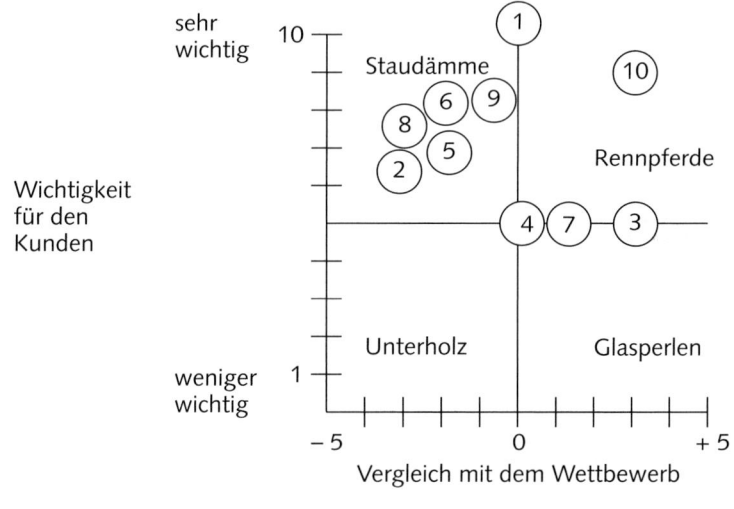

Abb. 65:   Erfolgsfaktoren

3. Analyse der Stärken und Schwächen

Im nächsten Vorgehensschritt werden die Stärken und Schwächen des eigenen Arbeitsbereiches denen der Konkurrenz gegenübergestellt. Wird die Analyse für eine unternehmensinterne Funktion (z. B. Personalwesen) durchgeführt, so wird die Funktion an diesem Punkt mit derselben Funktion in anderen Unternehmen oder anderen Unternehmensbereichen verglichen.

Zunächst werden die Erfolgsparameter am Markt herausgearbeitet. In Abbildung 58 sehen Sie diese Analyse am Beispiel einer Softwarefirma.

Im nächsten Schritt wird die Wichtigkeit des Parameters für den Kunden bewertet. Danach findet der Vergleich mit den (internen und/oder externen) Wettbewerbern statt. Die Werte werden dann in eine Matrix mit den Parametern Wichtigkeit für den Kunden und Wettbewerbsvergleich eingefügt. Aus dieser Matrix lassen sich dann vier Quadranten ableiten.

Im Quadrant Unterholz befinden sich Erfolgsparameter, die unbedeutend sind und in denen der eigene Bereich schlechter ist als die Wettbewerber. Im Quadrant Glasperlen befinden sich die Parameter, in denen der eigene Bereich besser ist als die Wettbewerber. Gleichsam handelt es sich um relativ unbedeutende Faktoren. Im Bereich Rennpferde liegen die Erfolgsfaktoren des eigenen Bereiches. Auf diesen Parametern beruht der Erfolg. Sie müssen erhalten und weiter ausgebaut werden. Im Quadrant Staudämme befinden sich die Parameter, die unbedingt aufgebaut werden müssen. Grund dafür ist, dass diese Faktoren sehr bedeutsam sind, gleichsam aber auch der eigene Bereich schwächer ist, als der Wettbewerb. Oft ist der Aufbau langwierig und mühevoll. Dennoch ist es gefährlich, in diesem Bereich nichts zu tun.

In unserem Beispiel zeigt sich, dass für die Softwarefirma nur ein Parameter im Bereich Rennpferde liegt. Fünf wichtige Parameter sind im Bereich Staudämme: da liegen die Ansatzpunkte für die Zukunft!

weiter
auf S. 283

Aus diesen Analysen (vgl. Abbildung 64 und 65) lassen sich nun Maßnahmen ableiten. Wichtig und unabdingbar in diesem Zusammenhang ist, dass diese Erfolgsfaktoren möglichst gemeinsam mit den Mitarbeitern herausgearbeitet werden.

Check-up 8: Strategische Analyse des eigenen Arbeitsbereiches

Entwickeln Sie nun die strategische Analyse Ihres Arbeitsbereiches. Am besten, Sie setzen drei zweistündige Treffen mit Ihren Mitarbeitern an. In diesen Sitzungen erarbeiten Sie dann gemeinsam folgende Fragen:

1. Welche Rahmenbedingungen müssen wir beachten?

2. Welche Trends und Entwicklungen lassen sich am Markt feststellen? Ihre Mitarbeiter sollen in 2er- oder 3er-Gruppen Ideen zu diesen Fragen sammeln. Fügen Sie dann diese Ideen möglichst in vernetzter Form zusammen. Danach arbeiten Sie gemeinsam die Erfolgsfaktoren heraus. Bewerten Sie gemeinsam die Erfolgsfaktoren nach Wichtigkeit. Sie können auch jeden Mitarbeiter eine Rangfolge machen lassen.

3. Nun vergleichen Sie Ihren Bereich mit dem besten Wettbewerber.

4. Übertragen Sie sodann die einzelnen Parameter in die Wichtigkeits-/Wettbewerbs-Matrix.

5. Jetzt können Sie mit Ihren Mitarbeitern Maßnahmen und Vorgehensweisen entwickeln.

weiter
auf S. 288

20. Umgang mit Veränderung

Umgang mit Veränderungen

Das Einleiten und Umsetzen der notwendigen Veränderungsmaßnahmen ist der sensible Punkt bei jeglichem strategischen Vorgehen. Allzuoft scheitern an diesem Punkt die beabsichtigten Vorhaben, weil die Betroffenen und Beteiligten Gegenreaktionen zeigen. Wir möchten Ihnen nachstehend ein Modell vorstellen, das den Zusammenhang zwischen dem Grad der Beteiligung und auch dem Entwicklungsgrad der Betroffenen aufzeigt und Ableitungen bezüglich des Stils ermöglicht. Vorweg sei schon gesagt: Nicht in jeder Situation ist eine Beteiligung möglich, unter ganz bestimmten Konstellationen kann eine Beteiligung sogar die Veränderungsidee unmöglich machen. Damit ist auch der Zielkonflikt schon dargestellt. Nichtbeteiligen heißt, Widerstand auslösen. Wie Sie aus Abbildung 66 ersehen können, führt Manipulation, Befehle oder die Bombenwurfstrategie (also im Dunkeln lassen und überraschen) zu Widerstand. Die einzige Möglichkeit, mit dem Widerstand einigermaßen zurechtzukommen, ist die Beteiligung. Wann aber ist welche Beteiligung angesagt? Das möchten wir Ihnen an folgendem Modell aufzeigen.

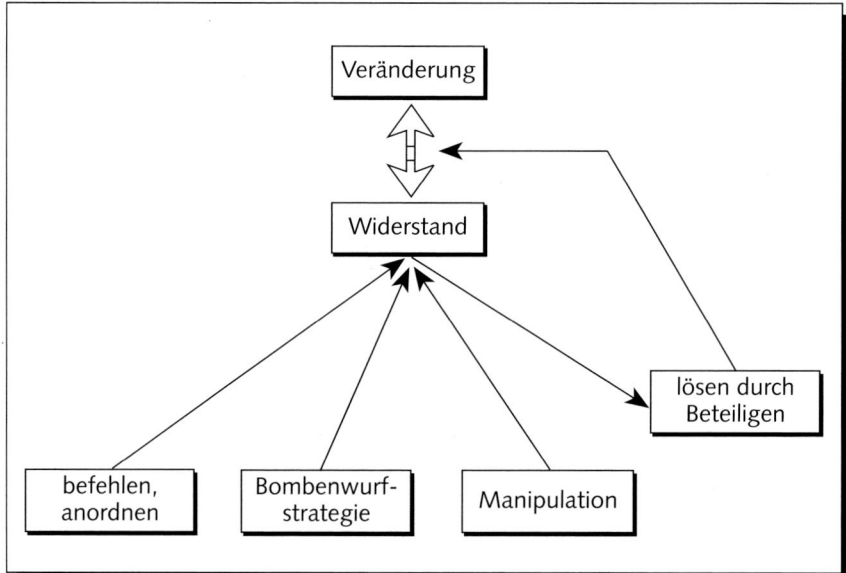

Abb. 66:   Umgang mit Widerstand

Modell Veränderungsstile

An diesem einfachen Modell, bei dem wir auf der einen Seite Vertrauen, auf der anderen Seite den Freiheitsgrad, also die Möglichkeiten und Optionen eines Systems kombinieren, lassen sich insgesamt vier mögliche Stile ableiten:

1. Nichtbeteiligung
2. Beteiligung durch Klärung
3. Beteiligung zur Überzeugung und Ausführung
4. Beteiligung zur Erwägung der Veränderung

Die notwendigen Vorgehensweisen, aber auch die möglichen Reaktionen des Systems können aus der Abbildung 67 abgelesen werden. Deutlich wird hier insbesondere, dass der Grad der Beteiligung einmal von der Frage abhängt, wie groß der Freiheitsgrad ist, den dieses System hat, und zum anderen von der Frage, wie groß das Vertrauen der Beteiligten, Betroffenen zu der Hierarchie, also zu den Auslösern der Veränderung ist. Hier zeigt es sich, dass man für verschiedene Konstellationen auch unterschiedliche Strategien und Vorgehensweisen wählen muss. Allzuoft wird von den Initiatoren einer Veränderung die Situation als Situation 1 (Bombenwurfstrategie) eingeschätzt. Viele Veränderungsprozesse laufen nach dieser Vorgehensweise mit den entsprechenden Resultaten ab. Besser ist es, daran zu arbeiten, auf Stufe 4 zu kommen, wo sicherlich die Nutzung der geplanten Veränderung ermöglicht werden kann.

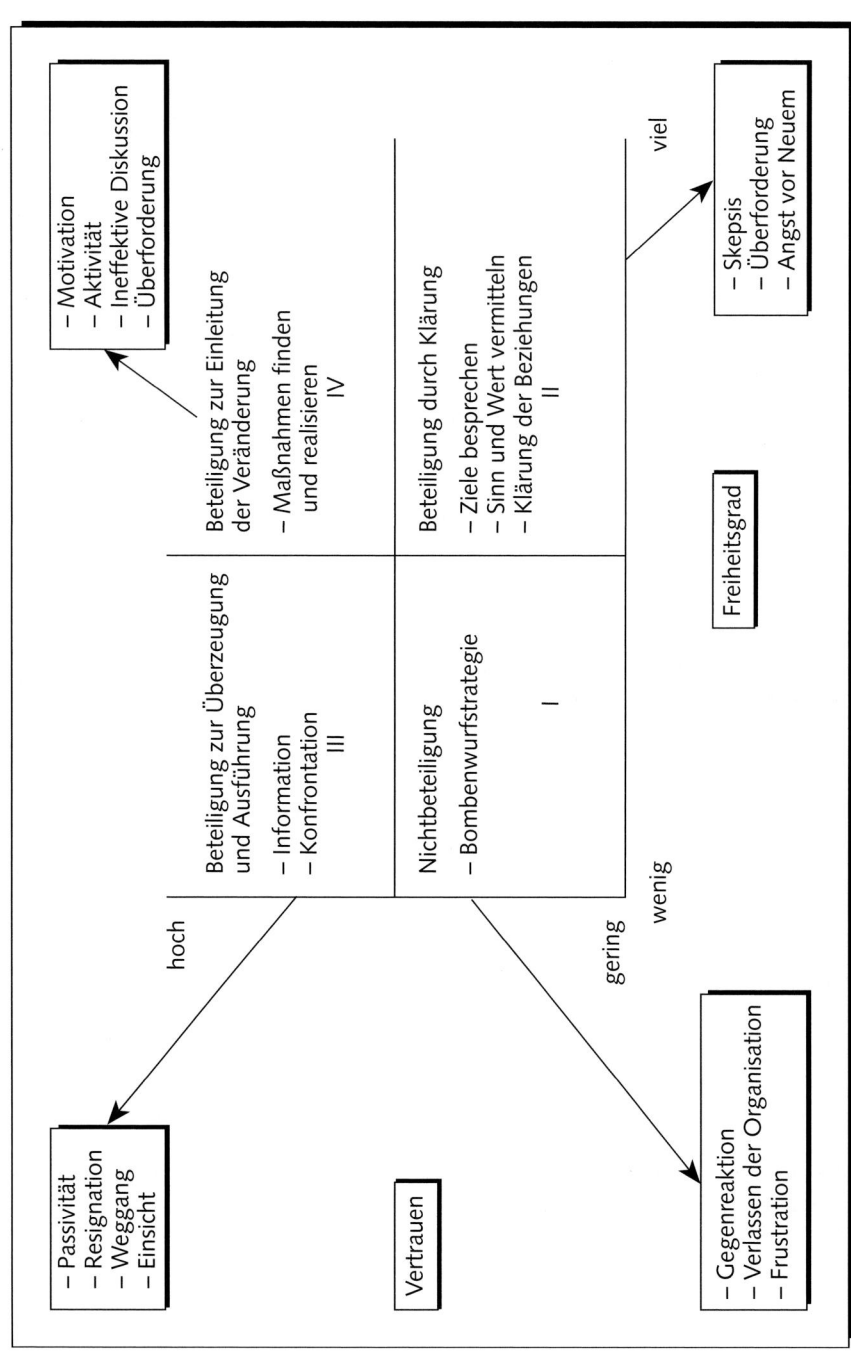

Abb. 67:   Veränderungsstile

Minimierung von Gegenreaktionen

- das Projekt muss die volle Unterstützung der Geschäftsleitung und des Managements finden
- die Führungskräfte müssen das Gefühl haben, das Projekt sei ihr eigenes
- das Projekt muss mit den Werten und Idealen übereinstimmen, die in dem Unternehmen seit langem anerkannt sind
- die Betroffenen müssen den Änderungsprozess als Möglichkeit zur Verringerung gegenwärtiger und zukünftiger Belastungen erkennen
- das Projekt muss den Betroffenen neue und interessante Erfahrung bringen
- die Betroffenen müssen den Eindruck haben, dass ihre Autonomie und Sicherheit nicht bedroht sind
- die Betroffenen müssen an der Problemdefinition und Problemlösung beteiligt seien
- die Betroffenen müssen in ihren gegenseitigen Beziehungen Verständnis, Unterstützung und Vertrauen erfahren

Abb. 68:   Minimierung von Gegenreaktionen

Maxime für die Umsetzung von Veränderungsprojekten

* Jedes Projekt braucht einen Champion
* Die für die Umsetzung notwendigen Ressourcen müssen verfügbar sein
* Es muss ein Lern- und Problemlösungsklima erzeugt werden
* Es muss sichergestellt sein, dass der Einsatz für die Umsetzung belohnt wird
* Die Struktur und Vorgehensweise des Komplementierungsprogramms muss stets überprüft und modifiziert werden

Abb. 69:   Maxime für die Umsetzung von Veränderungsprojekten

Check-up 9: Umgang mit Veränderung

1. Nachstehend stellen wir einen Fragebogen dar, den Sie bei einer beabsichtigten Veränderungsmaßnahme bearbeiten können.

Fragen für den Umgang mit Veränderung

– Was ist der Anlass für die Veränderung?
  Geht es um:
  * die Beseitigung von Schwachstellen?
  * die Nutzung neuer Chancen?

  oder geht es um:
  * Profilierung?
  * Machtstrategien?
  * Ablenkung?
  * Rechtfertigung?

– Wie komme ich an den relevanten Veränderungsbedarf?
  Werden die Kräfte strategisch richtig eingesetzt?

– Wer ist von der Veränderung betroffen?
  * Wie ist die Sichtweise der einzelnen Beteiligten?
  * Welche Interessen sind vorhanden?

– Wo ist in der Vorgehensweise und im Zielzustand eine Öffnung?
  * Wo wird die Erfahrung der Teilnehmer einbezogen?
  * Wie werden die Grenzen kommuniziert?

– Wie wird mit dem Zweifel der Beteiligten und Betroffenen umgegangen?
  * Zweifel und Widerstand sind Zeichen dafür, dass jemand nicht genügend beachtet wurde

– Wie wird das Vertrauen der Beteiligten gefunden; wo sind Bündnispartner für das Vorhaben?

weiter auf S. 292

Fünfter Teil

Das eigene Team entwickeln

22. Warum Teamarbeit den Schlüssel für neue Produktivität in sich birgt

Die Entwicklung von Teams und deren Leistungsfähigkeit stellt für die Zukunft einen Erfolgsfaktor dar.

Eine entscheidende Frage dabei ist, wie sich solche Teams organisieren, nach welchen Prinzipien sie arbeiten und wie es ihnen gelingt, einen Produktivitätsvorsprung vor den heutigen Arbeitsformen zu erreichen. Sieht man diese Entwicklung in einem größeren Kontext, so zeichnen sich in den letzten Jahren zwei Entwicklungen ab:

– **die Komplexität der Umwelt vergrößert sich** (vgl. *Beck*, 1986)
– **wir Menschen gehen bewusster mit unseren Gefühlen um.**

Die Erhöhung der Komplexität hat mit der Öffnung der Weltmärkte zu tun, mit der zunehmenden Bedeutung der Ökologie und mit extremem Streben nach Produktivität und Markteroberung, insbesondere in den fernöstlichen Ländern. Eine hohe Komplexität wird eher von Systemen bewältigt, die weiche Strukturen haben, d. h. Strukturen, die die Flexibilität des Einzelnen und das Engagement des Einzelnen verstärken. Gleichsam hängt die Elastizität einer Organisation von den Beziehungen und der Viskosität der Teamkommunikation ab. Somit kann die Behauptung aufgestellt werden: **je höher das Engagement und die Flexibilität des Einzelnen und je durchlässiger und sanktionsfreier die Teamkommunikation, um so besser kann sich eine Unternehmung in Abhängigkeit des vorhandenen Problemlösungspotenzials an die Anforderungen der Zukunft anpassen.**

Diesem Zusammenhang kommt eine zweite Entwicklung entgegen. Die zunehmende Enttabuisierung und Beschäftigung mit den eigenen Gefühlen auch im Bereich des Managements öffnen Teile des Persönlichkeitspotentials, die gerade diese Förderung des weichen Potenzials ermöglichen. Und noch ein phänomenaler Zusammenhang: **Geklärte Beziehungen führen zu Motivation** (vgl. *Gerhards*, 1988).

Mit diesem Schlüssel öffnen sich für uns neue, bislang ungenutzte Bereiche echter Produktivität. Eigenverantwortliches Handeln, Verbesserungsdenken und die Fähigkeit zur Selbstorganisation sind die Früchte, die auf diesem Boden wachsen. Daraus wächst die verbesserte Fähigkeit zu kommunizieren, die größere Teambereitschaft sowie die Fähigkeit der Führungskräfte, als Problemlöser weite Bereiche des Unternehmens als zielkongruente, sich selbststeuernde Arbeitsbereiche arbeiten zu lassen.

Wir haben schon zu Beginn des Buches auf den Zusammenhang einer Organisation mit einem Organismus hingewiesen.

Vergleicht man eine Organisation mit einem Organismus, so würden die Mitarbeiter die Kleinzellen und die Teams die Organe darstellen. Abgeleitet von diesem Bild des Organismus würde die Überlebensfähigkeit des Organismus garantiert und optimiert werden, wenn ein Großteil der Anpassungsprozesse selbstgesteuert, also einem Impuls-Feedback-Reflexions-Mechanismus unterliegen würden.

 Insofern würde die **Flexibilität des Einzelnen**, **die kommunikative Durchlässigkeit** und die **Problemfähigkeit der Teams** ein entscheidender Beitrag für die Leistungsfähigkeit einer Organisation darstellen.

Aus diesem Zusammenhang lässt sich die Berechtigung ableiten, das Team als die neue Arbeitsform zu bezeichnen, die potenziell eine höhere Produktivität garantiert. Damit diesem Anspruch Genüge getan wird, muss herausgearbeitet werden, unter welchen Bedingungen ein Team leistungsfähiger ist als die Summe der Einzelleistungen. Es genügt nicht allein, dass Mitarbeiter, die bisher wie an der Stange gereiht am Fließband saßen, nun sich gegenüber sitzen und damit ein Team sind. Ein leistungsfähiges Team zu werden, geht mit verschiedenen Faktoren, die jetzt dargestellt werden sollen (vgl. Abb. 65), einher.

Zuerst ist das Klima in einer solchen Arbeitsgruppe geprägt von der Berechtigung, **einen Platz in dieser Gruppe** zu haben. Jeder muss das Gefühl haben, dazu zu gehören und gebraucht zu werden. Das Team muss zur **Kooperation** fähig sein und **mit Konflikten umgehen** können. Wenn sich die Einzelnen in Konflikten neutralisieren, dürfte die Gruppe keine Leistungsvorteile vor dem Einzelnen haben. Es ist erlaubt, in einem Team **Wünsche zu äußern**, Wünsche, die auch persönlicher Natur sind. Dies ist unabhängig davon, ob die Wünsche erfüllt werden können. Wenn sie aber nicht geäußert werden dürfen, sind sie oft die eigentlichen Gründe für Aggression. Auf der anderen Seite ist in dem leistungsfähigen Team **Zielkongruenz zu den Unternehmenszielen.** Nur so wird die Selbststeuerung sich auf das erfolgreiche Dasein der Organisation ausrichten. Dazu braucht es einer **kompetenten Führung**. Eines Teamleiters, der es versteht, der Gruppe Sinn und Wert zu geben, der eine Vision aufzeigen kann und der der Gruppe hilft, als Problemlöser sowohl auf der Sach- als auch auf der Beziehungsebene erfolgreich zu sein.

Bei Hochleistungsteams ist nach *Katzenbach* und *Smith* (1993) der **Grad der Verpflichtung, das Engagement** und der **persönliche Einsatz der Mitarbeiter füreinander** sehr hoch ausgeprägt. Das Engagement geht über Höflichkeit und Zusammenarbeit weit hinaus. Jeder hilft den anderen,

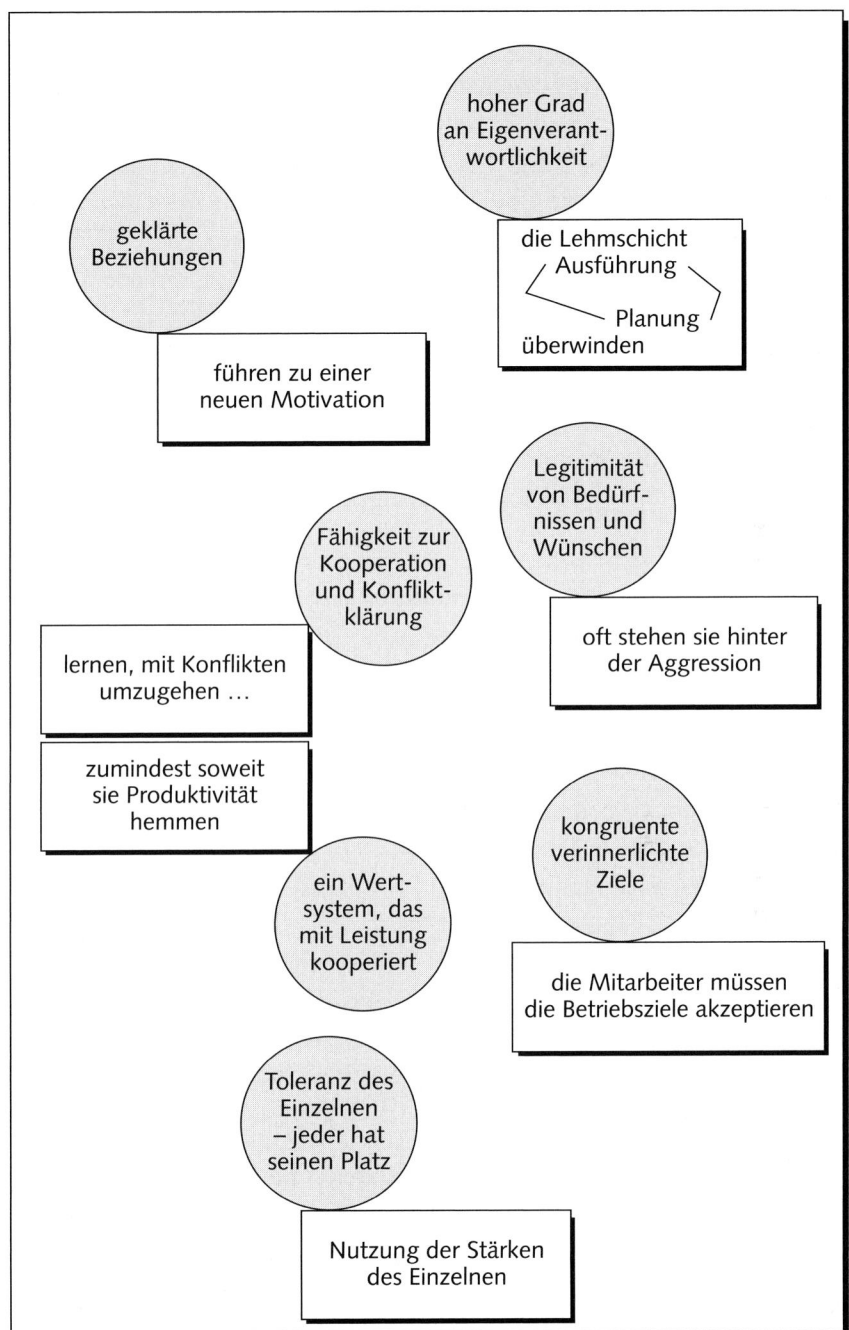

Abb. 70:   Wann ist ein Team ein Team?

wirklich persönliche und berufliche Ziele zu erreichen. ›Einer für alle, alle für einen‹ ist eine treffende Beschreibung des Selbstverständnisses in einem solchen Team. Das Team hat die inneren Beziehungen geklärt.

weiter auf S. 302

Durch den hohen Verpflichtungsgrad und das Engagement erreicht das Hochleistungsteam eine starke Erweiterung der Grundeigenschaften eines Teams. Die Leistungsziele sind ambitionierter, die Arbeitsmethoden sind wirkungsvoller.

Auf dieser Basis muss der Lean-Management-Prozess interpretiert werden (vgl. *Womak*, 1990). Wer Lean-Management reduziert auf

– **Hierarchien streichen**
– **mit Projektteams die Produktion nach ›waste‹** (Verschwendung) **durchkämmen**
– **Zulieferer in die Mangel nehmen**

ist nach wie vor voll und ganz im Kontrollsystem.

Lean-Management wirklich heißt

– **die Mitarbeiter z. B. in der Produktion zu Spezialisten für rationelle Fertigung zu machen,**
– **Aktivitäten entwickeln, um die Mentalität der Mitarbeiter und Führungskräfte zu entwickeln,**
– **Zielkongruenz herzustellen,**
– **Begeisterung zu entwickeln.**

Inhaltlich lassen sich dann auf dieser Basis an drei wesentlichen Punkten die Veränderungen anpacken (vgl. Abb. 71)

– konsequente Wertschöpfung auf allen Ebenen
– konsequente Ergebnisorientierung
– konsequente Marktorientierung.

Im Einzelnen heißt **konsequente Wertschöpfung**, die Mitarbeiter so weit auszubilden, dass diese Prozesse aus den Teams von innen heraus in Gang kommen. Mitarbeiter der Produktion müssen zu Spezialisten für rationelle Fertigung werden. Dazu brauchen sie Ausbildung und Information und Möglichkeiten (zeitlich und örtlich), sich auszutauschen: **Jetzt erst bekommen die Qualitätszirkel/Werkstattzirkel ihren eigentlichen Sinn!**

Natürlich wird das alles durch eine modulare Organisation begünstigt. D. h., **Planung und Ausführung zusammenlegen** und ganzheitlich gestaltbare und messbare Arbeitssysteme aufbauen, **die sich am Produktentstehungsprozess entlang orientieren.** Neue **Entlohnungssysteme, die Produktivitätsentwicklung belohnen,** unterstützen den Prozess der entstehenden Eigenverantwortung und Selbstorganisationsfähigkeit. So

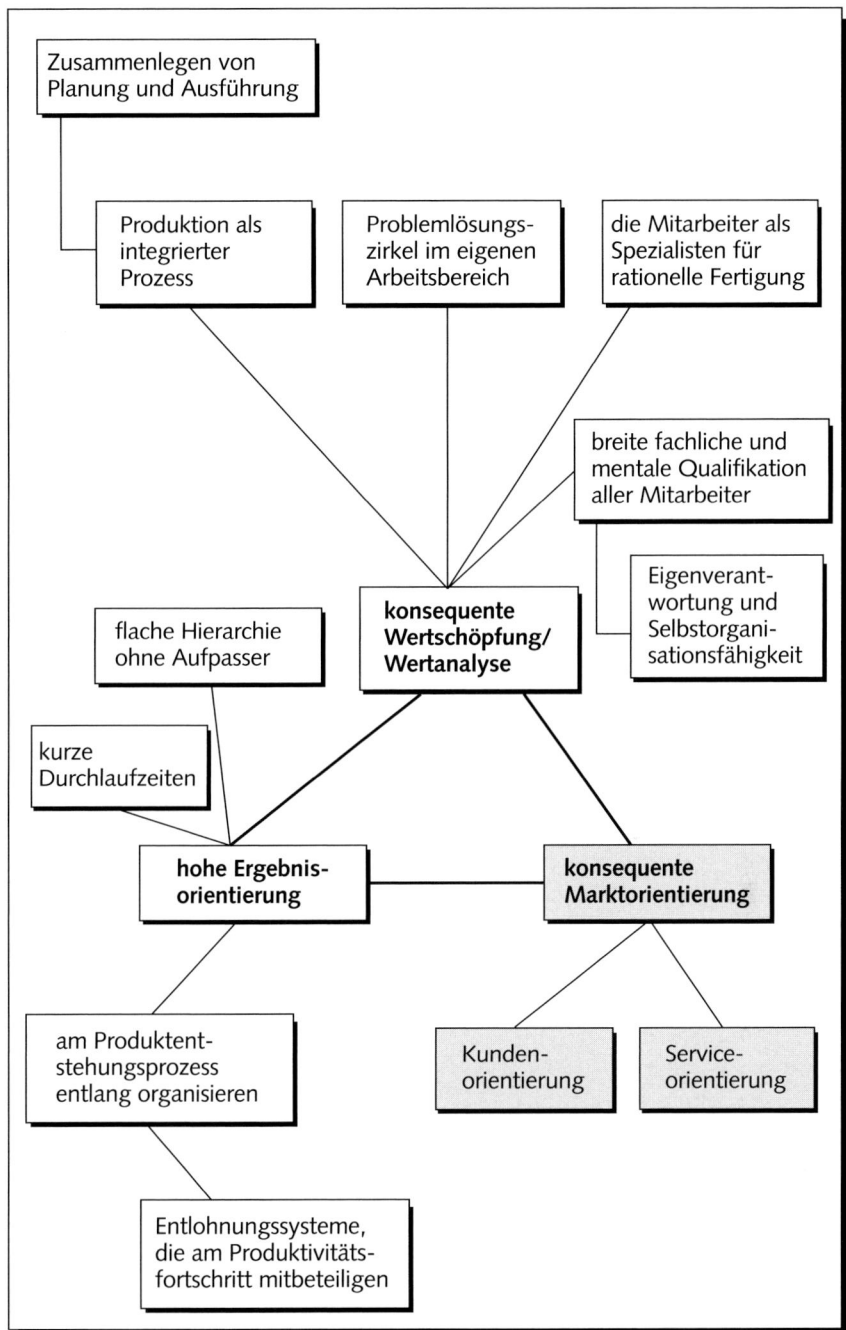

Abb. 71: Welche Ansatzpunkte beinhaltet der Lean-Management-Ansatz?

werden **flache Hierarchien** möglich, die den Teil **Aufpasser im Vorgesetzten**, der jetzt wegrationalisiert werden kann, nicht mehr benötigen. Die sich stark selbststeuernden Teams können aufgrund der modularen (am Produktentstehungsprozess orientierten) Organisationsformen Durchlaufzeiten reduzieren.

Gleichsam ermöglicht die zielorientierte Selbststeuerung, dass sich das System **auf den Kunden orientiert** und ausgehend von den analysierten Kundenbedürfnissen marktgerechte Produkte entwickelt wie auch Möglichkeiten sucht, aus der Verbindung von Nutzen-Stiftung und Problemlösung für den Kunden profitable Geschäfte zu machen. Letzten Endes ist der gekonnte Umgang mit dem Kunden in Verkauf und Service eine strategische Erfolgsposition für viele Unternehmen.

23. Was ist ein Team?

Der Begriff **Team** wird seit einigen Jahren sehr inflationiert gebraucht. In nahezu jeder Vorstandsrede wird heute von Teams und Teamarbeit gesprochen. Man glaubt vielerorts nach unserer Einschätzung sehr naiv an die Lösung aller Probleme, wenn man nur ein Team einsetzt.

Bevor wir uns eingehend mit der Arbeit im Team und deren Auswirkungen beschäftigen, muss geklärt werden, was im Folgenden unter einem Team verstanden werden soll. In der Literatur finden sich zahlreiche mehr oder minder genaue Definitionen, die sich aber teilweise stark unterscheiden oder gar gegenseitig widersprechen. So verlangen einige Autoren (*Bühner*, 1991, *Hirzel*, 1989; *Neumann*, 1974), dass es in einem Team, das zumeist als bereichsübergreifendes Expertenteam in einer Unternehmung gesehen wird, keine Führung oder Hierarchie geben dürfe, während andere den Teambegriff nur auf die Gruppenarbeit in der Fertigung anwenden (*Jürgens,* 1992) oder aber ein Team einfach als Gruppe sehen, die die von ihrer formalen Organisation vorgegebene Ziele als die eigenen übernimmt (*Lattmann*, 1982).

Den folgenden Ausführungen soll ein weitergefasster Teambegriff zugrunde liegen: als **Team** soll eine **Gruppe mit besonderen Merkmalen** verstanden werden.

Teams zeichnen sich in erster Linie durch ihre **Leistungsorientiertheit** aus, also durch ein maßgebliches Mehr an Aufgabenorientiertheit im Vergleich zu den gefühlsmäßigen Einstellung der Sympathie und Antipathie ... mit der dreifachen Zielsetzung Leistung (out put; productivity), Selbsterhaltung (integration) und Befriedigung der sozio-emotionalen Bedürfnisse (morale) (*Scharmann*, 1972, S. 57 f.). Zusammenarbeit im Team erfordert die **Partizipation, Kooperation und Arbeitskoordination** aller Mitglieder, so dass nur eine **interagierende** Gruppe ein echtes Team darstellt. Die Teammitglieder identifizieren sich im Allgemeinen sehr stark mit den **Zielen** des Teams und dem Team selber, was meist zu *hoher* Kohäsion und oft auch zu **hoher Konformität** durch Anerkennung oder gar **Internalisierung** der Gruppennormen führt. Ein Team entsteht in der Regel **formell** und setzt sich oft aus Mitgliedern mit unterschiedlichen, sich ergänzenden Fähigkeiten zusammen (**heterogene Struktur**), weswegen der Zugang zum Team zwar generell möglich, aber an bestimmte Bedingungen (Eignung, Wissen etc.) geknüpft sein wird. Auf eine (formelle oder informelle) **Führung** im Team sollte man unserer Meinung nach normalerweise nicht verzichten, zumal funktionstüchtige Gruppen hierarchisch gefügt sind (*Scharmann*, 1972, S. 65). Allerdings widersprechen ausgeprägte Hierarchien und ein autoritär-autokratischer Führungsstil dem Teamgedanken. Das Team muss die Möglichkeit haben, sich – innerhalb definierter Grenzen – **weitgehend selbst zu steuern** und **zu bestimmen**.

Die Chancen der höheren Leistung in Teams liegen in einer möglichen

– Synergie durch sich ergänzende Fähigkeiten und Erfahrungen
– Stimulation des Einzelnen durch die Gruppe
– geringeren Irrtumswahrscheinlichkeit
– besseren Akzeptanz und Machtbasis.

Voraussetzung für die Entstehung eines Teams

Beim Aufbau eines Teams muss man davon ausgehen, dass mit der formalen Bildung einer Gruppe nicht automatisch ein Team entsteht (*Forster*, 1978). Man kann zwar ein Team aufstellen, das bedeutet aber noch nicht, dass wirkliche Teamarbeit geleistet wird. Laut *Forster* (1978, S. 20) stellt Teamarbeit … eine Sonderform der Gruppenarbeit dar, welche durch bewusste Intensivierung und Regelung der Gruppenprozesse eine zusätzliche Leistungssteigerung gegenüber der Gruppenarbeit oder sonstigen Arbeitsformen ermöglichen soll. Teamarbeit kann man weder erzwingen, noch entsteht sie von alleine. Vielmehr müssen gewisse Voraussetzungen geschaffen werden, um einer Gruppe die Entwicklung zum Team zu ermöglichen.

Teams sind nicht einfach Arbeitsgruppen, sondern vieles mehr. In der Praxis zeichnen sie sich insbesondere dadurch aus, dass sie hervorragende Resultate erzielen. Nach *Katzenbach* und *Smith* (1993, S. 45) sind für Teams folgende Charakteristika typisch:

– geringe Zahl der Mitarbeiter
– sich gegenseitig ergänzende Fähigkeiten
– technisches oder funktionales Geschick
– Fähigkeit, Probleme zu lösen und Entscheidungen zu treffen
– interpersonelle Fähigkeiten (kommunikative Basis für Konflikte, emotionale Distanz, Fähigkeit zu Feedback)
– Verpflichtung zur gemeinsamen Arbeitsmethode
– gemeinsame Verantwortung.

Die vorangegangenen Ausführungen sollen den Stellenwert der Teamentwicklung aufzeigen. Damit wird deutlich, dass Teamentwicklung nicht allein eine ethische, sozial- und beziehungsorientierte Maßnahme ist, sondern ganz gezielt für die Entwicklung von Produktivität genutzt werden kann und muss.

Grundsätzlich kann der Teamentwicklungsprozess in zwei Phasen aufgeteilt werden:

- **Teamaufbau – Selektion der Teammitglieder**
- **Entwicklung der Zusammenarbeit und Leistungsfähigkeit der Teammitglieder.**

In vielen Kontexten können jedoch nicht beide Phasen durchlaufen werden. Oft sind Teams bei solchen Entwicklungsvorhaben bereits fest installiert, und es geht wirklich nur um die Frage, wie die Zusammenarbeit der einzelnen Mitglieder optimiert wird. Zum anderen sind die Selektionsmöglichkeiten oft begrenzt.

24. Teamaufbau – gleich und gleich gesellt sich gern, oder Gegensätze ziehen sich an

Als wesentliche Untersuchung zu dem Thema, wie Teams zusammengesetzt werden können, um zu einem größten Erfolg zu kommen, sollen hier die Forschungsergebnisse von *Belbin* (1992) aufgeführt werden. Diese Untersuchung soll kurz dargestellt werden. Danach werden Ableitungen und Implikationen für das Jungsche Funktionsmodell getroffen.

Belbins Untersuchungen wurden weitgehend mit dem »Teamopoly« gemacht. Teamopoly ist eine Abwandlung des bekannten Gesellschaftsspiels »Monopoly«. Die Regeln wurden verändert, so dass Eigentum nur durch Angebot, Auktion oder Verhandlung wechseln konnte. Zum anderen spielten jeweils Teams von 4 Personen gegeneinander. Glück konnte so zum größten Teil ausgeschaltet werden. So bot Teamopoly große Möglichkeiten für Fähigkeiten und Einfallsreichtum und setzte die Teammitglieder unter beträchtlichen Stress. Teamopoly sollte die entscheidenden Gründe für Team-Versagen zum Vorschein bringen und Hinweise für die erfolgversprechende Zusammensetzung von Teams geben.

Im ersten Schritt wurden die Teams entsprechend ihrer mentalen Fähigkeiten eingestuft. Das so genannte Apollo-Team wurde nur aus Personen zusammengesetzt, die besonders positive Ergebnisse bei einem Intelligenztest hatten.

Die Ergebnisse waren überraschend; denn die Apollo-Teams verloren. Von 25 Teams, die nach dem Apollo-Muster aufgebaut waren, gewannen nur drei.

Grund dafür war, dass die Mitglieder der Apollo-Teams die meiste Zeit mit erfolglosen Debatten verbrachten, wobei jeder versuchte, die anderen Mitspieler von seiner gut durchdachten Meinung zu überzeugen. Dabei konnte keiner einen anderen überzeugen bzw. selbst überzeugt werden. Zudem meinte jeder Teilnehmer, die Schwachstelle in der Argumentation der anderen aufdecken zu können. Bei den getroffenen Entscheidungen gab es keine Übereinstimmung. Andere dringende und notwendige Arbeiten wurden total vernachlässigt. Schließlich war das Scheitern der Gruppe von gegenseitigen Schuldzuweisungen geprägt.

Belbin zählt für die festgestellte Erfolglosigkeit des Apollo-Teams hauptsächlich zwei Gründe auf. Die Teams wollten sofort an die Spitze, jedes Abweichen wurde sofort als Versagen gewertet und führte zu Schuldzuweisungen. Diese Schuldzuweisung führte dazu, dass die Teammitglieder

Typ	Symbol	Typische Eigenschaften	Positive Qualitäten	mögliche Schwächen
Company Worker	CW	konservativ, vorsichtig, pflichtgetreu, pflichtbewußt, einschätzbar	Organisieren, praktischer gesunder Menschenverstand, hart-arbeitend, selbstdiszipliniert	Mangel an Flexibilität, unempfänglich und unsensibel gegenüber ungeprüften Ideen
Chairman	CH	ruhig, selbstsicher, beherrscht	besitzt die Eigenschaft, potenzielle Mitarbeiter mit ihren Werten und Verdiensten ohne Vorurteile aufzunehmen, einzubinden und mit ihnen umzugehen; starke Wahrnehmung für objektive Gegebenheiten	nicht mehr als das übliche Maß an Intellekt oder kreativer Fähigkeit
Shaper	SH	nervös, erregbar, geht aus sich heraus, dynamisch	hat den Willen und die Bereitschaft, die Trägheit, Ineffektivität, Selbstgefälligkeit oder Selbsttäuschung zu bekämpfen	Neigung zu Provokation, Irritation, Ärger und Ungeduld
Plant	PL	individuell, ernsthaft, unorthodox, vom Herkömmlichen abweichend	Begabung, Vorstellungskraft, Intellekt, Wissen	schwebt in den Wolken, neigt dazu, praktische Details oder das Protokoll zu übersehen
Resource Investigator	RI	extravertiert, enthusiastisch, neugierig, wissbegierig, kommunikativ	besitzt die Eigenschaft, Kontakt zu Personen aufzunehmen und alles Neue zu erforschen; kann Herausforderungen annehmen	läuft Gefahr, das Interesse an einer Sache zu verlieren, sobald die anfängliche Faszination vorüber ist
Monitor Evaluator	ME	nüchtern, besonnen, eher passiv, vorsichtig, klug	Beurteilung, Diskretion, Nüchternheit, Praxis	fehlende Inspiration und mangelnde Fähigkeit, andere zu motivieren
Team Worker	TW	sozial orientiert, freundlich, empfindsam	besitzt die Fähigkeit, auf Menschen und Situationen einzugehen und den Teamgeist zu fördern	Unentschlossenheit in Krisensituationen
Completer-Finisher	CF	sorgfältig, gewissenhaft, fleißig, eifrig	besitzt die Eigenschaft, Dinge durchzuziehen; Perfektionismus	neigt dazu, sich über kleine Dinge aufzuregen; lässt die Dinge ungern »laufen«

Abb. 72: Teamrollen nach Belbin.

nicht mehr ihre Rollen wahrnehmen konnten; damit wurden auch die speziellen Stärken des Einzelnen nicht mehr wirksam.

Also musste es andere Faktoren geben, die das »Gewinner-Team« ausmachten.

Im weiteren Verlauf differenzierte Belbin 8 Team-Rollen (vgl. Abb. 72) und setzte diese mit dem Erfolg in Teams in Beziehung.

Belbin leitete aus seinen Forschungen folgende Ergebnisse ab (1992, S. 104):

Die beste Konstellation war das gemischte Team, in welchem alle Rollen vorhanden waren und auch ausgeprägt wurden. Gut abgeschnitten haben auch Teams, die ein selbstsicheres Klima entwickeln konnten. Die besten Vorhersagegrößen für den Erfolg eines Teams waren:

– **die Eigenschaften des Leiters**

Der erfolgreiche Chairman ist eine geduldige, aber entscheidungstreffende Figur, die Vertrauen erzeugt und geschickt agiert. Er dominiert nicht die Entscheidungsfindung, aber er weiß, wenn die Dinge zu einer Entscheidung gebracht werden müssen oder ein Meeting beendet werden muss. In der Praxis arbeitet er immer mehr mit als gegen die talentiertesten Mitarbeiter der Gruppe.

– **die Existenz eines starken Plant in der Gruppe**

Gewinnerteams zeichnen sich dadurch das, dass sie einen typischen ›Plant‹ (Ideengeber) in ihren Reihen haben. Mit anderen Worten, ein erfolgreiches Team benötigt ein sehr kreatives und kluges Mitglied, wobei beim ›Plant‹ die Kreativität im Vordergrund steht. Konnte ein ›Plant‹ die von ihm erwartete Teamrolle nicht ausfüllen, so war dies das deutlichste Zeichen für erfolglose Teams.

– **eine Breite in den mentalen Fähigkeiten**

Es stellte sich heraus, dass die Spannbreite der mentalen Fähigkeiten eine gewichtige Bedeutung für das Schicksal einer Gruppe hat. Die besten Resultate wurden von Gruppen mit einem sehr klugen Plant, einem anderen klugen Teammitglied und einem Chairman mit etwas überdurchschnittlichen mentalen Fähigkeiten erreicht. Die anderen Teammitglieder hatten hingegen leicht unterdurchschnittliche mentale Fähigkeiten.

– **eine Breite in den verfügbaren Teamrollen**

Die Gewinnerteams konnten auch durch eine gute Streuung bei den Teamrollen charakterisiert werden. Unterschiedliche Typen vergrößern den Spielraum des Teams und verringern die Spannungen, die auftreten, wenn sich zwei Personen um dieselbe Teamrolle streiten.

– **Eine hohe Übereinstimmung zwischen den Eigenschaften der Mitglieder und ihren Verantwortungen im Team**
  In Gewinnerteams war es den Teammitgliedern möglich, ihre Fähigkeiten mit ihrer Rolle im Team in Übereinstimmung zu bringen.

– **Anpassungen nach Realisation von Unausgewogenheiten**
  Da sich diese Teams ihrer Stärken und Schwächen und der von ihnen nicht ausgeprägten Rollen bewusst waren und entsprechend darauf reagieren konnten, kam es zu einer besseren Entfaltung ihrer Möglichkeiten, und zu ihrer eigenen und der anderen Überraschung gewannen sie teilweise deutlich die Spiele. Sie konnten bislang nicht vorhandene Möglichkeiten kompensieren.

In unseren eigenen Untersuchungen konnten wir feststellen, dass Teams mit differenzierter Rollenverteilung insgesamt von der Tendenz erfolgreicher waren als Teams, die homogen waren.

Einen weit größeren Einfluss auf den Erfolg eines Teams hatten folgende Faktoren:

– hohes Selbstvertrauen in der Gruppe
– klare Führung, die die Stärken des Einzelnen fördert und nutzt
– gutes Gruppenklima ohne Schuldzuweisung.

Aufgrund dieser Ergebnisse wird deutlich, welch hohe Bedeutung die Faktoren Führung/Gruppenklima/Selbstvertrauen/Rollenverteilung für den Erfolg einer Gruppe hat.

Margerison und *Lewis* (1981) haben die Jungschen Typen in ein Modell (vgl. Abb. 73) integriert (Mapping Managerial Styles, International Journal of Manpower, Vol. 2 No. 1, 1981). Die einzelnen Typen wurden entsprechend der Kolbschen Lernstile (*Kolb, D. A., Wolfe, D. M.,* 1977) zugeordnet.

Aus dieser Abbildung lassen sich unter Hinzunahme der Typbeschreibungen Teams zusammenstellen. Dabei ist es wichtig, die Teamaufgabe hinsichtlich der genauen Anforderungen zu spezifizieren.

Zusammenfassend lassen sich aus der Jungschen Typentheorie folgende Ableitungen machen:

– Alle Typen haben Stärken und Schwächen. Nur in der Kombination, in der Ergänzung kann ein Team alle Facetten einer komplexen Umwelt erfassen.
– Gegensatztypen haben grundsätzlich mehr Probleme und Konflikte als ähnliche Typen (vgl. *Lawrence G.*: People Types and Tiger Stripes, 1980). So können Konflikte aufgrund des Erkennens der Unterschiedlichkeit bewusst und bearbeitbar gemacht werden. Es muss die Einsicht

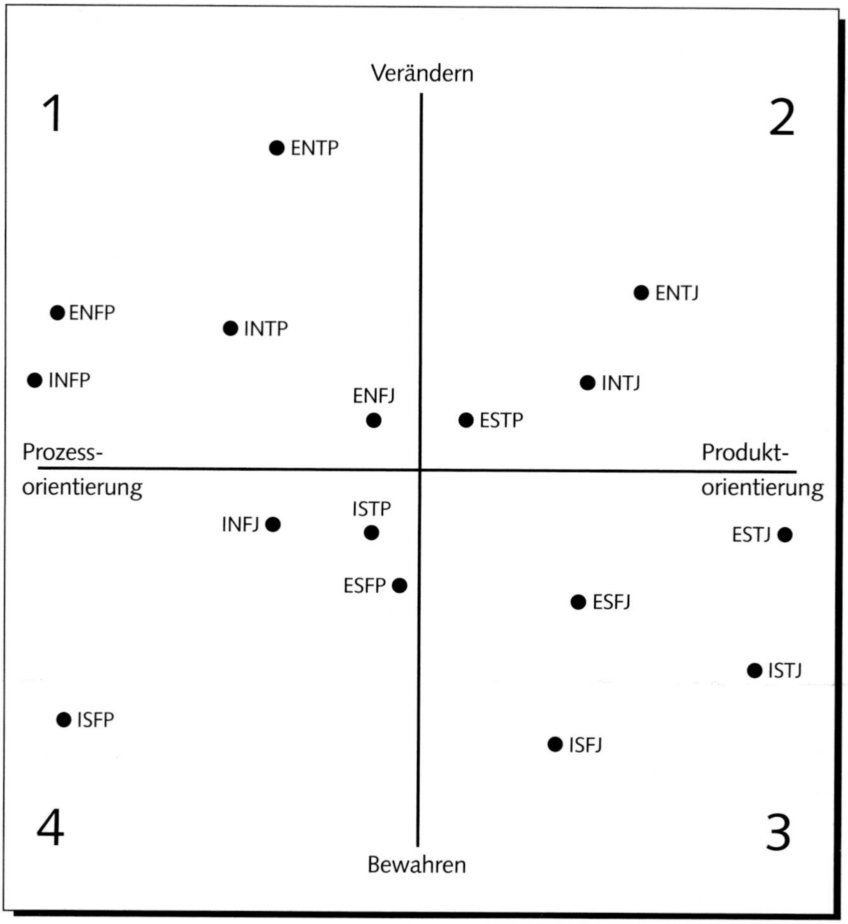

Abb. 73:   Zuordnung der Jungschen Typen zu zwei Faktoren

entstehen, dass in der Unterschiedlichkeit zwar der Konflikt, aber auch die Chance und Notwendigkeit der Ergänzung steckt. Dies zeigt schon sehr deutlich, dass gerade in der Entwicklung von Toleranz ein wesentlicher Ansatzpunkt des Modells zu finden ist.

weiter
auf S. 307
– Alle haben irgendwo das Feld, in dem sie wachsen und sich entwickeln können (*Krebs-Hirsh,* 1985).

25. Entwicklung der Zusammenarbeit und Leistungsfähigkeit der Teammitglieder

Das Team durchläuft beim Aufbau verschiedene typische Phasen und benötigt eine gewisse Zeit bis zur Vollendung. Es darf keine Stufe der Teamentwicklung überspringen, da Unklarheiten auf einer Stufe dazu führen, dass Fragen einer früheren Stufe neu thematisiert werden müssen. In diesem Fall findet kein Wachstum des Teams statt, sondern es kommt zu Regressions- bzw. Zerfallserscheinungen (*Heidack*, 1978). Der Kern des Entwicklungsprozesses ist ein Prozess kollektiven Lernens. Es müssen Fragen gelöst werden wie:

– Was ist unsere Aufgabe?
– Wie sollten wir uns organisieren?
– Wer hat die Verantwortung?
– Wie lösen wir Probleme?
– Wie passen wir zu anderen Gruppen?
– Welche Vergünstigungen genießen die Mitglieder in der Gruppe?

Sie müssen immer dann erörtert werden, wenn sie die Weiterentwicklung des Teams stören (*Francis* und *Young,* 1992; *Schmidt* und *Berg,* 1983). Wird ein Problem gelöst, so geht das Team gestärkt daraus hervor, falls nicht, fällt es auf eine frühere Entwicklungsstufe zurück. Das bedeutet, man muss sich mit allen Widerständen solange konsequent auseinandersetzen, bis das funktionsfähige Team erreicht ist.

Nach *Katzenbach* und *Smith* (1993) sind Arbeitsgruppen, Arbeitsteams und Hochleistungsteams aufeinanderfolgende Entwicklungsstufen, wobei man zwischen Arbeitsgruppen und Teams zwei Sonderformen, nämlich das ›Pseudoteam‹ und das potenzielle Team, unterscheiden kann. Alle organisatorischen Einheiten, die in irgendeiner Weise die Arbeit von mehr als einer Person kombinieren, fangen als Arbeitsgruppen an. Arbeitsgruppen können sich zu Arbeitsteams entwickeln. Arbeitsteams können sich zu Spitzenteams entwickeln.

Folgende Abbildung (vgl. *Katzenbach* und *Smith*, 1993) illustriert die möglichen Entwicklungsstufen:

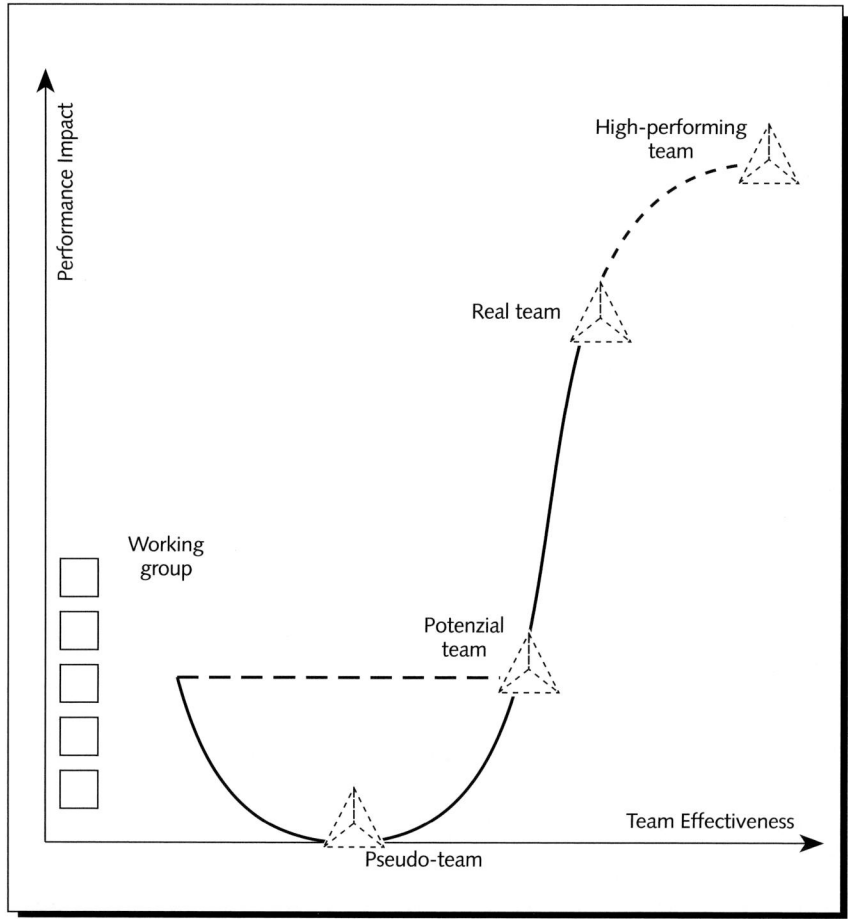

Abb. 74:   Die Teamleistungskurve (*Katzenbach* und *Smith*, 1993, S. 84)

Die Teamleistungskurve zeigt die Leistungsfähigkeit von Teams in Abhängigkeit von der gewählten Methode und der Effektivität, mit der die Methode durchgeführt wird (*Katzenbach* und *Smith*, 1993). Markiert sind fünf Schlüsselpunkte:

1. Arbeitsgruppe: Gruppe, für die keine Notwendigkeit eines signifikanten Leistungszuwachses besteht, die die Entstehung eines Teams erfordern würde. Die Mitglieder handeln in ihrem individuellen Verantwortungsbereich vorrangig, um Informationen, Erfahrungen und Perspektiven auszutauschen und Entscheidungen zu treffen, ohne dass der Wunsch nach gemeinsamer Arbeitsmethode oder kollektiver Verantwortung bestünde.

2. Pseudoteam: Gruppe, für die zwar die Notwendigkeit (oder Gelegenheit) einer Leistungssteigerung besteht, die sich aber nicht auf kollektive Leistung konzentriert und auch nicht versucht, diese zu erreichen. Es besteht kein Interesse, einen gemeinsamen Zweck oder ein gemeinsames Ziel zu gestalten. In Pseudoteams ist die Summe des Ganzen geringer als das Potenzial der individuellen Teile.

3. Potenzielles Team: Gruppe mit einem wachsenden Leistungsbedürfnis, die tatsächlich versucht, ihre Leistung zu verbessern. Bezeichnend ist die Forderung nach mehr Klarheit über gemeinsame Ziele ebenso wie die Forderung nach mehr Disziplin bei dem Herausarbeiten einer gemeinsamen Arbeitsmethode. Aber die Gruppe hat noch kein kollektives Verantwortungsbewusstsein entwickelt.

4. Team: Gruppe, deren Mitglieder mit sich ergänzenden Fähigkeiten ausgestattet sind, die sich dem gemeinsamen Zweck, den Teamzielen und der Arbeitsmethode verpflichtet haben und die sich als Gruppe verantwortlich fühlen.

5. Spitzenteam: Gruppe, die die Merkmale eines Teams aufweist, deren Mitglieder sich durch die **Verpflichtung** und das **Engagement** für die persönliche Weiterentwicklung und den persönlichen Erfolg anderer aufzeichnen.

Ein Teamentwicklungsmodell

Es wurden verschiedene Modelle der Teamentwicklung entwickelt (vgl. u. a. *Antons*, 1973; *Francis/Young*, 1982; *Jones/Bearley*, 1985). Wir möchten Ihnen im Folgenden ein Teamentwicklungsmodell vorstellen, bei welchem zwei Parameter (Beziehungen der Teammitglieder – Leistungsentwicklung des Teams) in Beziehung gesetzt werden.

Auf der Ebene der Entwicklung der Beziehung der Teammitglieder

1. Stufe: höfliche Kontakte und Anpassung
2. Stufe: Konflikt und Auseinandersetzung
3. Stufe: Geschlossenheit und Abgrenzung
4. Stufe: Unabhängigkeit und Offenheit.

Auf der Ebene der Entwicklung der Aufgabenreife lassen sich folgende Stufen unterscheiden:

1. Stufe: Improvisation
2. Stufe: Strukturierung
3. Stufe: Strategiefindung und Positionierung
4. Stufe: Verpflichtung und Engagement.

Daraus ergibt sich folgendes Modell:

Unabhängigkeit und Offenheit				
Geschlossenheit und Abgrenzung				
Konflikt und Auseinander-setzung				
höfliche Kontakte und Anpassung				
	Improvisation	Strukturierung	Strategie-findung und Positionierung	Verpflichtung und Engagement

Abb. 75: Teamentwicklungsstufen

Stellt man die Phasen im Einzelnen dar, ergibt sich folgendes Bild:

In der Phase des **höflichen Kontaktes und der Anpassung** tasten sich die Mitglieder ab. Sie versuchen eine Position in der Gruppe zu finden und erkunden die gegenseitigen Erwartungen und die Verhaltensweisen der Einzelnen in der Gruppe.

In der fortschreitenden Gruppenerfahrung werden auch die destruktiven Teammitglieder immer deutlicher. Die Suche nach gegenseitiger Akzeptanz wird durch erste Irritationen gestört.

Die Beziehung zum Leiter der Gruppe ist geprägt von Anpassung und Unterordnung. Bei hierarchischen Systemen wird das Erleben von Unsicherheit in dieser Phase durch die Abhängigkeit noch verstärkt.

Die Mitglieder sind von einer Führungsperson abhängig, die Sicherheit und Schutz gewährleistet und eine Struktur in der Gruppe festlegt. Mitarbeiter, die Probleme mit einer autoritären Führung haben, beklagen sich zwar oder blockieren den Fortschritt der Arbeit; es kommt jedoch nicht zur offenen Auseinandersetzung.

Die Abhängigkeitsphase ist dann der Ausgangspunkt für die Prozessentwicklung der Gruppe.

In der Phase des **Konfliktes und der Auseinandersetzung** werden sich die Mitglieder des Teams mehr und mehr ihrer unterschiedlichen Wertvorstellungen und Verhaltensweisen bewusst. Konflikte entstehen, auch mit dem Leiter. Die Abhängigkeit wird hinterfragt. Dies ist eine ganz entscheidende Phase in der Entwicklung.

Dies ist die Phase, wo die Teammitglieder beim Umgang miteinander auf Schwierigkeiten stoßen. Sie sind über den Punkt des gegenseitigen Bekanntmachens hinausgegangen, und es zeigen sich nun Unterschiede in der persönlichen Anschauung und im individuellen Stil des Einzelnen. Es kann zu einem interpersonellen Kampf um die informale Führung oder auch um die Position in der Gruppe kommen. Diese Konflikte können offen oder verdeckt ablaufen. Es kann zu offenen Meinungsverschiedenheiten oder zur verdeckten Versagung von Unterstützung kommen.

Viele Teams kehren an diesem Punkt zu der früheren Phase zurück, da sie die Konflikte sehr belasten. Sie können keine geeigneten Austragungsformen finden.

Wenn sich ein Team in dieser Phase auseinandersetzt und daran arbeitet, die Anpassungsformen durch partnerschaftliche kooperative Verhaltensformen zu ersetzen, findet eine entscheidende Entwicklung statt. Feedback, das Bemühen um das gegenseitige Verstehen, die Entwicklung von konstruktiven Auseinandersetzungsformen führen zu der notwendigen Entwicklung im Team. Nur wenn durch gegenseitiges Verstehen eine beziehungsmäßige Näherung erfolgen kann, erreicht das Team die nächste Entwicklungsstufe.

In dieser Phase werden in einem sich entwickelnden Team zwei Fragen geklärt:

1. Wie kommen wir zu konstruktiven Konfliktaustragungsformen?

2. Was geschieht mit den Teammitgliedern, die in den neuen Strukturen nicht zurechtkommen?

Die Gruppe, auch der Leiter, muss auf diese Fragen eine Antwort finden, wenn das Team eine weitere Entwicklung erreichen möchte.

In der Phase der **Geschlossenheit und Abgrenzung** hat sich das Team gefunden. Die einzelnen Mitglieder wollen verstärkt miteinander arbeiten. Die Konflikte sind bereinigt, jedenfalls ist die gegenseitige Anerkennung so groß, dass auftretende Konflikte bewältigt werden können.

Die Gruppe hat aus der Bewältigung von einer oder mehreren Konfrontationen erreicht, dass die Mitglieder offener mit ihren Gefühlen und ihrem Verhalten umgehen. Es hat sich eine kommunikative Basis herausgebildet. Es entwickelt sich ein Gruppenzusammenhalt, die Kooperation und gegenseitige Unterstützung steigt.

Manchmal resultiert die Geschlossenheit aus einer Solidarität gegen den Vorgesetzten oder gegen das Management. Dann fühlen sich die Mitarbeiter deshalb zusammengehörig, weil sie gegen eine andere Person oder Institution sind. In diesem Falle hat das Team die Phase der Geschlossenheit nicht wirklich erreicht. Die Gruppe befindet sich eigentlich noch in der Anpassungsphase.

Gleichzeitig entwickelt sich im Team eine Geschlossenheit nach außen. Es ist für neue Mitglieder schwer, in das Team hineinzukommen, gleichsam wie Teammitglieder, die das Team verlassen, als abtrünnig gesehen werden.

Die höchste Phase der Gruppenentwicklung auf der Beziehungsseite ist die Phase der **Unabhängigkeit und Offenheit**. Es ist auf dieser Stufe wechselseitige Kommunikation zwischen allen Teammitglieder möglich. Die Führung dient allein als Instrument zur Koordination und optimalen Kombination der vorhandenen Kräfte. Die Mitglieder geben sich offen Feedback; es besteht eine hohe gegenseitige Toleranz. Die Mitglieder unterstützen sich gegenseitig. Persönliche Interessen werden hintenangestellt, weil man weiß, dass das Wohl des Teams auch das Wohl des Einzelnen bedeutet.

Der menschliche Aspekt hat sich so weit entwickelt, dass die Mitglieder ihre eigene Notwendigkeit für die Gruppe und die der anderen erkennen. Die Gruppe ist fähig, sich selbst gemäß den Forderungen und Ansprüchen aus den Aufgaben und den vorhandenen Fertigkeiten und Fähigkeiten zu organisieren. Sie hat Selbstorganisationsfähigkeit entwickelt und kann selbstständig arbeiten. Gleichzeitig entsteht ein inneres Verbesserungsdenken. Die Gruppe arbeitet stets unaufgefordert an der Verbesserung ihrer Methoden, Strukturen und Abläufen.

Die erste Stufe der Leistungsentwicklung von Teams ist die Phase der **Improvisation**. Die Gruppe befindet sich in der Orientierung. Die Aufgaben sind neu, die Ziele unscharf, die Arbeitsmethoden noch nicht standardisiert. Außerdem sind die Normenstandards, das, was als gute Leistung gilt, unbekannt. Die Gruppe weiß (noch) nicht, was von den Einzelnen und der Gruppe als Ganzes erwartet wird. Diese Definition muss von dem Leiter oder dem übergeordneten Management erfolgen.

Die Arbeit ist von viel zu großen Improvisationsanteilen gekennzeichnet. Somit arbeitet die Gruppe sehr ineffektiv. Es wird auf dieser Stufe von einer Gruppe noch nicht differenziert, welche Anteile der Arbeit standardisiert und strukturiert werden müssen und wo Improvisation als Ausdruck von Flexibilität und Kreativität angebracht ist.

Länger bestehende Gruppen, die immer noch auf dieser Stufe stehen, haben keinen Verbesserungsdrang. Alles bleibt so, wie es schon immer gemacht wurde. Außerdem müssen viele Vorgänge immer wieder ›erfunden‹ werden, weil das Team sozusagen kein »Gedächtnis« hat.

Entwickelt sich das Team aus dieser Phase, erreicht es die Stufe der **Strukturierung**. In dieser Phase sucht das Team nach möglichen Ablauf- und Aufbaustrukturen. Zuständigkeiten und rationelle Vorgehensweisen werden festgelegt, Standardisierungsmöglichkeiten gesucht. Hauptgesichtspunkt dabei ist die Ausführung und Bewältigung der Arbeit. Die Mitglieder finden Wege, um die Arbeit möglichst effizient zu bewältigen. Die Rationalisierung steht im Vordergrund. Sie arbeiten an ihrem Sitzungs-, Planungs- und Entscheidungsverhalten.

Wenn die Strukturierungsphase durchlaufen ist, erreicht die Gruppe die Phase der **Strategiefindung und Positionierung**. Die Gruppe beschäftigt sich jetzt nicht mehr in erster Linie mit der Optimierung der Effizienz. Vielmehr suchen die Mitglieder nach einer Positionierung, nach Differenzierung. Die Fragen

– Was machen wir?
– Wie wollen wir uns positionieren?
– Wie unterscheiden wir uns von anderen?

stehen im Mittelpunkt des Interesses. Die Energie geht in die Analyse der Umwelt. Die Anforderungen aus dem Markt und die Möglichkeiten, im Markt zu agieren, sind jetzt wichtig. Gleichzeitig sucht die Gruppe auch die leistungs- und produktorientierte Differenzierung zu den Mitbewerbern oder zu gleichen Funktionen. Strategisch vernetztes Denken (vgl. den vierten Teil dieses Buches) und die Chancen, die in einer bewussten und überlegten Taktik bestehen, motivieren die Mitglieder.

Der höchste Grad des Aufgabenverhaltens bei der Teamentwicklung ist die Phase **Verpflichtung und Engagement**. Die Informationen fließen offen. Der Grad der gegenseitigen Unterstützung, der persönliche Einsatz der Mitglieder ist sehr hoch. Die aus der klaren Positionierung resultierenden Erfolge verstärken diesen Effekt. Die strategische Position wird zur Selbstverständlichkeit. Die Außenorientierung der Mitglieder ist sehr hoch. Die Kenntnis des ›Marktes‹ und die Erfolgssicherheit geben dem Team das Selbstvertrauen, auch neue Herausforderungen anzunehmen.

Setzt man die beiden Dimensionen in Beziehung, lassen sich 16 Teamentwicklungsfelder ableiten

Unabhängig-keit und Offenheit	geklärte Beziehungen, offener Ge-fühlsausdruck	reibungsloser Ablauf	klare flexible Zielerreichung	Hochleistung
Geschlossen-heit und Abgrenzung	enge emo-tionale Be-ziehung, Wir-Gefühl	Kooperation	Einigkeit zum Vorgehen	Sicherheit, Zugehörigkeit
Konflikte und Auseinander-setzung	Kampf gegen Führung, Wertkonflikte	Subgruppen, »Graben-kriege«	Konfrontation bezüglich des Vorgehens und der Konse-quenz	Polarisierung
höfliche Kon-takte und Anpassung	Abtasten, Versuche	Formalismus, Bürokratie	Vorgabe, Alleinentschei-dung	Konzentration auf eine Leis-tungsperson
	Improvisation	Strukturierung	Strategie-findung und Positionierung	Verpflichtung und Engage-ment

weiter auf S.313

Abb. 76: Teamentwicklungsstufen

Check-up 10: Teamentwicklung

Fragebogen

Um den Entwicklungsstand Ihres Teams ermitteln zu können, bearbeiten Sie nun zusammen mit Ihrem Team den folgenden Fragebogen.

Erläuterung

Sie finden nachstehend 16 Aussagen zu Teamsituationen. Bearbeiten Sie im ersten Schritt die Aussagen 1–8. Fragen Sie sich, welche der Aussagen die Situation und den Entwicklungsstand Ihres Teams am besten beschreibt.

Die Fragen 1–8 sind:

1. Die Mitglieder dieses Teams gehen höflich und eher vorsichtig miteinander um.
2. Jedes Teammitglied probiert selbstbewusst neue Ideen und Verhaltensweisen aus, die die Leistungsfähigkeit des Teams stärken.
3. Es bestehen offensichtlich Spannungen zwischen den Mitgliedern / zum Leiter dieser Gruppe.
4. Wir sind in der Lage, auch starke Meinungsverschiedenheiten positiv zu lösen.
5. Wir gehen im Team mit einer großen positiven Offenheit miteinander um.
6. Wir beginnen zu lernen, wie wir besser mit unseren Konflikten klarkommen.
7. In der Gruppe herrscht hohes gegenseitiges Vertrauen.
8. Die Mitglieder dieses Teams sind stark auf eine Führungsperson orientiert.

Auswertung

Vergleichen Sie Aussage 1 mit Aussage 2 und entscheiden Sie, welche der beiden Aussagen nach Ihrer Einschätzung eher zutrifft. Tragen Sie die Nummer der gewählten Aussage in das entsprechende **schraffierte** Feld der Auswertematrix (Abb. 77) ein, um zu einer Priorisierung zu kommen. Wenn keine der Aussagen zutrifft, machen Sie bitte ein Kreuz in das entsprechende Feld.

Vergleichen Sie dann
- Aussage **1** mit Aussage 2; Aussage **1** mit Aussage 4 . . .; Aussage **1** mit Aussage 8
- Aussage **2** mit Aussage 3; Aussage **2** mit Aussage 4 . . .; Aussage **2** mit Aussage 8
- Aussage **3** mit Aussage 4; Aussage **3** mit Aussage 5 . . .; Aussage **3** mit Aussage 8
- usw.

Wenn Sie die Aussagen 1–8 bearbeitet haben, müssen alle schraffierten Felder ausgefüllt sein.

	1	2	3	4	5	6	7	8		Anzahl
1	■								9	von 9
2		■							10	von 10
3			■						11	von 11
4				■					12	von 12
5					■				13	von 13
6						■			14	von 14
7							■		15	von 15
8								■	16	von 16
	9	10	11	12	13	14	15	16		
Anzahl	von 1	von 2	von 3	von 4	von 5	von 6	von 7	von 8		

Abb. 77:   Auswertematrix

Bearbeiten Sie jetzt die Aussagen 9–16, indem Sie genau so vorgehen, wie bei den ersten 8 Aussagen. Vergleichen Sie dazu

- Aussage **9** mit Aussage 10; Aussage **9** mit Aussage 11 . . .; Aussage **9** mit Aussage 16

- Aussage **10** mit Aussage 11; Aussage **10** mit Aussage 12 . . .; Aussage **10** mit Aussage 16

- Aussage **11** mit Aussage 12; Aussage **11** mit Aussage 13 . . .; Aussage **11** mit Aussage 16

- usw.

Tragen Sie die Nummer der von Ihnen gewählten Aussage in die entsprechenden, **nicht-schraffierten** Kästchen der Abb. 78 ein.

Die Fragen 9–16 sind:

9. Wir sind dabei, unsere Abläufe und Zuständigkeiten klar und effizient zu organisieren.
10. Viele Anstrengungen gehen bei uns dahin, eine klare Strategie zu erarbeiten.
11. Durch die Standardisierung von sich wiederholenden Vorgängen haben wir eine hohe Effizienz erreicht.
12. Zu viele Dinge werden bei uns improvisiert.
13. Ich weiß eigentlich nicht, was von mir als Leistungsstandard erwartet wird.
14. Wir haben klar herausgearbeitet, in welche strategische Richtung wir unseren Arbeitsbereich entwickeln werden.
15. Die Teammitglieder realisieren engagiert und mit hoher innerer Verpflichtung die strategischen Ziele.
16. Die Fähigkeit, die richtigen Dinge zu tun, ist bei uns sehr hoch ausgeprägt.

Um nun den Teamentwicklungsstand feststellen zu können, müssen Sie die Anzahl der jeweiligen Aussagen bestimmen (Abb. 77). Dazu bilden Sie Anzahl über die jeweilige Spalte der Aussagen 1–8 (**schraffierter Bereich**) und die Anzahl über die jeweilige Zeile der Aussagen 9–16 (**nicht-schraffierter Bereich**). Übertragen Sie dann diese Zahlen in die nachstehende Auswertetabelle.

Aussage	Anzahl der Nennungen	Gesamtsumme	Teamentwick-lungsstufe
1 8			höfliche Kontakte und Anpassung
6 3			Konflikte und Auseinandersetzung
7 4			Geschlossenheit und Abgrenzung
5 2			Unabhängigkeit und Offenheit
13 12			Improvisation
9 11			Strukturierung
10 14			Strategiefindung und Positionierung
15 16			Verpflichtung und Engagement

Addieren Sie in der Spalte Gesamtsumme die Anzahlen der zwei Aussagen, die zu einer Teamentwicklungsstufe gehören, zusammen (z. B. Anzahl Aussage 1 + Anzahl Aussage 8 = Gesamtsumme des Teamentwicklungsstandes in der Teamentwicklungsstufe »höfliche Kontakte und Anpassung«). Damit können Sie die jeweilige Stärke des Entwicklungsstandes ermitteln (vgl. Abb. 76).

weiter auf S. 317

Teamentwicklungsprozess

Nachdem alle Ihre Mitarbeiter den Teamentwicklungsbogen bearbeitet und ausgewertet haben, setzen Sie sich alle in einer Teambesprechung mit der Materie auseinander.

1. Erklären Sie Ihren Mitarbeitern die Teamentwicklungsstufen und die Voraussetzungen, die für ein Hochleistungsteam zu erfüllen sind. Zeigen Sie die Matrix der Teamentwicklungsstufen auf.
2. Jeder Teilnehmer veröffentlicht nun seine persönliche Einschätzung des Teamentwicklungsstandes. Tragen Sie die einzelnen Einschätzungen in die Matrix (Flipchart oder Pinnwand) ein.
3. Bitten Sie jetzt die Mitarbeiter, zu zweit oder zu dritt über folgende Frage nachzudenken:
   Angenommen, wir wären ein effektives Team (höchste Entwicklungsstufe):
   – wie würde sich das von dem heutigen Zustand unterscheiden?
   – wer würde was anders machen?
4. Die einzelnen Erkenntnisse und Aussagen der Mitarbeiter werden entweder mit Kärtchen oder am Flipchart notiert werden.
5. Danach soll jeder Mitarbeiter 3 Themen heraussuchen, die er/sie für wichtig und aber auch realisierbar hält. Aus dieser können Sie nun die hochpriorisierten Themen aussuchen.
6. Planen Sie zusammen mit Ihrer Gruppe, wie Sie die Themen zu einer Lösung bringen.

Sie sind nun am Ende des Trainingsprogrammes angelangt und können jetzt mit Ihrem Lernpartner Bilanz zu den von Ihnen angestrebten Durchführungen und Veränderungen und Entwicklungen in Ihrem Arbeitsbereich ziehen.

Ende des Trainings-pfades

Anlage I:

Fragebogen zur Einschätzung des Führungsverhaltens (FVA)

Selbsteinschätzung

Bitte beantworten Sie die folgenden Fragen möglichst spontan und offen, indem Sie die zutreffende Zahl auf der jeweiligen Skala ankreuzen.

Beispiel:

Als Vorgesetzter erkenne ich gute Leistungen an.

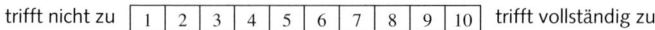

trifft nicht zu | 1 | 2 | 3 | 4 | 5 | 6 | 7 | 8 | 9 | 10 | trifft vollständig zu

Ihre Antworten werden **anonym** durch ein Computerprogramm ausgewertet. Aus der Auswertung lässt sich der Vergleich zwischen Ihrem Selbstbild und dem Fremdbild aus der Mitarbeiterbefragung ablesen.

Fragebogen zur Einschätzung des Führungsverhaltens

1. **Als Vorgesetzter lege ich hohen Wert darauf, dass meine Mitarbeiterinnen und Mitarbeiter über die Ziele und Absichten unserer Firma gut informiert sind.**

   trifft nicht zu | 1 | 2 | 3 | 4 | 5 | 6 | 7 | 8 | 9 | 10 | trifft vollständig zu

2. **Ich denke und handle unternehmerisch.**

   trifft nicht zu | 1 | 2 | 3 | 4 | 5 | 6 | 7 | 8 | 9 | 10 | trifft vollständig zu

3. **Meine Mitarbeiterinnen und Mitarbeiter wissen über ihre Ziele und meine Erwartungen an sie genügend Bescheid.**

   trifft nicht zu | 1 | 2 | 3 | 4 | 5 | 6 | 7 | 8 | 9 | 10 | trifft vollständig zu

4. **Die Kompetenzen, die meine Mitarbeiterinnen und Mitarbeiter formal haben, haben sie auch in Wirklichkeit.**

   trifft nicht zu | 1 | 2 | 3 | 4 | 5 | 6 | 7 | 8 | 9 | 10 | trifft vollständig zu

5. **Als Vorgesetzter gebe ich meinen Mitarbeiterinnen und Mitarbeitern das Zutrauen, dass sie ihre Leistungen verbessern können.**

   trifft nicht zu | 1 | 2 | 3 | 4 | 5 | 6 | 7 | 8 | 9 | 10 | trifft vollständig zu

6. **Meine Mitarbeiterinnen und Mitarbeiter wissen, nach welchen Kriterien ihre Arbeit beurteilt wird.**

   trifft nicht zu | 1 | 2 | 3 | 4 | 5 | 6 | 7 | 8 | 9 | 10 | trifft vollständig zu

7. **Wenn ich eine Entscheidung gefällt habe, setze ich sie auch durch.**

   trifft nicht zu | 1 | 2 | 3 | 4 | 5 | 6 | 7 | 8 | 9 | 10 | trifft vollständig zu

8. **Als Vorgesetzter bemerke ich, wenn ein gutes Ergebnis erarbeitet wurde.**

   trifft nicht zu | 1 | 2 | 3 | 4 | 5 | 6 | 7 | 8 | 9 | 10 | trifft vollständig zu

9. **Ich weiß jederzeit, wie weit die einzelne Mitarbeiterin oder der einzelne Mitarbeiter von seinem anzustrebenden Ziel entfernt ist.**

   trifft nicht zu | 1 | 2 | 3 | 4 | 5 | 6 | 7 | 8 | 9 | 10 | trifft vollständig zu

10. **Ich glaube, meine Mitarbeiter haben wirklich Freude bei der Arbeit.**

trifft nicht zu | 1 | 2 | 3 | 4 | 5 | 6 | 7 | 8 | 9 | 10 | trifft vollständig zu

11. **Als Vorgesetzter bin ich ein Vorbild.**

trifft nicht zu | 1 | 2 | 3 | 4 | 5 | 6 | 7 | 8 | 9 | 10 | trifft vollständig zu

12. **Auch in schwierigen Situationen gebe ich meinen Mitarbeitern Schutz und Unterstützung.**

trifft nicht zu | 1 | 2 | 3 | 4 | 5 | 6 | 7 | 8 | 9 | 10 | trifft vollständig zu

13. **Als Vorgesetzter bin ich unerbittlich, wenn es um die Erreichung der Ziele geht.**

trifft nicht zu | 1 | 2 | 3 | 4 | 5 | 6 | 7 | 8 | 9 | 10 | trifft vollständig zu

14. **Ich verstehe es, die Ziele und Erwartungen an meine Mitarbeiterinnen und Mitarbeiter konkret zu formulieren.**

trifft nicht zu | 1 | 2 | 3 | 4 | 5 | 6 | 7 | 8 | 9 | 10 | trifft vollständig zu

15. **In den Arbeitsbereichen meiner Mitarbeiterinnen und Mitarbeiter sind die Kompetenzen klar abgestimmt.**

trifft nicht zu | 1 | 2 | 3 | 4 | 5 | 6 | 7 | 8 | 9 | 10 | trifft vollständig zu

16. **Als Vorgesetzter delegiere ich nur dann eine Arbeit, wenn ich sicher bin, dass die Rolle meiner Mitarbeiterinnen und Mitarbeiter in dem betreffenden Arbeitsprozess von ihnen verstanden wird.**

trifft nicht zu | 1 | 2 | 3 | 4 | 5 | 6 | 7 | 8 | 9 | 10 | trifft vollständig zu

17. **Manchmal könnte ich anstehende Entscheidungen schneller treffen.**

trifft nicht zu | 1 | 2 | 3 | 4 | 5 | 6 | 7 | 8 | 9 | 10 | trifft vollständig zu

18. **Ich bin einschätzbar, was ich als gute Leistung ansehe.**

trifft nicht zu | 1 | 2 | 3 | 4 | 5 | 6 | 7 | 8 | 9 | 10 | trifft vollständig zu

19. **Als Vorgesetzter bemerke ich, wenn sich die Leistungen meiner Mitarbeiterinnen und Mitarbeiter verbessern.**

trifft nicht zu | 1 | 2 | 3 | 4 | 5 | 6 | 7 | 8 | 9 | 10 | trifft vollständig zu

20. Meine Mitarbeiterinnen und Mitarbeiter sind hoch motiviert.

trifft nicht zu | 1 | 2 | 3 | 4 | 5 | 6 | 7 | 8 | 9 | 10 | trifft vollständig zu

21. Als Vorgesetzter melde ich auch kritische Dinge offen zurück.

trifft nicht zu | 1 | 2 | 3 | 4 | 5 | 6 | 7 | 8 | 9 | 10 | trifft vollständig zu

22. Meine Mitarbeiterinnen und Mitarbeiter sind im Allgemeinen mit mir als Vorgesetztem zufrieden.

trifft nicht zu | 1 | 2 | 3 | 4 | 5 | 6 | 7 | 8 | 9 | 10 | trifft vollständig zu

23. Meine Mitarbeiterinnen und Mitarbeiter sind mit meiner Art des Führens zufrieden.

trifft nicht zu | 1 | 2 | 3 | 4 | 5 | 6 | 7 | 8 | 9 | 10 | trifft vollständig zu

24. Als Vorgesetzter nehme ich meine Führungsaufgaben voll wahr.

trifft nicht zu | 1 | 2 | 3 | 4 | 5 | 6 | 7 | 8 | 9 | 10 | trifft vollständig zu

25. Trotz meiner sachbezogenen Aufgaben habe ich als Vorgesetzter genügend Zeit für Personalführung.

trifft nicht zu | 1 | 2 | 3 | 4 | 5 | 6 | 7 | 8 | 9 | 10 | trifft vollständig zu

26. Ich bin sensibel genug, um Spannungen zwischen Mitarbeiterinnen und/oder Mitarbeitern zu bemerken.

trifft nicht zu | 1 | 2 | 3 | 4 | 5 | 6 | 7 | 8 | 9 | 10 | trifft vollständig zu

27. Ich glaube, dass ich Konflikte zur Zufriedenheit aller Beteiligten lösen kann.

trifft nicht zu | 1 | 2 | 3 | 4 | 5 | 6 | 7 | 8 | 9 | 10 | trifft vollständig zu

28. Meine Mitarbeiterinnen und Mitarbeiter können sich bei der Festlegung und Vereinbarung der Ziele genügend äußern.

trifft nicht zu | 1 | 2 | 3 | 4 | 5 | 6 | 7 | 8 | 9 | 10 | trifft vollständig zu

29. Gute Ergebnisse können meine Mitarbeiterinnen und Mitarbeiter auch an meinen positiven Rückmeldungen erkennen.

trifft nicht zu | 1 | 2 | 3 | 4 | 5 | 6 | 7 | 8 | 9 | 10 | trifft vollständig zu

30. Meine Mitarbeiterinnen und Mitarbeiter können mich als Vorgesetzten um Rat und Hilfe bitten, ohne Angst haben zu müssen, dass sich das negativ für sie auswirkt.

trifft nicht zu | 1 | 2 | 3 | 4 | 5 | 6 | 7 | 8 | 9 | 10 | trifft vollständig zu

31. Nach einer Besprechung über Verbesserungsmöglichkeiten ihrer Leistungen und Ergebnisse wissen meine Mitarbeiterinnen und Mitarbeiter Bescheid, wie sie vorgehen können.

trifft nicht zu | 1 | 2 | 3 | 4 | 5 | 6 | 7 | 8 | 9 | 10 | trifft vollständig zu

32. Meine Anerkennung könnte manchmal ehrlicher sein.

trifft nicht zu | 1 | 2 | 3 | 4 | 5 | 6 | 7 | 8 | 9 | 10 | trifft vollständig zu

33. Die Beurteilung der Leistung meiner Mitarbeiterinnen und Mitarbeiter orientiert sich in erster Linie an den Ergebnissen ihrer Arbeit.

trifft nicht zu | 1 | 2 | 3 | 4 | 5 | 6 | 7 | 8 | 9 | 10 | trifft vollständig zu

34. Meine Leistungsbewertungsgespräche wirken sich positiv auf die leistungsmäßige Entwicklung meiner Mitarbeiterinnen und Mitarbeiter aus.

trifft nicht zu | 1 | 2 | 3 | 4 | 5 | 6 | 7 | 8 | 9 | 10 | trifft vollständig zu

35. Gute Leistungen meiner Mitarbeiterinnen und Mitarbeiter fallen mir auch dann auf, wenn ich einmal nicht so viel Zeit für sie habe.

trifft nicht zu | 1 | 2 | 3 | 4 | 5 | 6 | 7 | 8 | 9 | 10 | trifft vollständig zu

36. Ich glaube, dass meine Mitarbeiterinnen und Mitarbeiter mit ihrer Arbeit zufrieden sind.

trifft nicht zu | 1 | 2 | 3 | 4 | 5 | 6 | 7 | 8 | 9 | 10 | trifft vollständig zu

37. Ich führe mit meinen Mitarbeiterinnen und Mitarbeiter in angemessenen Abständen Leistungsbewertungsgespräche.

trifft nicht zu | 1 | 2 | 3 | 4 | 5 | 6 | 7 | 8 | 9 | 10 | trifft vollständig zu

38. Als Vorgesetzter beobachte ich die Fortschritte meiner Mitarbeiterinnen und Mitarbeiter im Prozess der Zielerreichung.

trifft nicht zu | 1 | 2 | 3 | 4 | 5 | 6 | 7 | 8 | 9 | 10 | trifft vollständig zu

39. Ich gebe meinen Mitarbeiterinnen und Mitarbeitern das Gefühl, dass sie ihre Ziele bestimmt schaffen werden.

trifft nicht zu | 1 | 2 | 3 | 4 | 5 | 6 | 7 | 8 | 9 | 10 | trifft vollständig zu

40. Wenn ich als Vorgesetzter eine Aufgabe delegiere, achte ich sorgfältig darauf, wieviel Verantwortung ich meinen Mitarbeiterinnen und Mitarbeitern übertragen kann.

trifft nicht zu | 1 | 2 | 3 | 4 | 5 | 6 | 7 | 8 | 9 | 10 | trifft vollständig zu

41. Gute Leistungen werden von mir unmittelbar anerkannt.

trifft nicht zu | 1 | 2 | 3 | 4 | 5 | 6 | 7 | 8 | 9 | 10 | trifft vollständig zu

42. Die Beurteilung der Leistung meiner Mitarbeiterinnen und Mitarbeiter ist objektiv und wird nicht durch das persönliche Verhältnis beeinflusst.

trifft nicht zu | 1 | 2 | 3 | 4 | 5 | 6 | 7 | 8 | 9 | 10 | trifft vollständig zu

43. Meine Mitarbeiterinnen und Mitarbeiter bekommen von mir genügend Feedback.

trifft nicht zu | 1 | 2 | 3 | 4 | 5 | 6 | 7 | 8 | 9 | 10 | trifft vollständig zu

44. Ich glaube, meine Mitarbeiterinnen und Mitarbeiter wünschen sich von mir manchmal eine spontanere Anerkennung.

trifft nicht zu | 1 | 2 | 3 | 4 | 5 | 6 | 7 | 8 | 9 | 10 | trifft vollständig zu

45. Als Vorgesetzter nehme ich kritische Äußerungen zum Arbeitsklima ernst und leite Verbesserungen ein.

trifft nicht zu | 1 | 2 | 3 | 4 | 5 | 6 | 7 | 8 | 9 | 10 | trifft vollständig zu

46. Ich achte meine Mitarbeiterinnen und Mitarbeiter in ihrem menschlichen Wert.

trifft nicht zu | 1 | 2 | 3 | 4 | 5 | 6 | 7 | 8 | 9 | 10 | trifft vollständig zu

47. Als Vorgesetzter erreiche ich auch unter schwierigen Bedingungen meine Ziele.

trifft nicht zu | 1 | 2 | 3 | 4 | 5 | 6 | 7 | 8 | 9 | 10 | trifft vollständig zu

48. **Wenn meine Mitarbeiterinnen und Mitarbeiter Probleme bei ihrer Zielerreichung haben, können sie mit meiner Unterstützung rechnen.**

trifft nicht zu | 1 | 2 | 3 | 4 | 5 | 6 | 7 | 8 | 9 | 10 | trifft vollständig zu

49. **Ich fördere Kommunikation und Interaktion zwischen meinen Mitarbeiterinnen und Mitarbeitern (z. B. durch Gruppenmeetings), damit Konflikte erst gar nicht entstehen.**

trifft nicht zu | 1 | 2 | 3 | 4 | 5 | 6 | 7 | 8 | 9 | 10 | trifft vollständig zu

50. **Ich übertrage meinen Mitarbeiterinnen und Mitarbeitern nur dann eine umfassende Arbeit, wenn sie die Fähigkeit unter Beweis gestellt haben, zentrale oder grundlegende Teile der Arbeit erfolgreich auszuführen.**

trifft nicht zu | 1 | 2 | 3 | 4 | 5 | 6 | 7 | 8 | 9 | 10 | trifft vollständig zu

51. **Als Vorgesetzter sorge ich dafür, dass die Stärken meiner Mitarbeiterinnen und Mitarbeiter entwickelt werden.**

trifft nicht zu | 1 | 2 | 3 | 4 | 5 | 6 | 7 | 8 | 9 | 10 | trifft vollständig zu

52. **Ich als Vorgesetzter erkläre meinen Mitarbeiterinnen und Mitarbeitern genau, wie es zu einer Leistungsbewertung kommt.**

trifft nicht zu | 1 | 2 | 3 | 4 | 5 | 6 | 7 | 8 | 9 | 10 | trifft vollständig zu

53. **Meine Mitarbeiterinnen und Mitarbeiter erkennen, dass meine Anerkennung ehrlich ist.**

trifft nicht zu | 1 | 2 | 3 | 4 | 5 | 6 | 7 | 8 | 9 | 10 | trifft vollständig zu

54. **Ich verstehe es, die Unternehmensziele auf unseren Arbeitsbereich herabzubrechen und erfolgreich zu verwirklichen.**

trifft nicht zu | 1 | 2 | 3 | 4 | 5 | 6 | 7 | 8 | 9 | 10 | trifft vollständig zu

55. **Bei uns haben Misstrauen, Schuldigensuche und Machtkämpfe keinen Platz.**

trifft nicht zu | 1 | 2 | 3 | 4 | 5 | 6 | 7 | 8 | 9 | 10 | trifft vollständig zu

56. **Wir sind ein gutes Team, in dem sich die Einzelnen wohlfühlen.**

trifft nicht zu | 1 | 2 | 3 | 4 | 5 | 6 | 7 | 8 | 9 | 10 | trifft vollständig zu

57. **Ich kenne die Einflussfaktoren für den Erfolg in unserer Abteilung ganz genau.**

trifft nicht zu | 1 | 2 | 3 | 4 | 5 | 6 | 7 | 8 | 9 | 10 | trifft vollständig zu

58. **Ich kann meine Mitarbeiter für unsere Ziele begeistern.**

trifft nicht zu | 1 | 2 | 3 | 4 | 5 | 6 | 7 | 8 | 9 | 10 | trifft vollständig zu

59. **Die Qualität meiner Entscheidungen könnte manchmal besser sein.**

trifft nicht zu | 1 | 2 | 3 | 4 | 5 | 6 | 7 | 8 | 9 | 10 | trifft vollständig zu

60. **Wenn ein Ziel zu hoch ist, habe ich als Vorgesetzter Verständnis und setze mich dafür ein, ein realistischeres Ziel zu finden.**

trifft nicht zu | 1 | 2 | 3 | 4 | 5 | 6 | 7 | 8 | 9 | 10 | trifft vollständig zu

61. **Ich verstehe meinen Mitarbeiterinnen und Mitarbeitern die Unternehmensziele so zu erklären, dass sie diese ganz genau kennen.**

trifft nicht zu | 1 | 2 | 3 | 4 | 5 | 6 | 7 | 8 | 9 | 10 | trifft vollständig zu

62. **Als Vorgesetzter ermutige ich meine Mitarbeiterinnen und Mitarbeiter zu planen, welche Verbesserungen sie bei sich und ihrer Arbeit vornehmen können.**

trifft nicht zu | 1 | 2 | 3 | 4 | 5 | 6 | 7 | 8 | 9 | 10 | trifft vollständig zu

63. **Meine Mitarbeiterinnen und Mitarbeiter erhalten von mir den Eindruck, dass ich viel Wert auf die Entwicklung ihrer persönlichen Leistungsfähigkeit lege.**

trifft nicht zu | 1 | 2 | 3 | 4 | 5 | 6 | 7 | 8 | 9 | 10 | trifft vollständig zu

64. **Ich glaube, meine Mitarbeiterinnen und Mitarbeiter fühlen sich genügend in den Entscheidungsprozess integriert.**

trifft nicht zu | 1 | 2 | 3 | 4 | 5 | 6 | 7 | 8 | 9 | 10 | trifft vollständig zu

65. **Ich bin an den Meinungen meiner Mitarbeiterinnen und Mitarbeiter zu meinen Anordnungen interessiert.**

trifft nicht zu | 1 | 2 | 3 | 4 | 5 | 6 | 7 | 8 | 9 | 10 | trifft vollständig zu

66. Aufgrund des guten Gruppenklimas können sich die Einzelnen gut entfalten.

trifft nicht zu | 1 | 2 | 3 | 4 | 5 | 6 | 7 | 8 | 9 | 10 | trifft vollständig zu

67. Meine Reaktionen sind für meine Mitarbeiterinnen und Mitarbeiter einschätzbar.

trifft nicht zu | 1 | 2 | 3 | 4 | 5 | 6 | 7 | 8 | 9 | 10 | trifft vollständig zu

68. Bei Konflikten erkenne ich, ob ich in den Konfliktprozess eingreifen muss oder ob meine Mitarbeiterinnen und Mitarbeiter selbst zur Kooperation zurückfinden.

trifft nicht zu | 1 | 2 | 3 | 4 | 5 | 6 | 7 | 8 | 9 | 10 | trifft vollständig zu

69. Die Bedürfnisse, Meinungen und Eigenheiten meiner Mitarbeiterinnen und Mitarbeiter beziehe ich soweit wie möglich bei individuellen Zielvorgaben mit ein.

trifft nicht zu | 1 | 2 | 3 | 4 | 5 | 6 | 7 | 8 | 9 | 10 | trifft vollständig zu

70. Es hat für meine Mitarbeiterinnen und Mitarbeiter keine negativen Konsequenzen, wenn sie sich kritisch zu einer von mir getroffenen Entscheidung äußern.

trifft nicht zu | 1 | 2 | 3 | 4 | 5 | 6 | 7 | 8 | 9 | 10 | trifft vollständig zu

71. Entwicklungen und Verbesserungen in der Leistung zu erreichen, haben bei uns einen hohen Stellenwert.

trifft nicht zu | 1 | 2 | 3 | 4 | 5 | 6 | 7 | 8 | 9 | 10 | trifft vollständig zu

72. Ich verlasse mich bei der Überprüfung von delegierten Aufgaben auf die Selbstkontrolle meiner Mitarbeiterinnen und Mitarbeiter.

trifft nicht zu | 1 | 2 | 3 | 4 | 5 | 6 | 7 | 8 | 9 | 10 | trifft vollständig zu

73. Konflikte zwischen einer Mitarbeiterin oder einem Mitarbeiter und mir erkenne ich sehr schnell.

trifft nicht zu | 1 | 2 | 3 | 4 | 5 | 6 | 7 | 8 | 9 | 10 | trifft vollständig zu

74. Kontrolle wird von meinen Mitarbeiterinnen und Mitarbeitern nicht als negativ, sondern als Hilfe für den gemeinsamen Erfolg empfunden.

trifft nicht zu | 1 | 2 | 3 | 4 | 5 | 6 | 7 | 8 | 9 | 10 | trifft vollständig zu

75. Ich glaube, ich könnte mehr auf eventuelle Kritik meiner Mitarbeiterinnen und Mitarbeiter an meinen Anordnungen eingehen.

trifft nicht zu | 1 | 2 | 3 | 4 | 5 | 6 | 7 | 8 | 9 | 10 | trifft vollständig zu

76. Ich lege hohen Wert auf die Arbeitszufriedenheit meiner Mitarbeiterinnen und Mitarbeiter.

trifft nicht zu | 1 | 2 | 3 | 4 | 5 | 6 | 7 | 8 | 9 | 10 | trifft vollständig zu

77. Ehrlich gesagt, könnte ich meinen Mitarbeiterinnen und Mitarbeitern mehr Anerkennung zukommen lassen.

trifft nicht zu | 1 | 2 | 3 | 4 | 5 | 6 | 7 | 8 | 9 | 10 | trifft vollständig zu

78. Wer bei uns arbeitet, wird gefordert.

trifft nicht zu | 1 | 2 | 3 | 4 | 5 | 6 | 7 | 8 | 9 | 10 | trifft vollständig zu

79. Meine Rückmeldungen an Mitarbeiterinnen und Mitarbeiter sind immer ehrlich.

trifft nicht zu | 1 | 2 | 3 | 4 | 5 | 6 | 7 | 8 | 9 | 10 | trifft vollständig zu

80. Mein Verhalten fördert ein konfliktarmes Klima in unserer Abteilung.

trifft nicht zu | 1 | 2 | 3 | 4 | 5 | 6 | 7 | 8 | 9 | 10 | trifft vollständig zu

81. Ich genieße bei meinen Mitarbeiterinnen und Mitarbeitern Vertrauen.

trifft nicht zu | 1 | 2 | 3 | 4 | 5 | 6 | 7 | 8 | 9 | 10 | trifft vollständig zu

82. Ich habe ein gutes Einfühlungsvermögen.

trifft nicht zu | 1 | 2 | 3 | 4 | 5 | 6 | 7 | 8 | 9 | 10 | trifft vollständig zu

83. Delegierte Aufgaben werden von mir und dem/der betreffenden Mitarbeiter/Mitarbeiterin gemeinsam auf ihre Erfüllung hin kontrolliert.

trifft nicht zu | 1 | 2 | 3 | 4 | 5 | 6 | 7 | 8 | 9 | 10 | trifft vollständig zu

84. Als Vorgesetzter melde ich regelmäßig zurück, wie ich meine Mitarbeiterinnen und Mitarbeiter und ihre Leistungen sehe.

trifft nicht zu | 1 | 2 | 3 | 4 | 5 | 6 | 7 | 8 | 9 | 10 | trifft vollständig zu

85. Ich sollte mehr für die Zufriedenheit meiner Mitarbeiterinnen und Mitarbeiter tun.

trifft nicht zu | 1 | 2 | 3 | 4 | 5 | 6 | 7 | 8 | 9 | 10 | trifft vollständig zu

86. Leistung ist bei uns ein hoher Wert.

trifft nicht zu | 1 | 2 | 3 | 4 | 5 | 6 | 7 | 8 | 9 | 10 | trifft vollständig zu

87. Die Beziehungen zu meinen Mitarbeiterinnen und Mitarbeitern sind unvoreingenommen.

trifft nicht zu | 1 | 2 | 3 | 4 | 5 | 6 | 7 | 8 | 9 | 10 | trifft vollständig zu

88. In der Regel beziehe ich meine Mitarbeiterinnen und Mitarbeiter in Entscheidungen mit ein.

trifft nicht zu | 1 | 2 | 3 | 4 | 5 | 6 | 7 | 8 | 9 | 10 | trifft vollständig zu

89. Bei Konflikten zwischen Mitarbeiterinnen und/oder Mitarbeitern führe ich im Allgemeinen eine gerechte Lösung herbei.

trifft nicht zu | 1 | 2 | 3 | 4 | 5 | 6 | 7 | 8 | 9 | 10 | trifft vollständig zu

90. Meine Mitarbeiterinnen und Mitarbeiter kennen durch meine Rückmeldung genau die Punkte, an denen sie Verbesserungen erarbeiten sollten.

trifft nicht zu | 1 | 2 | 3 | 4 | 5 | 6 | 7 | 8 | 9 | 10 | trifft vollständig zu

91. Ich gebe meinen Mitarbeiterinnen und Mitarbeitern genügend Anerkennung.

trifft nicht zu | 1 | 2 | 3 | 4 | 5 | 6 | 7 | 8 | 9 | 10 | trifft vollständig zu

92. Ich kann meine Mitarbeiterinnen und Mitarbeiter gut für unsere Ziele motivieren.

trifft nicht zu | 1 | 2 | 3 | 4 | 5 | 6 | 7 | 8 | 9 | 10 | trifft vollständig zu

93. Geduldiges Zuhören fällt mir manchmal schwer.

trifft nicht zu | 1 | 2 | 3 | 4 | 5 | 6 | 7 | 8 | 9 | 10 | trifft vollständig zu

Anlage II:

Fragebogen zur Einschätzung des Führungsverhaltens (FVA)

Einschätzung durch den Mitarbeiter

Bitte beantworten Sie die folgenden Fragen möglichst spontan und offen, indem Sie die zutreffende Ziffer auf der jeweiligen Skala ankreuzen.
Je offener Sie zu den angesprochenen Sachverhalten Stellung nehmen, um so besser kann sich Ihr Vorgesetzter Entwicklungsfelder für sein Führungsverhalten ableiten.

Beispiel:

Wir erarbeiten Ziele gemeinsam.

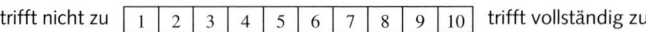

trifft nicht zu | 1 | 2 | 3 | 4 | 5 | 6 | 7 | 8 | 9 | 10 | trifft vollständig zu

Ihre Antworten werden **anonym** durch ein Computerprogramm ausgewertet. Aus der Auswertung lässt sich dann der Durchschnitt der Mitarbeitereinschätzungen ablesen. Diese Auswertung wird dem Vorgesetzten im Verlauf dieses Führungsentwicklungsprogramms ausgehändigt.

Vermerken Sie bitte hier den Namen der von Ihnen eingeschätzten Person.

1. **Mein / meine Vorgesetzter/Vorgesetzte legt hohen Wert darauf, dass alle seine / ihre Mitarbeiterinnen und Mitarbeiter über die Ziele und Absichten unserer Firma gut informiert sind.**

   trifft nicht zu | 1 | 2 | 3 | 4 | 5 | 6 | 7 | 8 | 9 | 10 | trifft vollständig zu

2. **Mein/meine Vorgesetzter/Vorgesetzte denkt und handelt unternehmerisch.**

   trifft nicht zu | 1 | 2 | 3 | 4 | 5 | 6 | 7 | 8 | 9 | 10 | trifft vollständig zu

3. **Ich weiß über meine Ziele und die Erwartungen, die mein/meine Vorgesetzter/Vorgesetzte an mich hat, genügend Bescheid.**

   trifft nicht zu | 1 | 2 | 3 | 4 | 5 | 6 | 7 | 8 | 9 | 10 | trifft vollständig zu

4. **Die Kompetenzen, die ich formal habe, habe ich auch in Wirklichkeit.**

   trifft nicht zu | 1 | 2 | 3 | 4 | 5 | 6 | 7 | 8 | 9 | 10 | trifft vollständig zu

5. **Mein/meine Vorgesetzter/Vorgesetzte gibt mir das Zutrauen, dass ich meine Leistungen verbessern kann.**

   trifft nicht zu | 1 | 2 | 3 | 4 | 5 | 6 | 7 | 8 | 9 | 10 | trifft vollständig zu

6. **Ich weiß, nach welchen Kriterien meine Arbeit beurteilt wird.**

   trifft nicht zu | 1 | 2 | 3 | 4 | 5 | 6 | 7 | 8 | 9 | 10 | trifft vollständig zu

7. **Wenn mein/meine Vorgesetzter/Vorgesetzte eine Entscheidung gefällt hat, setzt er/sie sie auch durch.**

   trifft nicht zu | 1 | 2 | 3 | 4 | 5 | 6 | 7 | 8 | 9 | 10 | trifft vollständig zu

8. **Mein/meine Vorgesetzter/Vorgesetzte bemerkt es, wenn ich ein gutes Ergebnis erarbeitet habe.**

   trifft nicht zu | 1 | 2 | 3 | 4 | 5 | 6 | 7 | 8 | 9 | 10 | trifft vollständig zu

9. **Mein/meine Vorgesetzter/Vorgesetzte weiß jederzeit, wie weit ich bei den zu erledigenden Aufgaben/Projekten von dem anzustrebenden Ziel entfernt bin.**

   trifft nicht zu | 1 | 2 | 3 | 4 | 5 | 6 | 7 | 8 | 9 | 10 | trifft vollständig zu

10. **Ich habe wirklich Freude bei meiner Arbeit.**

    trifft nicht zu | 1 | 2 | 3 | 4 | 5 | 6 | 7 | 8 | 9 | 10 | trifft vollständig zu

11. Mein/meine Vorgesetzter/Vorgesetzte ist ein Vorbild.

trifft nicht zu | 1 | 2 | 3 | 4 | 5 | 6 | 7 | 8 | 9 | 10 | trifft vollständig zu

12. Mein/meine Vorgesetzter/Vorgesetzte gibt mir auch in schwierigen Situationen Schutz und Unterstützung.

trifft nicht zu | 1 | 2 | 3 | 4 | 5 | 6 | 7 | 8 | 9 | 10 | trifft vollständig zu

13. Mein/meine Vorgesetzter/Vorgesetzte ist unerbittlich, wenn es um die Erreichung der Ziele geht.

trifft nicht zu | 1 | 2 | 3 | 4 | 5 | 6 | 7 | 8 | 9 | 10 | trifft vollständig zu

14. Mein/meine Vorgesetzter/Vorgesetzte versteht es, Ziele und Erwartungen konkret zu formulieren.

trifft nicht zu | 1 | 2 | 3 | 4 | 5 | 6 | 7 | 8 | 9 | 10 | trifft vollständig zu

15. Meine Kompetenzen sind klar.

trifft nicht zu | 1 | 2 | 3 | 4 | 5 | 6 | 7 | 8 | 9 | 10 | trifft vollständig zu

16. Wenn mein/meine Vorgesetzter/Vorgesetzte eine Arbeit an mich delegiert, stellt er/sie sicher, dass ich meine Rolle in dem betreffenden Arbeitsprozess verstanden habe.

trifft nicht zu | 1 | 2 | 3 | 4 | 5 | 6 | 7 | 8 | 9 | 10 | trifft vollständig zu

17. Manchmal könnte mein/meine Vorgesetzter/Vorgesetzte anstehende Entscheidungen schneller treffen.

trifft nicht zu | 1 | 2 | 3 | 4 | 5 | 6 | 7 | 8 | 9 | 10 | trifft vollständig zu

18. Ich weiß genau, was mein/meine Vorgesetzter/Vorgesetzte als gute Leistung ansieht.

trifft nicht zu | 1 | 2 | 3 | 4 | 5 | 6 | 7 | 8 | 9 | 10 | trifft vollständig zu

19. Mein/meine Vorgesetzter/Vorgesetzte bemerkt es, wenn sich meine Leistungen verbessern.

trifft nicht zu | 1 | 2 | 3 | 4 | 5 | 6 | 7 | 8 | 9 | 10 | trifft vollständig zu

20. Die Mitarbeiter in unserem Arbeitsbereich sind hoch motiviert.

trifft nicht zu | 1 | 2 | 3 | 4 | 5 | 6 | 7 | 8 | 9 | 10 | trifft vollständig zu

21. **Mein/meine Vorgesetzter/Vorgesetzte meldet auch kritische Dinge offen zurück.**

trifft nicht zu | 1 | 2 | 3 | 4 | 5 | 6 | 7 | 8 | 9 | 10 | trifft vollständig zu

22. **Im Allgemeinen bin ich mit meinem/meiner Vorgesetzten zufrieden.**

trifft nicht zu | 1 | 2 | 3 | 4 | 5 | 6 | 7 | 8 | 9 | 10 | trifft vollständig zu

23. **Ich bin mit der Art, wie mich mein/meine Vorgesetzter/Vorgesetzte führt, zufrieden.**

trifft nicht zu | 1 | 2 | 3 | 4 | 5 | 6 | 7 | 8 | 9 | 10 | trifft vollständig zu

24. **Mein/meine Vorgesetzter/Vorgesetzte nimmt seine/ihre Führungsaufgaben voll wahr.**

trifft nicht zu | 1 | 2 | 3 | 4 | 5 | 6 | 7 | 8 | 9 | 10 | trifft vollständig zu

25. **Trotz seiner/ihrer sachbezogenen Aufgaben hat mein/meine Vorgesetzter/Vorgesetzte genügend Zeit für Personalführung.**

trifft nicht zu | 1 | 2 | 3 | 4 | 5 | 6 | 7 | 8 | 9 | 10 | trifft vollständig zu

26. **Mein/meine Vorgesetzter/Vorgesetzte bemerkt Spannungen zwischen Mitarbeiterinnen und/oder Mitarbeitern.**

trifft nicht zu | 1 | 2 | 3 | 4 | 5 | 6 | 7 | 8 | 9 | 10 | trifft vollständig zu

27. **Mein/meine Vorgesetzter/Vorgesetzte kann Konflikte zur Zufriedenheit aller Beteiligten lösen.**

trifft nicht zu | 1 | 2 | 3 | 4 | 5 | 6 | 7 | 8 | 9 | 10 | trifft vollständig zu

28. **Ich kann mich bei der Festlegung und Vereinbarung von Zielen genügend äußern.**

trifft nicht zu | 1 | 2 | 3 | 4 | 5 | 6 | 7 | 8 | 9 | 10 | trifft vollständig zu

29. **Ich kann gute Arbeitsergebnisse auch an den positiven Rückmeldungen meines/meiner Vorgesetzten erkennen.**

trifft nicht zu | 1 | 2 | 3 | 4 | 5 | 6 | 7 | 8 | 9 | 10 | trifft vollständig zu

30. Ich kann meinen/meine Vorgesetzten/Vorgesetzte um Rat und Hilfe bitten, ohne Angst haben zu müssen, dass sich das negativ für mich auswirkt.

trifft nicht zu | 1 | 2 | 3 | 4 | 5 | 6 | 7 | 8 | 9 | 10 | trifft vollständig zu

31. Wenn mein/meine Vorgesetzter/Vorgesetzte mit mir über Verbesserungsmöglichkeiten meiner Leistungen und Ergebnisse spricht, weiß ich, wie ich vorgehen kann.

trifft nicht zu | 1 | 2 | 3 | 4 | 5 | 6 | 7 | 8 | 9 | 10 | trifft vollständig zu

32. Die Anerkennung meines/meiner Vorgesetzten könnte manchmal ehrlicher sein.

trifft nicht zu | 1 | 2 | 3 | 4 | 5 | 6 | 7 | 8 | 9 | 10 | trifft vollständig zu

33. Die Beurteilung meiner Leistung durch meinen/meine Vorgesetzten/Vorgesetzte orientiert sich in erster Linie an den Ergebnissen meiner Arbeit.

trifft nicht zu | 1 | 2 | 3 | 4 | 5 | 6 | 7 | 8 | 9 | 10 | trifft vollständig zu

34. Die Leistungsbewertungsgespräche wirken sich positiv auf meine leistungsmäßige Entwicklung aus.

trifft nicht zu | 1 | 2 | 3 | 4 | 5 | 6 | 7 | 8 | 9 | 10 | trifft vollständig zu

35. Gute Leistungen fallen meinem/meiner Vorgesetzten auch dann auf, wenn er/sie einmal nicht so viel Zeit für die Mitarbeiterinnen und Mitarbeiter hat.

trifft nicht zu | 1 | 2 | 3 | 4 | 5 | 6 | 7 | 8 | 9 | 10 | trifft vollständig zu

36. Ich bin mit meiner Arbeit zufrieden.

trifft nicht zu | 1 | 2 | 3 | 4 | 5 | 6 | 7 | 8 | 9 | 10 | trifft vollständig zu

37. Mein/meine Vorgesetzter/Vorgesetzte führt mit seinen/ihren Mitarbeiterinnen und Mitarbeitern in angemessenen Abständen Leistungsbewertungsgespräche.

trifft nicht zu | 1 | 2 | 3 | 4 | 5 | 6 | 7 | 8 | 9 | 10 | trifft vollständig zu

38. Mein/meine Vorgesetzter/Vorgesetzte beobachtet meine Fortschritte im Prozess der Zielerreichung.

trifft nicht zu | 1 | 2 | 3 | 4 | 5 | 6 | 7 | 8 | 9 | 10 | trifft vollständig zu

39. **Mein/meine Vorgesetzter/Vorgesetzte gibt mir das Gefühl, dass ich meine Ziele bestimmt schaffen werde.**

trifft nicht zu | 1 | 2 | 3 | 4 | 5 | 6 | 7 | 8 | 9 | 10 | trifft vollständig zu

40. **Wenn mein/meine Vorgesetzter/Vorgesetzte eine Aufgabe an mich delegiert, achtet er/sie sorgfältig darauf, wieviel Verantwortung er/sie mir übertragen kann.**

trifft nicht zu | 1 | 2 | 3 | 4 | 5 | 6 | 7 | 8 | 9 | 10 | trifft vollständig zu

41. **Gute Leistungen werden von meinem/meiner Vorgesetzten unmittelbar anerkannt.**

trifft nicht zu | 1 | 2 | 3 | 4 | 5 | 6 | 7 | 8 | 9 | 10 | trifft vollständig zu

42. **Die Beurteilung meiner Leistung ist objektiv und wird nicht durch das persönliche Verhältnis beeinflusst.**

trifft nicht zu | 1 | 2 | 3 | 4 | 5 | 6 | 7 | 8 | 9 | 10 | trifft vollständig zu

43. **Ich bekomme von meinem/meiner Vorgesetzten genügend Feedback.**

trifft nicht zu | 1 | 2 | 3 | 4 | 5 | 6 | 7 | 8 | 9 | 10 | trifft vollständig zu

44. **Ich wünsche mir von meinem/meiner Vorgesetzten manchmal eine spontanere Anerkennung.**

trifft nicht zu | 1 | 2 | 3 | 4 | 5 | 6 | 7 | 8 | 9 | 10 | trifft vollständig zu

45. **Mein/meine Vorgesetzter/Vorgesetzte nimmt kritische Äußerungen zum Arbeitsklima ernst und leitet Verbesserungen ein.**

trifft nicht zu | 1 | 2 | 3 | 4 | 5 | 6 | 7 | 8 | 9 | 10 | trifft vollständig zu

46. **Mein/meine Vorgesetzter/Vorgesetzte achtet seine/ihre Mitarbeiter und Mitarbeiterinnen in ihrem menschlichen Wert.**

trifft nicht zu | 1 | 2 | 3 | 4 | 5 | 6 | 7 | 8 | 9 | 10 | trifft vollständig zu

47. **Mein/meine Vorgesetzter/Vorgesetzte erreicht auch unter schwierigen Bedingungen seine/ihre Ziele.**

trifft nicht zu | 1 | 2 | 3 | 4 | 5 | 6 | 7 | 8 | 9 | 10 | trifft vollständig zu

48. Wenn ich Probleme bei der Zielerreichung habe, kann ich mit der Unterstützung meines/meiner Vorgesetzten rechnen.

trifft nicht zu | 1 | 2 | 3 | 4 | 5 | 6 | 7 | 8 | 9 | 10 | trifft vollständig zu

49. Mein/meine Vorgesetzter/Vorgesetzte fordert Kommunikation und Interaktion zwischen seinen/ihren Mitarbeiterinnen und Mitarbeitern, so dass Konflikte erst gar nicht entstehen.

trifft nicht zu | 1 | 2 | 3 | 4 | 5 | 6 | 7 | 8 | 9 | 10 | trifft vollständig zu

50. Mein/meine Vorgesetzter/Vorgesetzte überträgt mir nur dann eine Arbeit, wenn ich die Fähigkeit unter Beweis gestellt habe, zentrale oder grundlegende Teile der Arbeit erfolgreich auszuführen.

trifft nicht zu | 1 | 2 | 3 | 4 | 5 | 6 | 7 | 8 | 9 | 10 | trifft vollständig zu

51. Mein/meine Vorgesetzter/Vorgesetzte sorgt dafür, dass ich meine Stärken entwickle.

trifft nicht zu | 1 | 2 | 3 | 4 | 5 | 6 | 7 | 8 | 9 | 10 | trifft vollständig zu

52. Mein/meine Vorgesetzter/Vorgesetzte erklärt mir genau, wie es zu einer Leistungsbewertung gekommen ist.

trifft nicht zu | 1 | 2 | 3 | 4 | 5 | 6 | 7 | 8 | 9 | 10 | trifft vollständig zu

53. Ich spüre, dass die Anerkennung meines/meiner Vorgesetzten ehrlich ist.

trifft nicht zu | 1 | 2 | 3 | 4 | 5 | 6 | 7 | 8 | 9 | 10 | trifft vollständig zu

54. Mein/meine Vorgesetzter/Vorgesetzte versteht es, die Unternehmensziele auf unseren Arbeitsbereich herabzubrechen und erfolgreich zu verwirklichen.

trifft nicht zu | 1 | 2 | 3 | 4 | 5 | 6 | 7 | 8 | 9 | 10 | trifft vollständig zu

55. Bei uns haben Misstrauen, Schuldigensuche und Machtkämpfe keinen Platz.

trifft nicht zu | 1 | 2 | 3 | 4 | 5 | 6 | 7 | 8 | 9 | 10 | trifft vollständig zu

56. Wir sind ein gutes Team, in dem sich die Einzelnen wohlfühlen.

trifft nicht zu | 1 | 2 | 3 | 4 | 5 | 6 | 7 | 8 | 9 | 10 | trifft vollständig zu

57. **Mein/meine Vorgesetzter/Vorgesetzte kennt die Einflussfaktoren für den Erfolg in unserer Abteilung ganz genau.**

trifft nicht zu | 1 | 2 | 3 | 4 | 5 | 6 | 7 | 8 | 9 | 10 | trifft vollständig zu

58. **Mein/meine Vorgesetzter/Vorgesetzte kann mich für unsere Ziele begeistern.**

trifft nicht zu | 1 | 2 | 3 | 4 | 5 | 6 | 7 | 8 | 9 | 10 | trifft vollständig zu

59. **Die Qualität der Entscheidungen meines/meiner Vorgesetzten könnte manchmal besser sein.**

trifft nicht zu | 1 | 2 | 3 | 4 | 5 | 6 | 7 | 8 | 9 | 10 | trifft vollständig zu

60. **Wenn ein Ziel zu hoch ist, hat mein/meine Vorgesetzter/Vorgesetzte dafür Verständnis und setzt sich dafür ein, ein realistischeres Ziel zu finden.**

trifft nicht zu | 1 | 2 | 3 | 4 | 5 | 6 | 7 | 8 | 9 | 10 | trifft vollständig zu

61. **Mein/meine Vorgesetzter/Vorgesetzte versteht es, seinen/ihren Mitarbeiterinnen und Mitarbeitern die Unternehmensziele so zu erklären, dass sie diese ganz genau kennen.**

trifft nicht zu | 1 | 2 | 3 | 4 | 5 | 6 | 7 | 8 | 9 | 10 | trifft vollständig zu

62. **Mein/meine Vorgesetzter/Vorgesetzte ermutigt mich zu planen, welche Verbesserungen ich bei meiner Arbeit vornehmen kann.**

trifft nicht zu | 1 | 2 | 3 | 4 | 5 | 6 | 7 | 8 | 9 | 10 | trifft vollständig zu

63. **Mein/meine Vorgesetzter/Vorgesetzte legt viel Wert auf die Entwicklung meiner persönlichen Leistungsfähigkeit.**

trifft nicht zu | 1 | 2 | 3 | 4 | 5 | 6 | 7 | 8 | 9 | 10 | trifft vollständig zu

64. **Ich fühle mich genügend in den Entscheidungsprozess integriert.**

trifft nicht zu | 1 | 2 | 3 | 4 | 5 | 6 | 7 | 8 | 9 | 10 | trifft vollständig zu

65. **Mein/meine Vorgesetzter/Vorgesetzte ist an meiner Meinung zu seinen Anordnungen interessiert.**

trifft nicht zu | 1 | 2 | 3 | 4 | 5 | 6 | 7 | 8 | 9 | 10 | trifft vollständig zu

66. Aufgrund des guten Gruppenklimas in unserem Arbeitsbereich kann ich mich gut entfalten.

trifft nicht zu | 1 | 2 | 3 | 4 | 5 | 6 | 7 | 8 | 9 | 10 | trifft vollständig zu

67. Die Reaktionen meines/meiner Vorgesetzten sind für mich einschätzbar.

trifft nicht zu | 1 | 2 | 3 | 4 | 5 | 6 | 7 | 8 | 9 | 10 | trifft vollständig zu

68. Mein/meine Vorgesetzter/Vorgesetzte erkennt bei Konflikten, ob er/sie in den Konfliktprozess eingreifen muss oder ob die Mitarbeiterinnen und Mitarbeiter zur Kooperation zurückfinden.

trifft nicht zu | 1 | 2 | 3 | 4 | 5 | 6 | 7 | 8 | 9 | 10 | trifft vollständig zu

69. Mein/meine Vorgesetzter/Vorgesetzte bezieht meine Bedürfnisse, Meinungen und Eigenheiten soweit wie möglich bei der individuellen Zielvorgabe mit ein.

trifft nicht zu | 1 | 2 | 3 | 4 | 5 | 6 | 7 | 8 | 9 | 10 | trifft vollständig zu

70. Wenn ich mich kritisch zu einer Entscheidung meines/meiner Vorgesetzten äußere, hat es für mich keine negativen Konsequenzen.

trifft nicht zu | 1 | 2 | 3 | 4 | 5 | 6 | 7 | 8 | 9 | 10 | trifft vollständig zu

71. Entwicklungen und Verbesserungen in der Leistung zu erreichen, haben bei uns einen hohen Stellenwert.

trifft nicht zu | 1 | 2 | 3 | 4 | 5 | 6 | 7 | 8 | 9 | 10 | trifft vollständig zu

72. Mein/meine Vorgesetzter/Vorgesetzte verlässt sich bei der Überprüfung von delegierten Aufgaben auf die Selbstkontrolle seiner/ihrer Mitarbeiterinnen und Mitarbeitern.

trifft nicht zu | 1 | 2 | 3 | 4 | 5 | 6 | 7 | 8 | 9 | 10 | trifft vollständig zu

73. Mein/meine Vorgesetzter/Vorgesetzte erkennt sehr schnell Konflikte zwischen sich und einer Mitarbeiterin oder einem Mitarbeiter.

trifft nicht zu | 1 | 2 | 3 | 4 | 5 | 6 | 7 | 8 | 9 | 10 | trifft vollständig zu

74. **Ich empfinde Kontrolle von meinem/meiner Vorgesetzten nicht als negativ, sondern als Hilfe für den gemeinsamen Erfolg.**

trifft nicht zu | 1 | 2 | 3 | 4 | 5 | 6 | 7 | 8 | 9 | 10 | trifft vollständig zu

75. **Mein/meine Vorgesetzter/Vorgesetzte könnte mehr auf eventuelle Kritik an seinen/ihren Anordnungen eingehen.**

trifft nicht zu | 1 | 2 | 3 | 4 | 5 | 6 | 7 | 8 | 9 | 10 | trifft vollständig zu

76. **Mein/meine Vorgesetzter/Vorgesetzte legt hohen Wert auf die Arbeitszufriedenheit seiner/ihrer Mitarbeiterinnen und Mitarbeiter.**

trifft nicht zu | 1 | 2 | 3 | 4 | 5 | 6 | 7 | 8 | 9 | 10 | trifft vollständig zu

77. **Mein/meine Vorgesetzter/Vorgesetzte könnte mir mehr Anerkennung zukommen lassen.**

trifft nicht zu | 1 | 2 | 3 | 4 | 5 | 6 | 7 | 8 | 9 | 10 | trifft vollständig zu

78. **Wer bei uns arbeitet, wird gefordert.**

trifft nicht zu | 1 | 2 | 3 | 4 | 5 | 6 | 7 | 8 | 9 | 10 | trifft vollständig zu

79. **Die Rückmeldungen meines/meiner Vorgesetzten sind immer ehrlich.**

trifft nicht zu | 1 | 2 | 3 | 4 | 5 | 6 | 7 | 8 | 9 | 10 | trifft vollständig zu

80. **Das Verhalten meines/meiner Vorgesetzten fördert ein konfliktarmes Klima in unserer Abteilung.**

trifft nicht zu | 1 | 2 | 3 | 4 | 5 | 6 | 7 | 8 | 9 | 10 | trifft vollständig zu

81. **Mein/meine Vorgesetzter/Vorgesetzte genießt bei seinen/ihren Mitarbeiterinnen und Mitarbeitern Vertrauen.**

trifft nicht zu | 1 | 2 | 3 | 4 | 5 | 6 | 7 | 8 | 9 | 10 | trifft vollständig zu

82. **Mein/meine Vorgesetzter/Vorgesetzte hat ein gutes Einfühlungsvermögen.**

trifft nicht zu | 1 | 2 | 3 | 4 | 5 | 6 | 7 | 8 | 9 | 10 | trifft vollständig zu

83. **An mich delegierte Aufgaben werden gemeinsam von meinem/meiner Vorgesetzten und mir auf ihre Erfüllung hin kontrolliert.**

trifft nicht zu | 1 | 2 | 3 | 4 | 5 | 6 | 7 | 8 | 9 | 10 | trifft vollständig zu

84. Mein/meine Vorgesetzter/Vorgesetzte meldet mir regelmäßig zurück, wie er/sie meine Leistung sieht.

trifft nicht zu | 1 | 2 | 3 | 4 | 5 | 6 | 7 | 8 | 9 | 10 | trifft vollständig zu

85. Mein/meine Vorgesetzter/Vorgesetzte sollte mehr für die Zufriedenheit seiner/ihrer Mitarbeiterinnen und Mitarbeitern tun.

trifft nicht zu | 1 | 2 | 3 | 4 | 5 | 6 | 7 | 8 | 9 | 10 | trifft vollständig zu

86. Leistung ist bei uns ein hoher Wert.

trifft nicht zu | 1 | 2 | 3 | 4 | 5 | 6 | 7 | 8 | 9 | 10 | trifft vollständig zu

87. Die Beziehungen meines/meiner Vorgesetzten zu seinen/ihren Mitarbeiterinnen und Mitarbeitern sind gut.

trifft nicht zu | 1 | 2 | 3 | 4 | 5 | 6 | 7 | 8 | 9 | 10 | trifft vollständig zu

88. In der Regel bezieht mich mein/meine Vorgesetzter/Vorgesetzte in Entscheidungen mit ein.

trifft nicht zu | 1 | 2 | 3 | 4 | 5 | 6 | 7 | 8 | 9 | 10 | trifft vollständig zu

89. Bei Konflikten zwischen Mitarbeiterinnen und/oder Mitarbeitern führt mein/meine Vorgesetzter/Vorgesetzte im Allgemeinen eine gerechte Lösung herbei.

trifft nicht zu | 1 | 2 | 3 | 4 | 5 | 6 | 7 | 8 | 9 | 10 | trifft vollständig zu

90. Ich kenne durch die Rückmeldung meines/meiner Vorgesetzten genau die Punkte, an denen ich Verbesserungen erarbeiten sollte.

trifft nicht zu | 1 | 2 | 3 | 4 | 5 | 6 | 7 | 8 | 9 | 10 | trifft vollständig zu

91. Ich bekomme von meinem/meiner Vorgesetzten genügend Anerkennung.

trifft nicht zu | 1 | 2 | 3 | 4 | 5 | 6 | 7 | 8 | 9 | 10 | trifft vollständig zu

92. Mein/meine Vorgesetzter/Vorgesetzte kann mich gut für meine Ziele motivieren.

trifft nicht zu | 1 | 2 | 3 | 4 | 5 | 6 | 7 | 8 | 9 | 10 | trifft vollständig zu

93. Geduldiges Zuhören fällt meinem/meiner Vorgesetzten manchmal schwer.

trifft nicht zu | 1 | 2 | 3 | 4 | 5 | 6 | 7 | 8 | 9 | 10 | trifft vollständig zu

Zuordnung der Fragen zu den Dimensionen der Führungsverhaltensanalyse (FVA)

1. Strategische Orientierung

1.1 Unternehmerische Orientierung

(V)   Ich denke und handle unternehmerisch.

(M)   Mein/meine Vorgesetzter/Vorgesetzte denkt und handelt unternehmerisch. (Nr. 2)

(V)   Ich verstehe es, die Unternehmensziele auf unseren Arbeitsbereich herabzubrechen und erfolgreich zu verwirklichen.

(M)   Mein/meine Vorgesetzter/Vorgesetzte versteht es, die Unternehmensziele auf unseren Arbeitsbereich herabzubrechen und erfolgreich zu verwirklichen. (Nr. 54)

(V)   Ich kenne die Einflussfaktoren für den Erfolg in unserer Abteilung ganz genau.

(M)   Mein/meine Vorgesetzter/Vorgesetzte kennt die Einflussfaktoren für den Erfolg in unserer Abteilung ganz genau. (Nr. 57)

1.2 Kommunikation der Ziele

(V)   Als Vorgesetzter lege ich hohen Wert darauf, dass meine Mitarbeiterinnen und Mitarbeiter über die Ziele und Absichten unserer Firma gut informiert sind.

(M)   Mein/meine Vorgesetzter/Vorgesetzte legt hohen Wert darauf, dass alle seine/ihre Mitarbeiterinnen und Mitarbeiter über die Ziele und Absichten unserer Firma gut informiert sind. (Nr. 1)

(V)   Ich verstehe es, meinen Mitarbeiterinnen und Mitarbeitern die Unternehmensziele so zu erklären, dass sie diese ganz genau kennen.

(M)   Mein/meine Vorgesetzter/Vorgesetzte versteht es, seinen/ihren Mitarbeiterinnen und Mitarbeitern die Unternehmensziele so zu erkären, dass sie diese ganz genau kennen. (Nr. 61)

1.3 Motivation

(V)   Meine Mitarbeiterinnen und Mitarbeiter sind hoch motiviert.

(M)   Die Mitarbeiter in unserem Arbeitsbereich sind hoch motiviert. (Nr. 20)

(V)   Ich kann meine Mitarbeiter für unsere Ziele begeistern.

(M)   Mein/meine Vorgesetzter/Vorgesetzte kann mich für unsere Ziele begeistern. (Nr. 58)

(V)   Ich kann meine Mitarbeiterinnen und Mitarbeiter gut für unsere Ziele motivieren.

(M)   Mein/meine Vorgesetzter/Vorgesetzte kann mich gut für meine Ziele motivieren. (Nr. 92)

2.   Entscheidungsverhalten

2.1   Quantitative und qualitative Aspekte

(V)   Manchmal könnte ich anstehende Entscheidungen schneller treffen.

(M)   Manchmal könnte mein/meine Vorgesetzter/Vorgesetzte anstehende Entscheidungen schneller treffen. (Nr. 17)

(V)   Die Qualität meiner Entscheidungen könnte manchmal besser sein.

(M)   Die Qualität der Entscheidungen meines/meiner Vorgesetzten könnte manchmal besser sein. (Nr 59)

2.2   Grad der Beteiligung

(V)   Ich glaube, meine Mitarbeiterinnen und Mitarbeiter fühlen sich genügend in den Entscheidungsprozess integriert.

(M)   Ich fühle mich genügend in den Entscheidungsprozess integriert. (Nr. 64)

(V)   In der Regel beziehe ich meine Mitarbeiterinnen und Mitarbeiter in Entscheidungen mit ein.

(M)   In der Regel bezieht mich mein/meine Vorgesetzter/Vorgesetzte in Entscheidungen mit ein. (Nr. 88)

3.   Durchsetzungsverhalten

3.1   Einbindung der Mitarbeiterinnen und Mitarbeiter bei durchzusetzenden Maßnahmen

(V)   Ich bin an den Meinungen meiner Mitarbeiterinnen und Mitarbeiter zu meinen Anordnungen interessiert.

(M)   Mein/meine Vorgesetzter/Vorgesetzte ist an meiner Meinung zu seinen Anordnungen interessiert. (Nr. 65)

(V)   Es hat für meine Mitarbeiterinnen und Mitarbeiter keine negativen Konsequenzen, wenn sie sich kritisch zu einer von mir getroffenen Entscheidung äußern.

(M) Wenn ich mich kritisch zu einer Entscheidung meines/meiner Vorgesetzten äußere, hat es für mich keine negativen Konsequenzen. (Nr. 70)

(V) Ich glaube, ich könnte mehr auf eventuelle Kritik meiner Mitarbeiterinnen und Mitarbeiter an meinen Anordnungen eingehen.

(M) Mein/meine Vorgesetzter/Vorgesetzte könnte mehr auf eventuelle Kritik an seinen/ihren Anordnungen eingehen. (Nr. 75)

3.2 Intensität der Durchsetzungsfähigkeit

(V) Wenn ich eine Entscheidung gefällt habe, setze ich sie auch durch.

(M) Wenn mein/meine Vorgesetzter/Vorgesetzte eine Entscheidung gefällt hat, setzt er/sie sie auch durch. (Nr. 7)

(V) Als Vorgesetzter erreiche ich auch unter schwierigen Bedingungen meine Ziele.

(M) Mein/meine Vorgesetzter/Vorgesetzte erreicht auch unter schwierigen Bedingungen seine/ihre Ziele. (Nr. 47)

3.3 Kontrollprozess

(V) Ich verlasse mich bei der Überprüfung von delegierten Aufgaben auf die Selbstkontrolle meiner Mitarbeiterinnen und Mitarbeiter.

(M) Mein/meine Vorgesetzter/Vorgesetzte verlässt sich bei der Überprüfung von delegierten Aufgaben auf die Selbstkontrolle seiner/ihrer Mitarbeiterinnen und Mitarbeiter. (Nr. 72)

(V) Kontrolle wird von meinen Mitarbeiterinnen und Mitarbeitern nicht als negativ, sondern als Hilfe für den gemeinsamen Erfolg empfunden.

(M) Ich empfinde Kontrolle von meinem/meiner Vorgesetzten nicht als negativ, sondern als Hilfe für den gemeinsamen Erfolg. (Nr. 74)

(V) Delegierte Aufgaben werden von mir und dem/der betreffenden Mitarbeiter/Mitarbeiterin gemeinsam auf ihre Erfüllung hin kontrolliert.

(M) An mich delegierte Aufgaben werden gemeinsam von meinem/meiner Vorgesetzten und mir auf ihre Erfüllung hin kontrolliert. (Nr. 83)

4. Leistungsorientierung

4.1 Orientierung auf Leistung

(V) Als Vorgesetzter bin ich unerbittlich, wenn es um die Erreichung der Ziele geht.

(M) Mein/meine Vorgesetzter/Vorgesetzte ist unerbittlich, wenn es um die Erreichung der Ziele geht. (Nr. 13)

(V) Wer bei uns arbeitet, wird gefordert.

(M) Wer bei uns arbeitet, wird gefordert. (Nr. 78)

(V) Leistung ist bei uns ein hoher Wert.

(M) Leistung ist bei uns ein hoher Wert. (Nr. 86)

4.3 Orientierung auf Leistungsverbesserung

(V) Nach einer Besprechung über Verbesserungsmöglichkeiten ihrer Leistungen und Ergebnisse wissen meine Mitarbeiterinnen und Mitarbeiter Bescheid, wie sie vorgehen können.

(M) Wenn mein/meine Vorgesetzter/Vorgesetzte mit mir über Verbesserungsmöglichkeiten meiner Leistungen und Ergebnisse spricht, weiß ich, wie ich vorgehen kann. (Nr. 31)

(V) Als Vorgesetzter ermutige ich meine Mitarbeiterinnen und Mitarbeiter zu planen, welche Verbesserungen sie bei sich und ihrer Arbeit vornehmen können.

(M) Mein/meine Vorgesetzter/Vorgesetzte ermutigt mich zu planen, welche Verbesserungen ich bei meiner Arbeit vornehmen kann. (Nr. 62)

(V) Meine Mitarbeiterinnen und Mitarbeiter erhalten von mir den Eindruck, dass ich viel Wert auf die Entwicklung ihrer persönlichen Leistungsfähigkeit lege.

(M) Mein/meine Vorgesetzter/Vorgesetzte legt viel Wert auf die Entwicklung meiner persönlichen Leistungsfähigkeit. (Nr. 63)

5. Zielorientierung

5.1 Unterstützung bei der Zielerreichung

(V) Ich gebe meinen Mitarbeiterinnen und Mitarbeitern das Gefühl, dass sie ihre Ziele bestimmt schaffen werden.

(M) Mein/meine Vorgesetzter/Vorgesetzte gibt mir das Gefühl, dass ich meine Ziele bestimmt schaffen werde. (Nr. 39)

(V) Wenn meine Mitarbeiterinnen und Mitarbeiter Probleme bei ihrer Zielerreichung haben, können sie mit meiner Unterstützung rechnen.

(M) Wenn ich Probleme bei der Zielerreichung habe, kann ich mit der Unterstützung meines/meiner Vorgesetzten rechnen. (Nr. 48)

5.2 Konkretisierung der Ziele

(V) Meine Mitarbeiterinnen und Mitarbeiter wissen über ihre Ziele und meine Erwartungen an sie genügend Bescheid.

(M) Ich weiß über meine Ziele und die Erwartungen, die mein/meine Vorgesetzter/Vorgesetzte an mich hat, genügend Bescheid. (Nr. 3)

(V) Ich verstehe es, die Ziele und Erwartungen an meine Mitarbeiterinnen und Mitarbeiter konkret zu formulieren.

(M) Mein/meine Vorgesetzter/Vorgesetzte versteht es, Ziele und Erwartungen konkret zu formulieren. (Nr. 14)

5.3 Partnerschaftliche Grundhaltung

(V) Meine Mitarbeiterinnen und Mitarbeiter können sich bei der Festlegung und Vereinbarung der Ziele genügend äußern.

(M) Ich kann mich bei der Festlegung und Vereinbarung von Zielen genügend äußern. (Nr. 28)

(V) Wenn ein Ziel zu hoch ist, habe ich als Vorgesetzter Verständnis und setze mich dafür ein, ein realistischeres Ziel zu finden.

(M) Wenn ein Ziel zu hoch ist, hat mein/meine Vorgesetzter/Vorgesetzte dafür Verständnis und setzt sich dafür ein, ein realistischeres Ziel zu finden. (Nr. 60)

(V) Die Bedürfnisse, Meinungen und Eigenheiten meiner Mitarbeiterinnen und Mitarbeiter beziehe ich soweit wie möglich bei individuellen Zielvorgaben mit ein.

(M) Mein/meine Vorgesetzter/Vorgesetzte bezieht meine Bedürfnisse, Meinungen und Eigenheiten soweit wie möglich bei der individuellen Zielvorgabe mit ein. (Nr. 69)

5.4 Beobachtung des Zielerreichungsgrades

(V) Ich weiß jederzeit, wie weit die einzelne Mitarbeiterin von ihrem oder der einzelne Mitarbeiter von seinem anzustrebenden Ziel entfernt ist.

(M) Mein/meine Vorgesetzter/Vorgesetzte weiß jederzeit, wie weit ich bei den zu erledigenden Aufgaben/Projekten von dem anzustrebenden Ziel entfernt bin. (Nr. 9)

(V) Als Vorgesetzter beobachte ich die Fortschritte meiner Mitarbeiterinnen und Mitarbeiter im Prozess der Zielerreichung.

(M) Mein/meine Vorgesetzter/Vorgesetzte beobachtet meine Fortschritte im Prozess der Zielerreichung. (Nr. 38)

6. Coaching

6.1 Entwicklungsorientierung

(V) Als Vorgesetzter sorge ich dafür, dass die Stärken meiner Mitarbeiterinnen und Mitarbeiter entwickelt werden.

(M) Mein/meine Vorgesetzter/Vorgesetzte sorgt dafür, dass ich meine Stärken entwickle. (Nr. 51)

(V) Entwicklungen und Verbesserungen in der Leistung zu erreichen, haben bei uns einen hohen Stellenwert.

(M) Entwicklungen und Verbesserungen in der Leistung zu erreichen, haben bei uns einen hohen Stellenwert. (Nr. 71)

6.2 Intensität der unterstützenden Grundhaltung

(V) Als Vorgesetzter gebe ich meinen Mitarbeiterinnen und Mitarbeitern das Zutrauen, dass sie ihre Leistungen verbessern können.

(M) Mein/meine Vorgesetzter/Vorgesetzte gibt mir das Zutrauen, dass ich meine Leistungen verbessern kann. (Nr. 5)

(V) Meine Mitarbeiterinnen und Mitarbeiter können mich als Vorgesetzten um Rat und Hilfe bitten, ohne Angst haben zu müssen, dass sich das negativ für sie auswirkt.

(M) Ich kann meinen/meine Vorgesetzten/Vorgesetzte um Rat und Hilfe bitten, ohne Angst haben zu müssen, dass sich das negativ für mich auswirkt. (Nr. 30)

(V) Auch in schwierigen Situationen gebe ich meinen Mitarbeitern Schutz und Unterstützung.

(M) Mein/meine Vorgesetzter/Vorgesetzte gibt mir auch in schwierigen Situationen Schutz und Unterstützung. (Nr. 12)

7. Delegation

7.1. Klarheit und Echtheit der Kompetenzen

(V) Die Kompetenzen, die meine Mitarbeiterinnen und Mitarbeiter formal haben, haben sie auch in Wirklichkeit.

(M) Die Kompetenzen, die ich formal habe, habe ich auch in Wirklichkeit. (Nr. 4)

(V) In den Arbeitsbereichen meiner Mitarbeiterinnen und Mitarbeiter sind die Kompetenzen klar abgestimmt.

(M) Meine Kompetenzen sind klar. (Nr. 15)

7.2. Entwicklungsorientierte Delegation

(V) Als Vorgesetzter delegiere ich nur dann eine Arbeit, wenn ich sicher bin, dass die Rolle meiner Mitarbeiterinnen und Mitarbeiter in dem betreffenden Arbeitsprozess von ihnen verstanden wird.

(M) Wenn mein/meine Vorgesetzter/Vorgesetzte eine Arbeit an mich delegiert, stellt er/sie sicher, dass ich meine Rolle in dem betreffenden Arbeitsprozess verstanden habe. (Nr. 16)

(V) Wenn ich als Vorgesetzter eine Aufgabe delegiere, achte ich sorgfältig darauf, wieviel Verantwortung ich meinen Mitarbeiterinnen und Mitarbeitern übertragen kann.

(M) Wenn mein/meine Vorgesetzter/Vorgesetzte eine Aufgabe an mich delegiert, achtet er/sie sorgfältig darauf, wieviel Verantwortung er/sie mir übertragen kann. (Nr. 40)

(V) Ich übertrage meinen Mitarbeiterinnen und Mitarbeitern nur dann eine umfassende Arbeit, wenn sie die Fähigkeit unter Beweis gestellt haben, zentrale oder grundlegende Teile der Arbeit erfolgreich auszuführen.

(M) Mein/meine Vorgesetzter/Vorgesetzte überträgt mir nur dann eine Arbeit, wenn ich die Fähigkeit unter Beweis gestellt habe, zentrale oder grundlegende Teile der Arbeit erfolgreich auszuführen. (Nr. 50)

8. Arbeitszufriedenheit

8.1 Zufriedenheit mit der Arbeit

(V) Ich glaube, meine Mitarbeiterinnen und Mitarbeiter haben wirklich Freude bei der Arbeit.

(M) Ich habe wirklich Freude bei meiner Arbeit. (Nr. 10)

(V) Ich glaube, dass meine Mitarbeiterinnen und Mitarbeiter mit ihrer Arbeit zufrieden sind.

(M) Ich bin mit meiner Arbeit zufrieden. (Nr. 36)

8.2 Zufriedenheit mit dem Vorgesetzten

(V) Meine Mitarbeiterinnen und Mitarbeiter sind im Allgemeinen mit mir als Vorgesetzten zufrieden.

(M) Im Allgemeinen bin ich mit meinem/meiner Vorgesetzten zufrieden. (Nr. 22)

(V) Meine Mitarbeiterinnen und Mitarbeiter sind mit meiner Art des Führens zufrieden.

(M) Ich bin mit der Art, wie mich mein/meine Vorgesetzter/Vorgesetzte führt, zufrieden. (Nr. 23)

8.3 Stellenwert der Arbeitszufriedenheit

(V) Als Vorgesetzter nehme ich kritische Äußerungen zum Arbeitsklima ernst und leite Verbesserungen ein.

(M) Mein/meine Vorgesetzter/Vorgesetzte nimmt kritische Äußerungen zum Arbeitsklima ernst und leitet Verbesserungen ein. (Nr. 45)

(V) Ich lege hohen Wert auf die Arbeitszufriedenheit meiner Mitarbeiterinnen und Mitarbeiter.

(M) Mein/meine Vorgesetzter/Vorgesetzte legt hohen Wert auf die Arbeitszufriedenheit seiner/ihrer Mitarbeiterinnen und Mitarbeiter. (Nr. 76)

(V) Ich sollte mehr für die Zufriedenheit meiner Mitarbeiterinnen und Mitarbeiter tun.

(M) Mein/meine Vorgesetzter/Vorgesetzte sollte mehr für die Zufriedenheit seiner/ihrer Mitarbeiterinnen und Mitarbeiter tun. (Nr. 85)

8.4 Arbeits- und Gruppenklima

(V) Bei uns haben Misstrauen, Schuldigensuche und Machtkämpfe keinen Platz.

(M) Bei uns haben Misstrauen, Schuldigensuche und Machtkämpfe keinen Platz. (Nr. 55)

(V) Wir sind ein gutes Team, in dem sich die Einzelnen wohlfühlen.

(M) Wir sind ein gutes Team, in dem sich die Einzelnen wohlfühlen. (Nr. 56)

(V) Aufgrund des guten Gruppenklimas können sich die Einzelnen gut entfalten.

(M) Aufgrund des guten Gruppenklimas in unserem Arbeitsbereich kann ich mich gut entfalten. (Nr. 66)

9. Konfliktmanagement

9.1. Erkennen von Konflikten

(V) Ich bin sensibel genug, um Spannungen zwischen Mitarbeiterinnen und/oder Mitarbeitern zu bemerken.

(M) Mein/meine Vorgesetzter/Vorgesetzte bemerkt Spannungen zwischen Mitarbeiterinnen und/oder Mitarbeitern. (Nr. 26)

(V) Konflikte zwischen einer Mitarbeiterin oder einem Mitarbeiter und mir erkenne ich sehr schnell.

(M) Mein/meine Vorgesetzter/Vorgesetzte erkennt sehr schnell Konflikte zwischen sich und einer Mitarbeiterin oder einem Mitarbeiter. (Nr. 73)

9.2 Lösung von Konflikten

(V) Bei Konflikten erkenne ich, ob ich in den Konfliktprozess eingreifen muss, oder ob meine Mitarbeiterinnen und Mitarbeiter selbst zur Kooperation zurückfinden.

(M) Mein/meine Vorgesetzter/Vorgesetzte erkennt bei Konflikten, ob er/sie in den Konfliktprozess eingreifen muss oder ob die Mitarbeiterinnen und Mitarbeiter selbst zur Kooperation zurückfinden. (Nr. 68)

(V) Bei Konflikten zwischen Mitarbeiterinnen und/oder Mitarbeitern führe ich im Allgemeinen eine gerechte Lösung herbei.

(M) Bei Konflikten zwischen Mitarbeiterinnen und/oder Mitarbeitern führt mein/meine Vorgesetzter/Vorgesetzte im Allgemeinen eine gerechte Lösung herbei. (Nr. 89)

(V) Ich glaube, dass ich Konflikte zur Zufriedenheit aller Beteiligten lösen kann.

(M) Mein/meine Vorgesetzter/Vorgesetzte kann Konflikte zur Zufriedenheit aller Beteiligten lösen. (Nr. 27)

9.3 Konfliktentstehung

(V) Ich fördere Kommunikation und Interaktion zwischen meinen Mitarbeiterinnen und Mitarbeitern (z. B. durch Gruppenmeetings), damit Konflikte erst gar nicht entstehen.

(M) Mein/meine Vorgesetzter/Vorgesetzte fordert Kommunikation und Interaktion zwischen seinen/ihren Mitarbeiterinnen und Mitarbeitern, so dass Konflikte erst gar nicht entstehen. (Nr. 49)

(V) Mein Verhalten fördert ein konfliktarmes Klima in unserer Abteilung.

(M) Das Verhalten meines/meiner Vorgesetzten fördert ein konfliktarmes Klima in unserer Abteilung. (Nr. 80)

10. Zwischenmenschliche Beziehung

10.1 Persönlichkeit des Vorgesetzten

(V) Als Vorgesetzter bin ich ein Vorbild.

(M) Mein/meine Vorgesetzter/Vorgesetzte ist ein Vorbild. (Nr. 11)

(V) Meine Reaktion sind für meine Mitarbeiterinnen und Mitarbeiter einschätzbar.

(M) Die Reaktionen meines/meiner Vorgesetzten sind für mich einschätzbar. (Nr. 67)

(V) Ich habe ein gutes Einfühlungsvermögen.

(M) Mein/meine Vorgesetzter/Vorgesetzte hat ein gutes Einfühlungsvermögen. (Nr. 82)

(V) Geduldiges Zuhören fällt mir manchmal schwer.

(M) Geduldiges Zuhören fällt meinem/meiner Vorgesetzten manchmal schwer. (Nr. 93)

10.2 Subjektiver Stellenwert der Personalführung

(V) Als Vorgesetzter nehme ich meine Führungsaufgaben voll wahr.

(M) Mein/meine Vorgesetzter/Vorgesetzte nimmt seine/ihre Führungsaufgaben voll wahr. (Nr. 24)

(V) Trotz meiner sachbezogenen Aufgaben habe ich als Vorgesetzter genügend Zeit für Personalführung.

(M) Trotz seiner/ihrer sachbezogenen Aufgaben hat mein/meine Vorge-
setzter/Vorgesetzte genügend Zeit für Personalführung. (Nr. 25)

10.3 Beziehung zu den Mitarbeiterinnen und Mitarbeitern

(V) Ich achte meine Mitarbeiter und Mitarbeiterinnen in ihrem menschlichen Wert.

(M) Mein/meine Vorgesetzter/Vorgesetzte achtet seine/ihre Mitarbeiter
und Mitarbeiterinnen in ihrem menschlichen Wert. (Nr. 46)

(V) Ich genieße bei meinen Mitarbeiterinnen und Mitarbeitern Vertrauen.

(M) Mein/meine Vorgesetzter/Vorgesetzte genießt bei seinen/ihren Mitarbeiterinnen und Mitarbeitern Vertrauen. (Nr. 81)

(V) Die Beziehungen zu meinen Mitarbeiterinnen und Mitarbeitern sind
gut.

(M) Die Beziehungen meines/meiner Vorgesetzten zu seinen/ihren Mitarbeiterinnen und Mitarbeitern sind gut. (Nr. 87)

11. Feedback

11.1 Offenheit des Feedbacks

(V) Als Vorgesetzter melde ich auch kritische Dinge offen zurück.

(M) Mein/meine Vorgesetzter/Vorgesetzte meldet auch kritische Dinge
offen zurück. (Nr. 21)

(V) Meine Rückmeldungen an Mitarbeiterinnen und Mitarbeiter sind immer ehrlich.

(M) Die Rückmeldungen meines/meiner Vorgesetzten sind immer ehrlich. (Nr. 79)

11.2 Entwicklungsorientierung des Feedbacks

(V) Gute Ergebnisse können meine Mitarbeiterinnen und Mitarbeiter auch an meinen positiven Rückmeldungen erkennen.

(M) Ich kann gute Arbeitsergebnisse auch an den positiven Rückmeldungen meines/meiner Vorgesetzten erkennen. (Nr. 29)

(V) Meine Mitarbeiterinnen und Mitarbeiter kennen durch meine Rückmeldung genau die Punkte, bei denen sie Verbesserungen erarbeiten sollten.

(M) Ich kenne durch die Rückmeldung meines/meiner Vorgesetzten genau die Punkte, an denen ich Verbesserungen erarbeiten sollte. (Nr. 90)

11.3 Intensität des Feedbacks

(V) Als Vorgesetzter melde ich regelmäßig zurück, wie ich meine Mitarbeiterinnen und Mitarbeiter und ihre Leistungen sehe.

(M) Mein/meine Vorgesetzter/Vorgesetzte meldet mir regelmäßig zurück, wie er/sie meine Leistung sieht. (Nr. 84)

(V) Meine Mitarbeiterinnen und Mitarbeiter bekommen von mir genügend Feedback.

(M) Ich bekommen von meinem/meiner Vorgesetzten genügend Feedback. (Nr. 43)

12. Anerkennung

12.1 Ausmaß der Anerkennung

(V) Ehrlich gesagt, könnte ich meinen Mitarbeiterinnen und Mitarbeitern mehr Anerkennung zukommen lassen.

(M) Mein/meine Vorgesetzter/Vorgesetzte könnte mir mehr Anerkennung zukommen lassen. (Nr. 77)

(V) Ich gebe meinen Mitarbeiterinnen und Mitarbeitern genügend Anerkennung.

(M) Ich bekomme von meinem/meiner Vorgesetzten genügend Anerkennung. (Nr. 91)

12.2 Spontaneität der Anerkennung

(V)   Gute Leistungen werden von mir unmittelbar anerkannt.

(M)   Gute Leistungen werden von meinem/meiner Vorgesetzten unmittelbar anerkannt. (Nr. 41)

(V)   Ich glaube, meine Mitarbeiterinnen und Mitarbeiter wünschen sich von mir manchmal eine spontanere Anerkennung.

(M)   Ich wünsche mir von meinem/meiner Vorgesetzten manchmal eine spontanere Anerkennung. (Nr. 44)

12.3 Sensibilität für gute Leistungen

(V)   Als Vorgesetzter bemerke ich, wenn ein gutes Ergebnis erarbeitet wurde.

(M)   Mein/meine Vorgesetzter/Vorgesetzte bemerkt es, wenn ich ein gutes Ergebnis erarbeitet habe. (Nr. 8)

(V)   Als Vorgesetzter bemerke ich, wenn sich die Leistungen meiner Mitarbeiterinnen und Mitarbeiter verbessern.

(M)   Mein/meine Vorgesetzter/Vorgesetzte bemerkt es, wenn sich meine Leistungen verbessern. (Nr. 19)

(V)   Gute Leistungen meiner Mitarbeiterinnen und Mitarbeiter fallen mir auch dann auf, wenn ich einmal nicht so viel Zeit für sie habe.

(M)   Gute Leistungen fallen meinem/meiner Vorgesetzten auch dann auf, wenn er/sie einmal nicht so viel Zeit für die Mitarbeiterinnen und Mitarbeiter hat. (Nr. 35)

12.4 Ehrlichkeit der Anerkennung

(V)   Meine Anerkennung könnte manchmal ehrlicher sein.

(M)   Die Anerkennung meines/meiner Vorgesetzten könnte manchmal ehrlicher sein. (Nr. 32)

(V)   Meine Mitarbeiterinnen und Mitarbeiter erkennen, dass meine Anerkennung ehrlich ist.

(M)   Ich spüre, dass die Anerkennung meines/meiner Vorgesetzten ehrlich ist. (Nr. 53)

13. Leistungsbeurteilung

13.1 Objektivität

(V) Die Beurteilung der Leistung meiner Mitarbeiterinnen und Mitarbeiter orientiert sich in erster Linie an den Ergebnissen ihrer Arbeit.

(M) Die Beurteilung meiner Leistung durch meinen/meine Vorgesetzten/ Vorgesetzte orientiert sich in erster Linie an den Ergebnissen meiner Arbeit. (Nr. 33)

(V) Die Beurteilung der Leistung meiner Mitarbeiterinnen und Mitarbeiter ist objektiv und wird nicht durch das persönliche Verhältnis beeinflusst.

(M) Die Beurteilung meiner Leistung ist objektiv und wird nicht durch das persönliche Verhältnis beeinflusst. (Nr. 42)

13.2 Leistungsbewertungsgespräche

(V) Meine Leistungsbewertungsgespräche wirken sich positiv auf die leistungsmäßige Entwicklung meiner Mitarbeiterinnen und Mitarbeiter aus.

(M) Die Leistungsbewertungsgespräche wirken sich positiv auf meine leistungsmäßige Entwicklung aus. (Nr. 34)

(V) Ich führe mit meinen Mitarbeiterinnen und Mitarbeitern in angemessenen Abständen Leistungsbewertungsgespräche.

(M) Mein/meine Vorgesetzter/Vorgesetzte führt mit seinen/ihren Mitarbeiterinnen und Mitarbeitern in angemessenen Abständen Leistungsbewertungsgespräche. (Nr. 37)

13.3 Klarheit der Kriterien

(V) Meine Mitarbeiterinnen und Mitarbeiter wissen, nach welchen Kriterien ihre Arbeit beurteilt wird.

(M) Ich weiß, nach welchen Kriterien meine Arbeit beurteilt wird. (Nr. 6)

(V) Ich bin einschätzbar, was ich als gute Leistung ansehe.

(M) Ich weiß genau, was mein/meine Vorgesetzter/Vorgesetzte als gute Leistung ansieht. (Nr. 18)

(V) Als Vorgesetzter erkläre ich meinen Mitarbeiterinnen und Mitarbeitern genau, wie es zu einer Leistungsbewertung kommt.

(M) Mein/meine Vorgesetzter/Vorgesetzte erklärt mir genau, wie es zu einer Leistungsbewertung gekommen ist. (Nr. 52)

Literaturverzeichnis

Attems, R.; Heimel, F.: Typologie des Managers, Wie Manager Wirklichkeit wahrnehmen und Entscheidungen treffen, Carl Ueberreuter Verlag, Wien 1991.

Attems, R.; Holzer, A.: Spitzenleistungen in die Praxis umsetzen, Carl Ueberreuter Verlag, Wien 1989.

Bass, B. M.: Charisma entwickeln und zielführend einsetzen, Verlag Moderne Industrie, Landsberg/Lech 1986.

Beck, U.: Risikogesellschaft auf dem Weg in eine andere Moderne, Suhrkamp Verlag, Frankfurt/Main 1986.

Belbin, R. M.: Managementteams, Why they succeed or fail, Butterworth-Heinemann Ltd., Oxford 1981.

Bennis, W.; Nanus, B.: Führungskräfte, Die vier Schlüsselstrategien erfolgreichen Führens, 2. Aufl., Campus Verlag, Frankfurt/Main, New York 1986.

Bennis, W.; Nanus, B.: Leaders, Harper & Row Verlag, New York 1985.

Bennis, W.; Parikh, J.; Lessem, R.: Beyond Leadership: balancing economics, ethics and ecologie, Basil Blackwell Ltd., Cambridge (Mass.), Oxford 1994.

Blanchard, K.; Zigarmi, P.; Zigarmi, D.: Der Minutenmanager, Führungsstile, Rowohlt Verlag, Reinbek bei Hamburg 1986.

Bolmann, L. G.; Deal, T. E.: Leading with soul: an uncommon journey of spirit, Jossey-Bass Publishers, San Francisco 1994.

Brinkmann, H.: Unternehmer im Unternehmen, Selbststeuernde Arbeitsgruppen – Neue Organisationsformen zur Förderung von Verantwortung und Selbstständigkeit, in: J. Kienbaum (Hrsg.): Visionäres Personalmanagement, Stuttgart 1992.

Carlzon, J.: Alles für den Kunden, Campus Verlag, Frankfurt/Main, New York 1989.

Cason, K.; Jaques, E.: Human capability, A study of individual Potential and its application, Cason Hall & Co, Gloucester 1994.

Conger, J. A.: Learning to Lead (The Art of Transforming Managers into Leaders), The Jossey-Bass Management Series, San Francisco 1993.

Crainer, S.; Hodgson, P.; White R. P.: Überlebensfaktor Führung, Über den zukünftigen Umgang mit Risiko und Unsicherheit im Management. Signum Verlag, Wien 1997.

DePree, M.: Die Kunst des Führens, Campus Verlag, Frankfurt/Main, New York 1990.

Deusinger, I.: Die Frankfurter Selbstkonzeptionsskalen, Göttingen, 1986.

Eichinger R. W.; Hodgson, P.; Lombardo, M. M., White R. P.: The Ambiguity Architect: Navigating Rough Water. Version 9.1, 1999.

Eickholt, J.; Grob, R.: Teilautonome Arbeitsgruppen; in: »Gruppenarbeit in der Produktion«, Köln 1991.

Fisch, R.; Weakland, J. H.; Segal, L.: Strategien der Veränderung, Systemische Kurzzeittherapie, Klett-Cotta Verlag, Stuttgart 1987.

Forster, J.: Teams und Teamarbeit in der Unternehmung, Schriftenreihe des Instituts für betriebswirtschaftliche Forschung an der Universität Zürich, Bd. 26, Paul Haupt, Bern, Stuttgart 1978.

Francis, D.; Young, D.: Mehr Erfolg im Team, Ein Trainingsprogramm mit 46 Übungen zur Verbesserung der Leistungsfähigkeit in Arbeitsgruppen, Windmühle Verlag, Essen 1992.

Franz von, M.-L.; Hillman, J.: Zur Typologie C. G. Jungs, Schriftenreihe des C. G. Jung-Instituts, Die inferiore und die Fühlfunktion, Adolf Bonz Verlag GmbH, Fellbach-Oeffingen 1980.

Fuchs, H.; Huber, A.: Die 16 Lebensmotive, Was uns wirklich antreibt, Deutscher Taschenbuchverlag, München 2002.

Gälweiler, A.: Strategische Unternehmensführung, Campus Verlag, Frankfurt/Main, New York 1987.

Gerhards, J.: Soziologie der Emotionen, Fragestellungen, Systematik und Perspektiven, Juventa Verlag, Weinheim, München 1988.

Glasl, F.: Konfliktmanagement, Diagnose und Behandlung von Konflikten in Organisationen, Paul Haupt Verlag, Bern, Stuttgart 1980.

Hax, A.; Majluf, C.; Nicolas, S.: Strategisches Management, Ein integratives Konzept aus dem MIT, Campus Verlag, New York, Frankfurt/Main 1988.

Hogan, R. C.; Champagne, D. W.: Persönlichkeitsstruktur aufgrund der Typologie von C. G. Jung in: The Annual Handbook for Group Facilitators, S. 89–99, 1980.

Howard, P. J.; Howard, J. M.: Führen mit dem Big-Five-Persönlichkeitsmodell, Das Instrument für optimale Zusammenarbeit, Campus Verlag, Frankfurt/Main 2002.

Imai, M.: Kaizen, Der Schlüssel zum Erfolg, Der Japaner im Wettbewerb, Wirtschaftsverlag Langen Müller Herbig, München 1991.

Jacobi, J.: Die Psychologie des C. G. Jung, Eine Einführung in das Gesamtwerk, Walter Verlag, Olten 1971.

Jürgens, U.: In Japan stößt die Lean-Production bereits an ihre Grenzen; Blick durch die Wirtschaft, Nr. 96/1992.

Jones, E. J.; Bearley, W. L.: Group Development Assessment (GDA), 1985/86.

Jung, C. G.: Psychologische Typen, 15. Auflage, Walter Verlag, Olten 1986.

Jung, C. G.; Franz von, M.-L.; Henderson von, J. L.; Jacobi, J.; Jaffè, A.: Der Mensch und seine Symbole, Walter Verlag, Olten 1968.

Kappler, E.; Rehkugler, H.: Konstitutive Entscheidungen, 9. Aufl., Wiesbaden 1991.

Katzenbach, J. R.; Smith, D. K.: The Wisdom of Teams, McKinsey & Company, USA 1993.

Katzenbach, J. R.; Smith, D. K.: Teams, Der Schlüssel zur Hochleistungsorganisation, McKinsey & Company, USA 1993.

Kiechl, R.: Macht im kooperativen Führungsstil, Theorie und Praxis, mit drei Testbeispielen und einem Diagnoseinstrument, Bd. 48, Verlag Paul Haupt, Bern und Stuttgart 1985.

Kolb, D. A.; Wolfe, D. M.: Professional Education and Career Development in Social Work and Engineering, A Cross-sectional Study of Adaptive Competencies in Experiential Learning, paper submitted to N. I. of Education, USA 1977.

Kouzes, J. M.; Posner, B. Z.: The Leadership Challenge, How to get extraordinary things done in organizations, Jossey Bass Limited, Headington Hill Hall, Oxford 1987.

Kouzes, J. M. und Posner, B. Z.: The Leadership Challenge Jossey-Bass Publisher, San Francisco Oxford 1991.

Krebs-Hirsh, S.: Using the Myers-Briggs Type Indicator in Organizations, Consulting Psychologists Press, Minneapolis, Palo Alto 1985.

Krech, D.; Crutchfield, R. S.; Wilson, J. W. A.; Livson, N.; Parducci, A.: Grundlagen der Psychologie, Band 6: Persönlichkeitspsychologie und Psychotherapie, Weinheim und Basel 1985.

Lattmann, C.: Die verhaltenswissenschaftlichen Grundlagen der Führung des Mitarbeiters, Bern, Stuttgart 1982.

Lawrence, G.: Peoples Types & Tiger Stripes, A Practical Guide to Learning Styles, 2. Aufl., Center for Applications of Psychological Type, Gainesville/Florida 1989.

Little, A. D.: Innovation als Führungsaufgabe, Campus Verlag, Frankfurt/Main, New York 1988.

Lombardo, M. M.; McCauley, C. D. benchmarks: Developmental Reference Points for Managers and Executives – A Manual and Trainer's Guide, Center for Creative Leadership 1993.

Lombardo, M. M.; McCall, M. W.: Erfolg aus Erfahrung, Effiziente Lernstrategien für Manager, Klett-Cotta, Stuttgart 1995.

Maccoby, M.: The gamesman, 1976, deutsche Übersetzung: Gewinner um jeden Preis, Rowohlt 1977.

Maccoby, M.: Warum wir arbeiten, Motivation als Führungsaufgabe, Campus Verlag, Frankfurt 1989.

Margerison, C.; Lewis, R.: Mapping Managerial Styles, International Journal of Manpower, Vol. 2, Nr. 1, 1981.

Margerison, C.: Management Development, Führungskräfte fördern und entwickeln, Campus Verlag, Frankfurt/Main, New York 1992.

Margerison, C.: Team Mapping: A New Approach to Managerial Leadership, Journal of European Industrial Training Vol 8, Nr. 1, 1984.

Myers-Briggs, I.: Typenindikator MBTI, Beltz Test, Weinheim 1991.

Neuberger, O.: Rituelle (Selbst-)Täuschung – Kritik der irrationalen Praxis der Personalbeurteilung, DBW 40, 1980 1.

Ogger, G.: Nieten in Nadelstreifen, Droemer Knaur, München 1992.

Oldham, J. M.; Morris, L. B.: Ihr Persönlichkeitsportrait, Warum Sie genau so denken, lieben und sich verhalten, wie Sie es tun, Ernst Kabel Verlag, Hamburg 1992.

Pedler, M.; Burgoyne, J.; Boydell, T.: The Learning Company, A Strategy for sustainable Development, McGraw-Hill Book Company, London 1991.

Peters, T.: Kreatives Chaos, Hoffmann und Campe, Hamburg 1988.

Peters, T.; Waterman, J.; Robert, H.: In Search of Excellence. Lessons from America's best-run companies, Harper & Row, New York 1982.

Pinchot, G.: Intrapreneuring, Mitarbeiter als Unternehmer, Gabler Verlag, Wiesbaden 1988.

Porter, L. W.; Lawler, I.; Edward, E.; Hackman, J. R.: Behavior in Organisations, McGraw Hill, New York 1975, S. 131 f.

De Pree, M.: Die Kunst des Führens, Campus Verlag, Frankfurt/Main, New York 1992.

Pümpin, C.: Strategische Führung in der Unternehmenspraxis, Die Orientierung Nr. 76, SVB, Bern 1980.

Pümpin, C.: Management strategischer Erfolgspositionen, Paul Haupt Verlag, Bern, Stuttgart 1982.

Quinn, R. E.: Competing Values (PRISM1), Jossey-Bass Publishers, San Francisco 1992.

Rüttinger, R.: Unternehmenskultur, Erfolge durch Vision und Wandel, Econ Verlag, Düsseldorf, Wien 1986.

Schein, E.; Dynamics, C.: Matching individual and organizational needs, Addison-Wesley, 1978.

Schlegel, L.: Die transaktionale Analyse, A. Franke Verlag, München 1984.

Schmidt, E.-R.; Berg, H.-G.: Aufhören und Anfangen, Wechselfälle im Alltag einer Gemeinde, Burckhardthaus Verlag, Gelnhausen 1983.

Segal, L.: Das 18. Kamel oder Die Welt als Erfindung, Verlag R. Piper, Zürich, München 1988.

Senge, P. M.: The fifth Discipline, Currency doubleday, New York 1990.

De Shazer, S.: Der Dreh, Überraschende Wendungen und Lösungen in der Kurzzeittherapie, Carl Auer Verlag GmbH, Heidelberg 1989.

De Shazer, S.: Das Spiel mit Unterschieden, Wie therapeutische Lösungen lösen, Carl Auer Verlag, Heidelberg 1992.

De Shazer, S.: Wege der erfolgreichen Kurztherapie, aus dem Amerikanischen übersetzt von Ulrike Stopfel, 2. Aufl., Klett-Cotta, Stuttgart 1990.

Simon, F. B.: Unterschiede, die Unterschiede machen, Klinische Epistemologie, Springer Verlag, Berlin, Heidelberg 1988.

Simon, F. B.: Lebende Systeme, Wirklichkeitskonstruktionen in der systemischen Therapie, Springer Verlag, Berlin, Heidelberg 1988.

Simon, F. B.: Meine Psychose, mein Fahrrad und ich, Zur Selbstorganisation der Verrücktheit, Carl AuerVerlag, Heidelberg 1990.

Simon, F. B.: Radikale Marktwirtschaft, Verhalten als Ware oder Wer handelt, der handelt, Carl Auer Verlag, Heidelberg 1992.

Stiefel, R. T.: Innovationsfördernde Personalentwicklung in Klein- und Mittelbetrieben, Luchterhand, Neuwied, Berlin, Kriftel 1991.

Stiefel, R. T.: Führung einer PE-Abteilung, St. Gallen 1992.

Stiefel, R. T.; Wildenmann, B.: Der Führungsstil des mittleren Managements muss besser werden, Management Zeitschrift 56, Nr. 9, Verlag Industrielle Organisation 1987.

Stiefel, R. T.: Mentalitätsverändernde Führung – einige Stichworte für die Einführung des Managements, in: Management und Organisationsentwicklung, 1991, 13. Jg., Heft 2, S. 38.

Tichy, N. M.; Sherman, S.: Control your destiny or someone else will, Currency Doubleday, New York 1993.

Ulrich, H.; Probst, G. J. B.: Anleitung zum ganzheitlichen Denken und Handeln, Verlag Paul Haupt, Bern, Stuttgart 1988.

Vossen, I.; Wildemann, B.: Unveröffentlichte Rohdaten, Karlsruhe 2006.

Waterman, R.: AD-HOC-Strategien, Die Kraft zur Veränderung, Junfermann Verlag, Paderborn 1993.

Watzlawick, P.; Weakland, J. H.; Fisch, R.: Lösungen, Zur Theorie und Praxis menschlichen Wandels, 3. unveränderte Aufl., Verlag Hans Huber, Bern, Stuttgart, Wien 1984.

Womack, J.; Janes, D. T.; Roos, D.: The machine that changed the world, Rawson associates, New York 1990.

Womack, J.; Janes, D. T.; Roos, D.: Die zweite Revolution in der Automobilindustrie, Campus, Frankfurt, New York 1991.

Wunderer, R.; Kuhn, T.: Unternehmerisches Personalmanagement, Campus Verlag, Frankfurt/Main, New York 1993.

Zimbardo, P. G.: Psychologie, 4. Aufl., Springer Verlag, Berlin, Heidelberg 1983.

Stichwortverzeichnis

So benutzen Sie die CD-ROM

Anleitung für die Benutzer der fva-Auswertungssoftware

Systemvoraussetzungen:

- PC mit 80286 oder höherem Prozessor
- Windows Version 3.1 oder höher
- DOS 3.1 oder höher
- 4 MB Arbeitsspeicher
- CD-Rom-Laufwerk
- Grafikadapterkarte
- (lokale) Administratorrechte zur Installation und Nutzung der Software
- Zum Archivieren: Diskettenlaufwerk mit Laufwerksbuchstaben »a« oder »b«

So installieren Sie fva Version 1.1

1. Legen Sie die CD-Rom in das entsprechende Laufwerk ein (i. d. R. Laufwerk D:).
2. Starten Sie Microsoft Windows, wenn es nicht bereits ausgeführt wird.
3. Wählen Sie im Windows Explorer das CD-Laufwerk und die Datei ADISETUP.exe und führen Sie diese aus.
4. Folgen Sie den Installationsanweisungen auf dem Bildschirm.

Folgende Dateien werden auf die Festplatte kopiert:

Programmdateien:
fva.tbk   Verwaltung der Dateien
fvaneu.tbk   Erfassung der Fragebogen
fvagraf.tbk   Druck der Auswertung

Systemdateien:
tbkbase.dll, tbkcomp.dll, tbkdlg.dll, tbkfile.dll, tbkutil.dll, tbkwin.dll, tbook.exe, toolbook.icn

Hinweis:
Nach jedem Verlassen der Auswertungssoftware wird von der Datei »fva.tbk« in der Datei »fvasik.tbk« eine Sicherungskopie angelegt.

Nach dem Start der Führungsverhaltensanalyse erscheint der folgende Bildschirm:

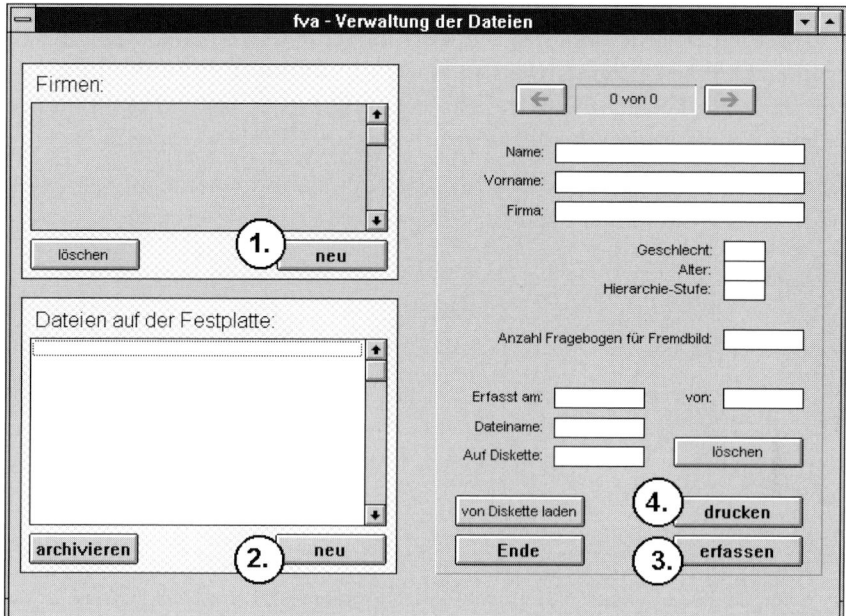

Von hier aus können Sie Ihre Dateien, also die erfassten Fragebogen verschiedener Personen verwalten.

Die wichtigsten 4 Schritte der Reihe nach:

1. Nach dem Anklicken der Schaltfläche »**neu**« im Feld »**Firmen**« erscheint eine Maske, in welcher der neue Firmenname erfasst werden kann. Der eingegebene Firmenname erscheint anschließend, ergänzt um einen fortlaufend vergebenen zweistelligen Code, im Feld »**Firmen**«.

2. Nach dem Anklicken der Schaltfläche »**neu**« im Feld »**Dateien auf der Festplatte**« erscheint eine Maske, in der die persönlichen Daten einer neuen Person erfasst werden können. Name und Vorname der Person erscheinen anschließend, ergänzt um einen neunstelligen Code, im Feld »**Dateien auf der Festplatte**«. Die ersten acht Stellen des Codes werden gebraucht, um den Namen der Fragebogendatei zu bestimmen.

3. Nach dem Anklicken der Schaltfläche »**erfassen**« erscheint der Bildschirm »**Erfassung der Fragebogen**«. Hier können nun die Fragebogen der Selbst- und Fremdeinschätzung der betreffenden Person erfasst werden.

Mit Anklicken der Schaltfläche $\boxed{\rightarrow}$ oder der Taste BILD-AB erscheint die Maske »**Selbsteinschätzung von:**«. Hier können die angekreuzten Werte von 1 bis 10 in die entsprechenden Antwortfelder 1 bis 93 eingegeben werden. Wurde bei einer Antwort nichts angekreuzt, so kann dieses Feld einfach leer gelassen werden.

Mit den Pfeiltasten (NACH-OBEN-TASTE, NACH-UNTEN-TASTE) kann der Cursor von Eingabefeld zu Eingabefeld bewegt werden.

Entsprechend gelangt man zur Maske »Fremdeinschätzung Bogen Nr.:«. Hier werden die Fragebogen der Fremdeinschätzungen erfasst.

$\boxed{\text{neuer Bogen}}$ Mit dieser Schaltfläche erhält man eine leere Erfassungsmaske für eine weitere Fremdeinschätzung.

Sind alle Fragebogen erfasst, gelangt man mit der Taste POS1 zum ersten Bildschirm zurück und kann mit der Schaltfläche »**Ende**« die Erfassung der Fragebogen beenden.

(Mit der Taste ENDE kommt man zum letzten erfassten Fremdbild-Fragebogen.)

4. Mit der Schaltfläche »**drucken**« wird die Auswertung der aktuell angezeigten Person gedruckt.
(Falls die Auswertung A4-quer anstatt A4-hoch gedruckt wird, ändern Sie die Druckereinstellung mittels der Ikone »Systemsteuerung« in der Hauptgruppe des Windows-Programm-Managers.)

Weitere Funktionen:

(Bevor Sie die Schaltfläche »**archivieren**« verwenden können, müssen Sie auf einer Diskette das Verzeichnis »fva« einrichten. Dies können Sie z. B. mit dem Datei-Manager unter dem Menüpunkt »Datei«, »Verzeichnis erstellen ...« bewerkstelligen.)

$\boxed{\text{archivieren}}$ Sind alle Personen einer bestimmten Firma erfasst, empfiehlt es sich, die Fragebogendateien auf Diskette zu sichern. Dazu müssen Sie eine Diskette, die das Verzeichnis »fva« enthält in Ihr Diskettenlaufwerk legen.

(Falls Ihr Diskettenlaufwerk nicht den Buchstaben »a« hat, so erhalten Sie mit der Tastenkombination UMSCHALT+STRG+ALT+F12 die Möglichkeit, die Schaltfläche »**Diskettenlaufwerk**« anzuklicken und anschließend den Laufwerksbuchstaben (»a« oder »b«) zu ändern. Abschließend wählen Sie die Schaltfläche »**OK**«)

Wählen Sie im Feld »**Dateien auf der Festplatte**« eine Person aus, deren Daten Sie archivieren möchten und klicken Sie anschließend »**archivieren**«. Es erscheint ein Vorschlag für den Namen der Diskette auf die gespeichert werden soll. Wenn Sie diesen Vorschlag akzeptieren wollen klicken Sie »OK«, wenn nicht, ändern Sie diesen Namen und klicken anschließend »OK«.

Beim Archivieren werden die Rohdaten der erfassten Fragebogen einer Person ohne die Berechnungen in einer Textdatei abgelegt.

von Diskette laden Tritt der Fall auf, dass bei einer Person, deren Daten auf Diskette archiviert wurden, weitere Fragebogen erfasst werden sollen, so können die Daten von der entsprechenden Diskette wieder auf die Festplatte kopiert werden und anschließend neue Fragebogen erfasst werden.